智能物联网
系列教材

AN INTRODUCTION TO ARTIFICIAL
INTELLIGENCE OF THINGS

智能物联网导论

郭斌 刘思聪 王柱 李志刚 刘琰 著

机械工业出版社
CHINA MACHINE PRESS

图书在版编目（CIP）数据

智能物联网导论 / 郭斌等著 . —北京：机械工业出版社，2022.12
智能物联网系列教材
ISBN 978-7-111-72511-4

I. ①智…　II. ①郭…　III. ①物联网 – 高等学校 – 教材　IV. ①TP393.4 ② TP18

中国国家版本馆 CIP 数据核字（2023）第 010839 号

　　本书在兼顾广度和深度的前提下，深度融合计算机科学、物联网、人工智能、边缘智能、群智感知计算等相关学科和方向的专业概念，重点阐述了智能物联网领域的基础理论、架构和关键技术进展。从 AIoT 新型体系架构出发，按照"智能感知 – 网络增强 – 协同计算 – 平台应用"的组织思路，遵循"创新引领、深入浅出、理论＋实践"的原则基调，就 AIoT 的基本概念、AIoT 体系架构、多模态感知、智能无线感知、群智感知、智能物联网络、终端适配智能计算、分布式学习、端边云协同计算、平台及典型应用等进行系统性阐述和深入探讨。本书不仅可以作为计算机科学、物联网工程、人工智能、机器人、智能科学与技术等相关专业本科生或研究生的课程教材，也适合所有希望了解智能物联网的工程技术人员阅读。

出版发行：机械工业出版社（北京市西城区百万庄大街 22 号　邮政编码：100037）
策划编辑：李永泉　　　　　　　　　　　　　责任编辑：李永泉
责任校对：李小宝　　贾立萍　　　　　　　　责任印制：张　博
印　　刷：保定市中画美凯印刷有限公司　　　版　次：2023 年 4 月第 1 版第 1 次印刷
开　　本：186mm×240mm　1/16　　　　　　 印　张：18.25
书　　号：ISBN 978-7-111-72511-4　　　　　 定　价：69.00 元

客服电话：(010) 88361066　68326294

序 言 PREFACE

　　随着物联网、人工智能技术的飞速发展和交叉融合，智能物联网（AIoT）正成长为一个极具前景的新兴领域，并在智能制造、智能交通、智慧农业、国防军事等多个国家重大需求和民生领域展现出巨大的应用潜力。

　　21世纪以来，我国信息技术已实现了一定程度的全民普及，然而仍存在较高的应用门槛和信息化成本。我们团队数十年来持续致力于分布式计算、嵌入式计算、普适计算和物联网领域的研究。在智能化新型发展的需求下，通过物联网降低我国智能化服务总成本成为我们共同的奋斗目标。在此背景下，有别于传统物联网，本书提出了智能物联网的概念、原理、关键技术以及系统架构。智能物联网通过物联网与人工智能相融合，在万物互联互通的同时，赋予云（云平台）、边（边缘设备）、端（智能手机、可穿戴设备、机器人等）智能感知与智能运算的能力。尤其在靠近用户和数据的边端，通过普惠泛在智能感知、网络、算法、体系结构和系统实现从信息物理系统到普通用户的连接，从而使物联网呈现全新的服务与应用形态。

　　科技自立自强，教育立德树人。为促进智能物联网领域核心技术和应用的发展，推动高校智能物联网方向课程建设，培养掌握新型计算范式、具有国际视野的一流计算机人才，在"一带一路"智能物联网国际合作联盟指导下，机械工业出版社与西北工业大学计算机学院共同发起，联合清华大学、北京大学、上海交通大学、香港中文大学、香港理工大学、挪威奥斯陆大学等国内外多所相关高校智能物联网教育领域的著名专家建立"智能物联网系列教材编审委员会"，共同致力于智能物联网高水平人才培养。

　　以这本《智能物联网导论》为始，编委会将组织智能物联网系列教材的规划及编审，总结国内外高校在智能物联网领域的教学成果与经验，积极推进智能物联网领域的教学改革，推动智能物联网领域"一流课程"的建设，努力打造一套高水平的智能物联网教材。组织出版体系化、数字化、专业化的智能物联网系列教材，更好地为高质量人才培养服务。

PREFACE 前 言

　　人类正在进入"人机物"融合、万物智能互联的时代。随着物联网和人工智能技术的飞速发展，智能物联网（AIoT）正成长为一个极具前景的新兴领域。智能物联网的应用和服务已逐步融入国家与民生需求的各个领域，如智能制造、智能交通、智慧农业、国防军事等。有别于物联网，智能物联网在现有物联网的技术基础上，与人工智能技术在实际应用中落地融合，在万物相连相通的同时，赋予云（云平台）、边（边缘设备）、端（智能手机、可穿戴设备、机器人等）智能感知与智能运算的能力，从而使物联网呈现全新的服务与应用形态。

　　智能物联网是以人工智能、边缘计算与物联网等技术的深度融合为基础，在感知、通信、计算和应用中通过人工智能技术赋能，具有更高灵活性、自组织性、自适应性、持续演化的物联网系统。智能物联网带来了泛在智能感知、物联网终端智能、情境自适应通信、分布式群体智能、云边端协同计算等新的特质和挑战问题，也为自动驾驶、智能工厂、智能家居、健康养老、机器人等产业发展带来了新的机遇。在兼顾广度和深度的前提下，本书深度融合计算机科学、物联网、人工智能、边缘智能、群智感知计算等相关学科和方向的专业概念，重点阐述了智能物联网领域的基础理论、架构和关键技术进展。

　　本书共 11 章，从 AIoT 新型体系架构出发，按照"智能感知–网络增强–协同计算–平台应用"的组织思路，遵循"创新引领、深入浅出、理论＋实践"的原则基调，就 AIoT 的基本概念、AIoT 体系架构、多模态感知、智能无线感知、群智感知、智能物联网络、终端适配智能计算、分布式学习、端边云协同计算、平台及典型应用等进行系统性阐述和深入探讨。

　　在本书成稿过程中，西北工业大学智能感知与计算工信部重点实验室的师生深度参与，为书稿的编撰付出了辛劳和智慧，其中郭斌老师负责全书整体脉络并完成第 1 章和最后两章内容的组织和撰写，刘思聪老师负责撰写第 7～9 章，王柱老师负责撰写第 3、4 章，李志刚老师负责撰写第 2、6 章，刘琰博士负责撰写第 5 章。特别感谢实验室学术带头人周兴社教授和於志文教授多年来的悉心指导以及在本书编写和审校过程中给予的宝贵意见。感谢实验室邱晨老师在本书前期组织过程中所做出的贡献。

我们还要特别感谢清华大学刘云浩教授、北京大学张大庆教授、北京邮电大学马华东教授、中国科技大学李向阳教授、天津大学李克秋教授、东南大学罗军舟教授、上海交通大学陈贵海教授、西安交通大学桂小林教授、西北工业大学李士宁教授等物联网领域的同行学者，本书凝聚了大家一起研讨或合作的成果。此外，还有很多同事和朋友以不同形式提供了帮助，在此就不一一列举，敬请各位谅解。

本书不仅可以作为计算机和物联网相关专业高年级本科生和研究生的课程教材，也适合所有希望了解智能物联网的工程技术人员阅读。作为一个快速发展的新兴研究领域，智能物联网新概念、新问题、新方法不断涌现，限于编者的学识水平，本书难免会存在疏漏或不足之处，敬请读者批评指正。

作者

2022 年 8 月于西安

CONTENTS 目 录

CHAPTER 1

第 1 章

绪　　论

1.1　背景与趋势

物联网（Internet of Things，IoT）即"万物相连的互联网"，被认为是继计算机、互联网之后的又一次信息产业浪潮，是新一代信息技术的重要组成部分。它是在互联网基础上进一步延伸和扩展的网络，将各种信息传感设备与网络结合起来而形成的一个巨大网络，实现任何时间、任何地点，人、机、物的互联互通、信息交换与智能服务。万物互联是人类科技史上的又一次重大革命，对社会生产及生活产生了巨大而深远的影响。

自诞生以来，物联网技术的飞速发展不断引领产业升级，同时对其技术的演进提出了更高的要求。具体来讲，有五个重要的发展趋势。

一是物联网终端设备大规模普及，导致终端数据和连接出现井喷式增长。根据华为 GIV（全球产业展望）和思科预测，到 2025 年全球连接的设备数将达到 1000 亿台，而到 2030 年将有超过 5000 亿物联网设备接入互联网，届时全球每年产生的数据总量达 1 YB，相比 2020 年增长 23 倍。海量数据连接需要计算能力更高的物联网体系架构以实现数据的及时分析和处理。

二是数据处理的实时性、隐私性要求更为迫切。新的物联网业务不断衍生，万物感知、万物互联带来的数据洪流将与各产业深度融合，催生产业物联网的兴起。许多特殊的领域应用场景，如安防监测、自动驾驶、在线医疗等，一方面对数据的实时性要求较高，需要较低的数据传输时延；另一方面因为逐步与人们的日常生活深度融合，对隐私性保护的要求也极为迫切。

⊖　https://www.huawei.com/cn/giv

⊖　https://www.cisco.com/c/en/us/solutions/service-provider/a-network-to-support-iot.html

三是深度学习等人工智能技术的兴起。近年来，以深度学习为代表的新一代人工智能技术快速发展。相比传统机器学习模型，深度学习在很多领域任务上都取得了更好的性能结果。但同时，随着网络层数的增加，其模型参数规模不断变大，计算成本不断提高，为其在物联网环境部署带来了很大挑战。

四是物联网终端计算能力不断提升。传统物联网终端主要负责数据的采集与传输，而随着智能芯片、处理器、感知设备等的不断发展和小型化，终端设备被不断赋予了智能数据处理能力，能在成本约束下完成部分数据处理和智能推理任务，可以为提升智能物联网（Artificial Intelligence of Things，AIoT）计算实时性和保护数据隐私性提供支撑。

五是边缘计算和边缘智能的兴起。边缘计算是指在用户或数据源的物理位置或附近进行的计算，能就近提供边缘智能数据处理服务，这样可以降低延迟，节省带宽。边缘计算的兴起进一步提升了本地数据处理能力。Gartner 将边缘计算列为 2020 年十大战略技术趋势之一[⊖]，其诞生解决了智能物联网发展的瓶颈问题。

综上，传统物联网架构的处理和计算能力已不足以支撑物联网络的深度覆盖、海量连接、实时处理、智能计算等需求，在终端智能及边缘计算等发展背景下，AIoT（一般也表示为 AI+IoT 或人工智能物联网）作为未来物联网发展的新趋势，近年来得到广泛关注。

智能物联网是 2017 年兴起的概念，是人工智能与物联网技术相融合的产物，正成长为一个具有广泛发展前景的新兴前沿领域，实现从"万物互联"到"万物智联"的演进。据 Gartner 预测，未来超过 75% 的数据需要在网络边缘侧分析、处理与存储。AIoT 首先通过各种传感器联网实时采集各类数据（环境数据、运行数据、业务数据、监测数据等），进而在终端设备、边缘设备或云端通过数据挖掘和机器学习方法进行智能化处理和理解。近年来，智能物联网应用已经逐步融入国家重大需求和民生的各个领域，例如智慧城市、智能制造、社会治理等。

智能物联网带来了泛在智能感知、情境自适应通信、分布式群体智能、云边端协同计算等新的挑战问题。国内外的研究人员都对智能物联网这一前沿领域开展了系统性研究。例如，美国麻省理工学院研究人员对资源受限物联网终端上的深度模型压缩等技术进行了系统性研究[1]。耶鲁大学研究人员提出了边端协同高效深度推理模型[2]。斯坦福大学研究团队基于多智能体深度强化学习对智能体间的分布式协作学习能力进行了研究[3]。剑桥大学研究人员就资源受限环境下深度学习模型的轻量级自动搜索提出了新的方法[4]。香港理工大学研究人员则对车联网背景下的边缘智能计算的应用进行了深入分析和探索[5]。

在 AIoT 快速发展趋势下，国内外著名 IT 企业都加紧布局，在边缘智能、智能芯片、智能物联网软件平台等方面取得了很多基础性成果。微软在 2015 年正式发布了 Azure 物联网套件——Azure IoT Suite[⊜]。2021 年，又进一步发布全新的边缘计算平台 Azure Edge Zone 以支持实时数据处理。亚马逊也于 2015 年率先发布 AWS IoT[⊜]平台，并于 2017 年推出 FreeRTOS 操作系统，适用于小型低功耗的边缘设备进行编程、部署、连接与管理。2018 年，阿里巴巴推出 AliOS Things[⊗]物联网操作系统，提供 IoT 连接、智能处理、云边端协同计算等服务。同年，京东发布"城市计算平台"，结合深度学习等构建时空关联模型及学习算法解决交通规划、

⊖　https://www.gartner.com/smarterwithgartner/ gartner-top-10-strategic-technology-trends-for-2020

⊜　https://azure.microsoft.com/en-us/overview/iot/

⊜　https://aws.amazon.com/cn/iot/

⊗　https://www.aliyun.com/product/aliosthings

火力发电、环境保护等城市不同场景下的智能应用问题。2019 年，华为推出了面向物联网的华为鸿蒙操作系统 HarmonyOS[⊖]，该系统是一种基于微内核、面向 5G 的全场景分布式操作系统，在传统的单设备系统能力基础上，提出了基于同一套系统能力、适配多种终端形态的分布式理念。

综上，无论在学术界和产业界，智能物联网均成为新的发展趋势。鉴于此，本教材将面向泛在计算、人工智能与物联网交叉国际学术前沿，阐述其体系架构、关键技术、系统平台及智能服务，推动人、机、物要素的有机连接、协作与增强，构建新型的智能感知计算空间，对推动新一代智能物联技术发展变革、服务智慧城市、智能制造、军事国防等国家重大需求、提高社会生产力和竞争力等具有重要意义。

1.2　智能物联网概念与特征

智能物联网是物联网与人工智能技术深度融合发展的结果，本节先概述二者的发展历程，进而对智能物联网的概念与特征进行阐述。

1.2.1　物联网与人工智能发展概述

1. 物联网的发展

1991 年，马可·维瑟开创性地提出了泛在计算（Ubiquitous Computing）[6] 的思想，认为泛在计算的发展将使技术无缝地融入日常生活中。物联网可以说是实现泛在计算的重要途径。

1995 年，比尔·盖茨在《未来之路》一书中，最早提及物联网概念。但受限于当时无线网络、硬件及传感设备的发展，并未引起世人的重视。

1999 年，美国麻省理工学院的自动识别中心 Auto-ID 提出了网络无线射频识别（RFID）系统，把所有物品通过射频识别等信息传感设备与互联网连接起来，实现智能化识别和管理，是最早的物联网系统雏形。

2005 年，国际电信联盟（ITU）发布了题为《ITU 互联网报告 2005：物联网》的报告，物联网概念开始正式出现在官方文件中。其中指出，物联网通过射频识别装置、红外感应器、全球定位系统、激光扫描器等信息传感设备，按约定的协议，把任何物品与互联网相连接，进行信息交换和通信，以实现智能化识别、定位、跟踪、监控和管理的一种网络。

2009 年，"感知中国"概念被提出，物联网被列为国家五大战略性新兴产业之一，传感器网络和物联网技术的发展在国内掀起热潮，涌现出以"绿野前传"[⊜]等为代表的物联网系统及应用。

2015 年以来，边缘计算与边缘智能逐步兴起，在既有端数据采集和云中心数据处理之外增加了边缘网络，为物联网发展提供了新的计算架构。此外，随着物联网市场的迅猛发展，基础而通用的物联网系统平台成为业界关注热点，如微软发布的 Azure IoT、亚马逊的 AWS IoT、华为的鸿蒙操作系统等。

⊖　https://www.harmonyos.com/

⊜　http://www.greenorbs.org

2. 人工智能的发展

自 20 世纪 50 年代以来，人工智能从无到有，取得了快速发展。1950 年，著名的"图灵测试"诞生，按照"人工智能之父"艾伦·图灵的定义：如果一台机器能够与人类展开对话而不能被辨别出其机器身份，那么称这台机器具有智能。

1956 年夏天，美国达特茅斯学院举行了历史上第一次人工智能研讨会，被普遍认为是人工智能诞生的标志。这次会议上，麦卡锡首次提出了"人工智能"（Artificial Intelligence，AI）概念，纽厄尔和西蒙等则展示了被称为"第一人工智能程序"的"逻辑理论机器"（Logic Theorist），能自动对怀特海德和罗素所著的《数学原理》中的定理进行证明。

人工智能概念提出后，相继取得了一批令人瞩目的研究成果，如机器定理证明、跳棋程序等。1966 年，美国麻省理工学院人工智能实验室的魏泽鲍姆发布了世界上第一个聊天机器人 ELIZA。ELIZA 是一个完全基于规则的聊天机器人，它模拟了一个心理医生，能通过脚本理解简单的自然语言，并能产生类似人类的互动。

20 世纪 70 年代出现了专家系统，它可以看作是一类能模拟人类专家知识和经验来解决领域复杂问题的智能计算机程序系统，涉及知识表示和知识推理等技术。专家系统实现了人工智能从一般推理策略转向运用专业知识的重大突破。专家系统在很多领域都得到成功应用，如能帮助化学家推断分子结构的 DENRAL、用于诊断和治疗疾病的 MYCIN、辅助地质学家探测矿藏的 PROSPCTOR 等，推动人工智能走入应用发展的新高潮。

20 世纪 90 年代以来，计算机网络和互联网技术的发展进一步加速了人工智能的创新研究，促使人工智能技术进一步走向实用化。1997 年 5 月 11 日，IBM 公司的计算机"深蓝"战胜国际象棋世界冠军卡斯帕罗夫，成为首个在标准比赛时限内击败国际象棋世界冠军的计算机系统。2011 年，IBM 再一次推出的 Watson（沃森）系统，它能通过使用自然语言回答问题并参加了美国智力问答节目，打败两位人类冠军，成为"深蓝"战胜国际象棋大师后的又一次代表性人机大战。

近年来，随着大数据、云计算、互联网、物联网等信息技术的发展，以深度神经网络为代表的人工智能技术得到飞速发展。2016 年，Google 人工智能 AlphaGo 以 4∶1 的成绩战胜围棋世界冠军李世石，这一次的人机对弈让人工智能正式被世人所熟知。以深度学习为代表的新兴人工智能技术也加速了人工智能应用落地，诸如图像分类、语音识别、无人驾驶等复杂问题的技术瓶颈陆续得到突破，迎来了爆发式增长的新高潮。

经过 60 多年的演进，特别是在移动互联网、大数据、云计算、认知科学等新理论新技术以及经济社会发展强烈需求的共同驱动下，人工智能加速发展。2017 年 7 月，国务院发布《新一代人工智能发展规划》（即人工智能 2.0），将新一代人工智能放在国家战略层面进行部署，描绘了面向 2030 年的我国人工智能发展路线图，其中大数据驱动知识学习、跨媒体协同处理、人机协同增强智能、群体智能、自主智能系统成为人工智能 2.0 时代的发展重点。

3. 人工智能与物联网的融合

新一代人工智能与物联网在实际应用中不断落地融合，促进了智能物联网的诞生。2017 年以来，智能物联网在学术界和企业界都成为关注的热点。智能家居、智能工厂、智慧城市、智慧医疗、自动驾驶等智能物联网相关的领域应用发展如火如荼；智能物联网也成为各大传统行业智能化升级的最佳途径。

物联网应用的不断普及为人工智能提供了海量的物理世界数据，实现了人－机－物的智能互联，也为人工智能的应用落地提供了客观的需求和丰富的路径。而人工智能技术的应用则为物联网领域应用的效能提升和自主优化提供赋能支撑，为用户提供更为个性化和智能化的体验。

1.2.2　智能物联网概念

智能物联网（AIoT）属于比较新的名词，学术界和业界对其定义并未达成一致。一般认为是人工智能和物联网两种技术相互融合的产物，物联网是异构、海量数据的来源，而人工智能用于实施大数据分析，其最终目标是实现万物智联。下面先给出几种主要的智能物联网定义。

维基百科[⊖]：智能物联网是人工智能（AI）技术与物联网（IoT）基础设施的结合，以实现更高效的物联网运营，改善人机交互，提高数据管理与分析能力。

《2020 年中国智能物联网（AIoT）白皮书》[7] 指出：AIoT 是人工智能与物联网的协同应用，它通过 IoT 系统的传感器实现实时信息采集，而在终端、边缘或云进行数据智能分析，最终形成一个智能化生态体系。

悉尼大学的研究人员发表在 *IEEE Internet of Things*[8] 上的一文中指出先进的通信技术（如 5G、Wi-Fi 等）将促进万物广泛连接，产生海量数据并推动智能物联网的产生。其通过融合边缘计算、雾计算和云计算的新体系架构来提升物联网系统的智能性和数据处理的及时性与安全性。

弗吉尼亚理工大学研究人员发表在 *IEEE Computational Intelligence* 杂志的论文 [9] 从未来网络结构角度探索智能物联网的发展，认为随着 5G 和 6G 的发展，越来越多的设备将通过联结形成超级网络。人工智能将在促进 IoT 网络更有效连接方面发挥重要作用，包括 AI 增强的随机接入和频谱共享等技术。

美国加州大学研究人员发表在 *Proceedings of the IEEE* 的文章 [10] 指出智能手机、物联网传感器等终端设备正在生成需要利用深度学习进行实时分析或用于训练深度学习模型的数据。然而，深度学习推理和训练需要大量的计算资源才能快速运行。边缘计算将计算节点的细网格放置在靠近终端设备的位置，是满足深度学习对边缘设备高计算量和低延迟要求的一种可行方式，同时还提供了隐私、带宽效率和可扩展性方面的额外优势。其认为智能物联网通过跨终端设备、边缘服务器和云的组合进行深度学习推理，实现高效深度计算。

香港科技大学杨强教授和南洋理工大学 Dusit Niyato 教授等在其文章中 [11] 强调智能物联网中边缘计算和联邦学习发挥的重要作用，能解决传统的基于云的机器学习方法所产生的延迟和通信效率低下问题，在数据隐私保护的前提下实现机器学习模型的协同训练。

基于以上定义，我们将智能物联网定义为：**以人工智能、边缘计算与物联网等技术的深度融合为基础，在感知、通信、计算和应用中通过人工智能技术赋能，呈现泛在智能感知、终端智能、云边端协同计算、分布式机器学习、人机物融合等新特征，具有更高灵活性、自组织性、自适应性、持续演化的物联网系统。**

⊖　https://en.wikipedia.org/wiki/Artificial_intelligence_of_things/

1.2.3　智能物联网特征

智能物联网特质与内含如下所述。

人机物融合计算 [12, 13]：随着物联网、人工智能等技术的发展，计算系统正从信息空间拓展到包含人类社会、信息空间和物理世界的三元空间，人机物三元融合计算将成为重要形态。它能有效协同与融合人、机、物异质要素，进而构建新型智能计算系统，是解决智能制造、智慧城市、社会治理等国家重大需求的有力支撑。

- **人（Human）**：主要体现为社会空间中的广大普通用户及其携带的移动或可穿戴设备，其发挥的作用一方面为人类智慧（包括个体或群体智能），另一方面涵盖基于移动设备的群智感知计算。
- **机（Machine）**：主要体现为信息空间中丰富的互联网应用及云端服务，在传统互联网和移动互联网等发展背景下，信息空间集聚了海量、多模态的数据和多样化的计算资源。
- **物（Things）**：主要体现为物理空间中泛在分布的物联网终端和边缘设备，在物联网发展的背景下，各种各样的智能物联网终端不断涌现，为感知和理解物理空间动态提供了重要支撑。

人、机、物三种要素在同一环境或应用场景下相互联结，和谐共生，但彼此能力差异、数据互补，需要通过协作交互来实现能力增强，进而完成复杂的感知和计算任务。

泛在智能感知：在智能物联网时代，利用无处不在的感知资源，包括摄像头、RFID、Wi-Fi、红外、声波、毫米波等，产生丰富的多模态感知数据，进而通过机器学习和深度学习等方法实现对目标（人、环境或事件等）行为的准确感知。

情境自适应通信：针对不断变化的网络资源、连接拓扑和数据传输等情境，从实时获取的网络数据中提取情境信息，进而通过自适应机制实现情境适配的低成本、高效通信。

物联网终端智能：智能物联场景中，将深度学习模型（如实时视频数据处理）离线部署在资源受限且环境多变的物联网终端设备执行逐渐成为一种趋势，其具有低计算延时、低传输成本、保护数据隐私等优势，然而硬件资源限制和环境动态变化对终端智能算法带来了很大挑战。针对受限环境设计相适应的轻量级深度学习模型是智能物联网的一个关键问题。

分布式群体智能：针对单个终端智能体数据和经验有限、模型训练能力弱、应用场景和任务多变等问题，与现有集中式学习模型和框架相区别，在分布式环境下实现多智能终端协作增强学习是智能物联网发展的重要趋势。

云边端协同计算：针对海量的智能物联网数据及实时性、隐私性等数据处理需求，将边缘计算技术引入物联网，形成"端－边－云"协同计算的智能物联网体系架构，高效、及时地处理业务数据。

1.3　智能物联网体系架构与软件平台

物联网的核心是物与物以及人与物之间的信息交互。传统物联网是实现终端数据收集到云端数据处理的过程。海量的传感器和设备收集来自环境的数据，将它们传输到云中心，并通过互联网接收反馈，实现连接和感知。传统的物联网体系架构分为 3 层：

感知层如同人的各种感觉器官，由各种各样的传感器设备组成，用来感知外界环境的温度、湿度、压强、光照、气压、受力情况等信息。

网络层相当于人的神经系统，由各种异构网络组成，将来自感知层的各类信息通过网络传输到应用层。

应用层是用户和物联网间的桥梁，通过云计算、大数据、中间件等技术，为不同行业提供应用方案。

智能物联网以数据处理为中心，面临新的机遇与挑战，将形成新的体系架构与系统软件平台，下面分别进行阐述。

1.3.1　云边端协同 AIoT 体系架构

智能物联网以智能信息的高效、实时处理为中心，随着边缘计算和边缘智能的引入，将形成云边端协同的 AIoT 体系架构。如图 1-1 所示，系统分为三层，包括智能终端层、边缘智能层、云计算层。

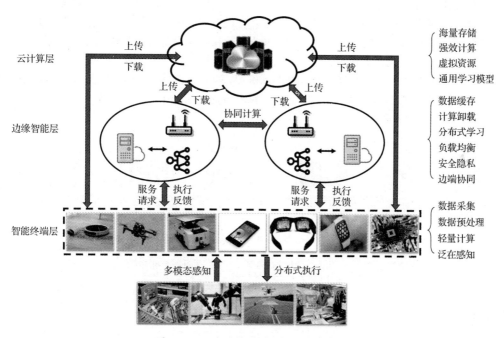

图 1-1　云边端协同的 AIoT 体系架构

智能终端层由各种物联网终端（如机器人、无人机、智能车、移动 / 可穿戴设备等）组成，是 AIoT 的感知和执行单元。可以完成音频、视频、位置、压力、温湿度等多模态感知数据采集，并执行运动、抓取、跟踪等行为。与传统物联网感知层不同，智能终端层将完成部分的数据处理任务，在终端部署传统机器学习或深度学习模型。由于终端资源受限，一般采用轻量级的模型设计方法，包括网络剪枝 / 压缩 / 量化等技术。

边缘智能层是指将计算和智能处理能力部署在靠近终端的边缘设备上，通过边端协同增强计算能力，可以减少计算延迟，支持实时服务。从计算层面来讲，可以将终端计算任务部分卸载到边缘计算节点上；而从智能处理层面来讲，由于终端资源和数据受限，通过边缘群智能体协同可以更好地执行模型训练和推理任务，边端协同深度模型分割、移动边缘联邦学习等成为近年来研究热点。

　　云计算层支持丰富的物联网应用服务，它使 AIoT 应用能够通过互联网虚拟地使用计算资源，具有灵活性、可伸缩、可靠性等特征。通常，来自大规模分布式物联网终端和边缘设备的实时数据流通过网络传输到远程云中心，在那里它们被进一步集成、处理和存储。基于海量物联网数据和丰富的计算资源，在云上训练和部署具有较好泛化能力的机器学习模型成为可能。

　　在云边端协同的 AIoT 架构中，三者动态分配计算量，有效缓解了云计算平台的数据处理负担，提高了数据处理效率。当实时响应和低时延是关键因素时，主要依靠更靠近用户的边缘计算架构；当计算决策的精确性是关键因素时，主要依靠云服务器。

1.3.2　AIoT 系统软件平台

　　智能物联网是"软硬协同"的智能系统，在云边端协同的智能物联网体系架构之上，软件平台也是智能物联网的核心组成要素。软件平台在设备和应用之间提供互操作能力，能够集成异构的计算和通信设备，简化应用的开发，并为运行在异构设备上的多种应用和服务之间提供互操作能力。一般来说，体现为中间件形式。传统物联网主要为云计算提供海量数据来源，产生了基于云计算的物联网中间件平台，如亚马逊 AWS IoT、微软 Azure IoT 等。AIoT 物联网中间件基于云边端协同的新型体系架构，且以数据和智能算法为中心要素，图 1-2 给出一个参考的 AIoT 系统软件平台架构。

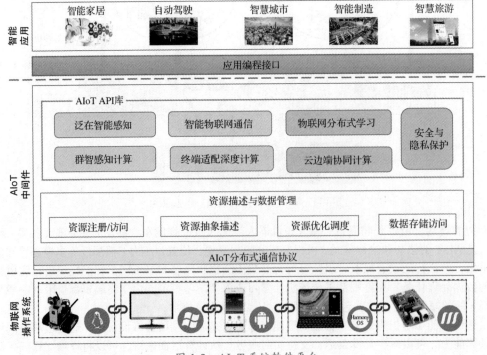

图 1-2　AIoT 系统软件平台

物联网操作系统： 为适应物联网中异构硬件设备及操作系统的差异性，软件平台应充分考虑多样化的硬件需求，通过合理的架构设计，使软件平台本身具备充分的可伸缩性，能够便捷地应用于不同硬件设备上。

AIoT 分布式通信协议： 在智能物联网软件平台中，存在感知、预测、决策和执行等多种模块，需要实时、频繁地交换数据，因此平台应具备灵活可靠的通信架构，以提供更好的互操作性，保障数据进行实时、高效、灵活地分发，可采用发布/订阅体系架构，以满足分布式通信需求。

资源描述与数据管理： 物联网软件平台连接规模化异构物联设备，获取海量多模态感知数据，因此应具有设备资源描述与数据管理功能，包括资源注册与访问、资源抽象描述、资源优化调度、数据存储访问等模块。其中资源注册与访问面向动态连接拓扑环境，生成资源抽象描述，在此基础上提供资源优化调度服务。

AIoT API 库： 为提供异构设备和多种应用间的互操作能力，软件平台以数据和智能算法为中心，如泛在智能感知、群智感知计算、智能物联网通信、终端适配深度计算、物联网分布式学习、云边端协同计算以及安全与隐私保护等模块。因此需要良好的接口设计以合理划分软件系统职责，降低各部分间的相互依赖，提高组成单元内聚性，以助力开发人员的高效开发。

- **泛在智能感知：** 基于泛在的物联网终端设备及其所具有的多模态感知能力，实现对用户及环境情境的及时、准确感知，包括感知信号处理、智能无线感知、多模态融合感知等技术。
- **群智感知计算：** 以大量普通用户及其携带的智能设备作为感知源，利用大众的广泛分布性、灵活移动性和机会连接性进行大规模感知，包括群智感知任务分配、数据优选汇聚、激励和隐私保护机制等技术。
- **智能物联网通信：** 基于海量通信数据分析和挖掘，进行智能化的资源调度和通信优化，以最大化数据传输与通信效率。
- **终端适配深度计算：** 根据物联网终端资源约束，自适应地利用轻量化结构设计、深度学习模型压缩、量化等关键技术，调整模型结构与运算方式，提供适配的深度计算范式与模型结构，增强设备智能计算能力。
- **物联网分布式学习：** 利用分布式训练、联邦学习等关键技术建立边端协同的分布式学习机制，加速复杂任务的学习与推理。
- **云边端协同计算：** 利用边缘卸载、模型分割、计算资源优化调度、云边端协同优化等关键技术，建立基于云边端异构设备协同的计算范式和边端协同深度学习方法，完成复杂的计算与学习任务。
- **安全与隐私保护：** 为软件平台模块间传输的数据与参与计算的用户提供安全与隐私保护功能，采用如差分隐私等保护方法，确保隐私敏感设备的数据和通信安全。

应用编程接口： 软件平台通过抽象和建模，对不同的底层硬件和功能部件进行抽象，为上层提供统一的应用编程接口。同时，编程接口为开发者屏蔽物联设备的硬件配置及资源状态，使得面向不同场景开发的智能应用可以运行在多种异构的硬件平台上，而只需硬件设备安装运行系统软件平台即可。

1.4　关键技术

智能物联网的人机物融合、泛在计算、分布式智能、云边端协同等新特质，以及区别于传统物联网的体系及软件结构带来了很多新的挑战问题，下面将简要阐述所面临的挑战及相关技术。

1.4.1 泛在智能感知

"泛在智能感知"是普适计算、移动计算、物联网和人工智能等多个领域交叉的一个新兴研究方向。泛在智能感知主要通过内嵌在智能手机、手表、可穿戴设备、汽车、家电中的摄像头、加速度传感器、陀螺仪、Wi-Fi、LTE、毫米波雷达、声波收发模块等对人和环境进行多模态感知，并利用人工智能的算法、模型和技术对感知信息进行分析得到关于人和环境的情境状态；进而为人在合适的时间、地点提供智能的服务。泛在智能感知在智慧终端、智慧家居、智慧健康医疗、新型人机交互和自动驾驶等领域有着广泛的应用，是智能物联网的重要组成部分。

智能视觉感知：视觉是人类从外界获得信息的主要途径，通过机器、计算机以及人工智能方法来模拟人类的视觉功能是人们多年的追求。较之于传统视觉技术，智能视觉感知采用机器学习与深度学习技术，具备更快更强的感知与运算能力，一方面提升了边缘检测、语义分割、图像滤波等基础视觉处理能力，并在移动目标检测、移动地图构建、视频流目标跟踪、视频动作识别等关键视觉感知技术上得到广泛应用，强化视觉感知能力的同时也拓宽了视觉感知的应用范畴。

智能听觉感知：听觉感知是感知主体检测、分析、识别和理解语音信号信息的过程，它允许我们与现实环境正确地互动，流畅地沟通。传统听觉感知在梅尔倒频谱系数等基础特征之上，通过混合高斯 – 隐马尔可夫等模型进行语音和语调的识别，而智能听觉通过深度神经网络增强语音模型的特征能力、感知精度和识别鲁棒性，并在更为广义的层面，通过人机交互方式，利用语言理解、对话跟踪、语言生成等关键技术完成真实场景中的人机物互通。

智能无线感知：智能无线感知[14-15]是近年来新兴起的一个前沿研究热点，主要通过普适的无线信号（如 Wi-Fi、RFID、毫米波雷达、声波等）对人和环境进行非接触式或与设备无关的（Device-Free）感知，从而为人类与物理设备、场景环境的融合奠定基础。智能无线感知通过三角度量、计算机指纹库、深度神经网络等智能计算方法对无线感知信号、无线感知数据、无线感知模式进行识别和处理，并通过室内定位、目标跟踪、行为识别等关键技术，在健康监护、新型人机交互、行为识别等领域得到了大量应用，因而受到学术界和产业界的广泛关注与重视。

1.4.2 群智感知计算

群智感知由众包、参与感知等相关概念发展而来[16-17]。2012 年，清华大学刘云浩教授首次提出"群智感知计算"概念，它利用大量普通用户使用的移动设备作为基本感知单元，通过物联网 / 移动互联网进行协作，实现感知任务分发与感知数据收集利用，最终完成大规模、复杂的城市与社会感知任务。群智感知计算利用群体智慧和泛在移动 / 可穿戴终端构建大规模移动感知网络，是一种新型智能感知模式，对传统静态传感网络互为补充。

复杂任务高效分发：群智感知依赖参与用户的移动终端所具备的各种传感和计算能力等

来进行感知。与传统感知网络相比,参与式感知节点具有规模大、分布广、能力互补等特点,而任务则具有需求多样、多点并发、动态变化等特征。需研究针对不同感知任务需求的参与者优选方法,根据任务的时空特征、技能需求及用户个人偏好、移动轨迹、移动距离、激励成本等设定优化目标和约束,设计任务分配模型,一般通过最优化理论(动态规划、博弈论、多目标优化等)和群智能优化算法(如遗传算法、粒子群算法、蚁群算法)等进行求解。

群体参与激励机制: 群智感知需要雇佣大量的参与者采集数据,很多任务还需要参与者前往特定的地点并有较高的数据传输和处理成本;此外,群体参与还存在数据质量难以保证的问题。针对以上问题,群智感知系统通过采用适当的激励方式(如报酬支付激励、虚拟积分激励、游戏娱乐激励、社会交互激励等),鼓励和刺激参与者参与到感知任务中,并提供优质可信的感知数据。不同的激励方式在不同的场景下,对不同的参与者具有不同的激励效用,因此如何选择和设计合适的激励机制是群智感知计算的主要研究内容之一。

群体感知数据优选: 群智数据的质量直接影响数据分析的结果,进而影响群智服务的性能。由于不同用户在活动范围上有一定重叠,群智感知所采集到的数据中可能存在大量冗余。而大量未经训练的用户作为基本感知单元会带来感知数据多模态、不准确、不一致等质量问题。挑战在于如何实现优质数据选择和收集。在智能物联网中,一方面可以在终端进行数据预处理,剔除低质量数据;另一方面可以在边缘设备进行数据局部汇聚,及时发现来自不同终端的冗余数据。从而在减少数据传输成本的同时为云数据挖掘与模型训练提供优质数据。

1.4.3　智能物联网通信

虽然完整物联网通信体系已经建立,但学术界和工业界近年来不断思考如何将 AI 融入物联网通信系统中,实现物联网通信效能的大幅提升。已有研究集中于网络、资源管理和安全,主要思想是将机器学习、AI 的思想引入相应算法和协议设计过程,实现通信与 AI 的结合。目前各项研究尚处于初步探索阶段,智能物联网通信的发展还需要一个长期的过程,机遇与挑战共存。

端到端网络优化: 在 MAC 协议中,机器学习为优化 IoT 网络的性能提供很好的解决方案。可以把物联网设备想象成一个能够借助机器学习访问信道资源的智能设备,通过机器学习,物联网设备能够观察和学习不同性能指标对网络性能的影响,然后利用这些学习到的经验来可靠地提升网络性能,同时生成后续的执行动作。强化学习、神经网络等 AI 方法的引入在物联网应用复杂多变的环境中提供了路由的自适应能力,在通信故障、拓扑变化和节点移动性等情况下提供了较好的性能。基于机器学习的拥塞控制方法可以更准确地估计网络流量,从而找到最佳路径,最小化节点与基站之间的端到端时延,并可根据网络的动态变化调整传输范围,更加灵活地控制传输层发生的拥塞,提高传输效率。

无线资源优化: 无线通信是 IoT 主要的通信方式,无线资源管理通过有限物理通信资源的合理利用,以满足各种 IoT 应用需求。现有无线资源管理方法通常是为静态网络设计,高度依赖于公式化的数学问题。而 IoT 网络的动态性,导致高复杂性的算法频繁执行,带来了性能损失。因此,可将 AI 引入无线资源管理,如强化学习可以仅基于环境反馈的回报 / 成本学习好的资源管理策略，可对动态网络做出快速决策；深度学习模型优越的逼近能力，可以实现一些高复杂度的资源管理算法；多智能体强化学习可赋予每个节点自主决定资源分配的能力。因此，机器学习在功率控制、频谱管理、波束形成设计等方面具有较好的应用前景。

通信安全机制：借助深度学习，通过对数据进行深入地归纳、分析，从而获取新的、规律性的信息和知识，并利用这些知识建立用于支持决策的模型，进行网络风险分析或预测。如使用机器学习技术处理和分析收集的数据，可以更好地防范入侵检测，或利用人工智能对物联网系统中的恶意软件进行检测。未来的挑战在于设计适合物联网设备的轻量级智能通信安全机制。

1.4.4 终端适配深度计算

在智能物联网时代，在物联网终端执行深度计算实现智能推断逐渐成为一种趋势，其具有高可靠性、保护数据隐私的优势。然而，针对智能物联网终端平台资源受限、应用情境复杂多变，以及硬件优化能力不同等问题，急需下列终端适配的深度计算方法[18]。

资源适配深度计算：物联网终端平台通常体积较小，由电池供电，因此资源（计算、存储和电量）是受限的，难以直接运行复杂的深度计算模型。因此，需基于深度计算模型的冗余性机理，探索不同深度模型压缩技术（如权重剪枝、卷积分解、轻量化层结构替换，量化等）和超参数对不同深度模型精度、存储量、计算量、时延和能耗的影响，从而按需选择合适的压缩算法及超参数组合，以较少的精度损失，实现最低的终端资源消耗。

情境自适应深度计算：除了上述物联网平台资源约束以外，物联网终端运行深度模型还受综合情境因素影响，例如计算资源的动态性、输入数据的异质性以及应用性能需求的差异性。因此，需探索情境自适应的深度计算模型生成方法。近几年有一些相关研究进展，如自动化深度模型架构搜索（Neural Architecture Search, NAS）[19]，它采用合理的搜索空间、搜索策略和评价预估方法，可在不同情境需求下众多超参数和网络结构参数产生的爆炸性组合中完成自动搜索。

软硬协同深度计算：与深度模型算法层面的优化相结合，硬件优化通过合理地利用不同设备的硬件性能和架构，可进一步实现深度模型加速。由于芯片内存带宽是十分受限的资源，因此将处理器性能与芯片内外存流量联系起来的模型可以指导软硬协同优化。例如，Roofline模型[20]就是一个易于理解、可视化的性能模型。在资源极度受限的终端平台（如微控制器）上，软硬协同深度计算优化尤为重要。例如，Lin等人[21]提出的面向微控制器的深度计算框架MCUNet，通过联合设计一个高效神经网络架构和轻量级推理引擎，在微控制器上实现深度计算推理。

1.4.5 物联网分布式学习

在智能物联网时代，将会存在大量具有感知和计算能力的智能体，虽然单智能体数据和经验有限，但通过群体分布式协作可实现超越个体行为的集体智慧，构建具有自组织、自学习、自适应等能力的智能感知计算空间[22]。

群体分布式学习模型：需基于生物群体交互式学习机理，探索融合协作、博弈、竞争、对抗等特征的群智能体分布式学习模型。此外，还要探索在单智能体数据有限且隐私要求高的情况下的可信群智学习方法。针对智能物联网分布式学习问题，近期有一些相关的研究进展，如联邦学习、多智能体深度强化学习等。联邦学习的思想由谷歌最先提出，它基于分布在多个设备上的数据集构建机器学习模型，在保障数据交换隐私安全的前提下，通过多设备协作开展高效率学习实现群体增强。

群智能体分布式决策：多智能体深度强化学习（Multi-Agent Deep Reinforcement Learning）利用智能体间的协作和博弈激发新的智能，产生智能行为决策，是机器学习领域的一个新兴的研究热点，并广泛应用于自动驾驶、路径规划、任务分配、集群编队、博弈对抗等现实领域，具有极高的研究价值和意义。例如谷歌 DeepMind 在《科学》杂志上最新发表的论文[22]中通过让智能体在多玩家电子游戏中掌握策略、理解战术以及进行团队协作，展示了智能体在强化学习领域的最新进展。

群智能体知识迁移：由于云中心统一训练的模型与多样化边端部署环境之间的数据分布差异问题，所以会导致 AI 算法在实际部署中性能下降。域自适应（Domain Adaptation）方法[23]把分布不同的源域和目标域的数据，映射到一个特征空间中，使其在该空间中的距离尽可能近，可解决训练样本和测试样本概率分布不一致的学习问题。此外，元学习（Meta Learning）[24]通过融合多个富经验智能体的训练模型来指导新的或缺少知识的智能体快速学习和成长，实现群智能体间的知识迁移和共享。

1.4.6　云边端协同计算

云边端协同是智能物联网体系架构的重要特征。随着万物互联时代的到来，海量数据和计算需求呈爆炸式增长，边缘设备大量部署，终端处理能力增强，因此将部分计算从云端下沉到边缘和终端可有效缓解云计算负载，产生更快的服务响应。

云边协同计算：云边协同计算模式将大规模数据和复杂运算在云端集中处理，将小规模实时计算在边缘侧就近处理，从而提升数据传输性能，减少处理时延，保护数据隐私。云边协同的深度计算模式在视频实时处理、目标检测与追踪等复杂推理任务中应用较多，分为边缘特征提取和云端深度识别两阶段。此外，教师 – 学生模型的知识蒸馏[25]、深度计算模型的在线重训练[26]等人工智能学习任务的部署也多采用云边协同计算模式。

边端协同计算：终端智能计算是智能物联网发展的一个重要趋势。针对单个智能终端计算资源不足的问题，可尝试由周边共存的多个移动、可穿戴或边缘设备等组成动态协作群。研究群智能体自组织协作高效计算模式，能根据性能需求（如时延、精度）和运行环境（如网络传输、能耗情况等），将原始任务进行自动"切分"并优选和调度合适的智能体协同完成感知计算任务。包括基于不同深度模型分割策略的串行、并行和混合协同计算模式。此外，基于物联网中的分布式感知数据特点、边端通信及边缘服务器负载约束等实际因素，需进一步研究综合性能更优的边端协调计算方法。

云边端协同性能优化：在此基础上，需进一步结合任务需求、部署环境和实时情境，探索云边端协同的高效计算任务分配、资源调度和负载平衡等方法，进一步提升和优化智能物联网系统云边端协同计算的整体效能。此外，日益庞大而丰富的人工智能算法模型如何在智能物联网的云、边、端环境中进行有效部署和及时执行，且能够适应边端环境的复杂性、多样性和动态性也是一个关键的科学挑战问题。

1.4.7　安全与隐私保护

智能物联网时代安全与隐私保护问题体现在多个方面。由于智能物联网终端在智能家庭、医院和城市中无处不在，在数据汇聚和处理过程中可收集大量的 AIoT 用户敏感数据（如面部图像、声音、动作、脉搏、图像数据等），存在数据窃取、误用和滥用的风险。此外，在硬件层面，随着物联网的普及，少量未经严格认证、存在安全隐患的设备加入网络，也会威胁到其他联网设备的安全；其高度分散、随机加入退出的特性和分布式环境很难实施传统集中式信任认证。最后，人工智能的应用使得在数据处理和算法训练／执行过程中也可能被攻击而泄露隐私或产生错误结果。

数据安全保护立法：针对物联网数据安全问题，立法是一个重要途径，欧盟 2018 年起实施《通用数据保护条例》，该条例赋予个人对其个人数据的控制权。个人数据的控制器和处理器必须采取适当的措施来保护数据安全和隐私。我国 2021 年出台了《中华人民共和国数据安全法》，建立数据分类分级保护制度，禁止窃取或者以其他非法方式获取数据。

AIoT 安全保护策略：在技术层面，AIoT 的底层架构在泛在感知的物联网环境下，需研究分布式信任管理以提升 AIoT 交互的可靠性。第一，与区块链技术结合来构建去中心信任管理是一个重要途径，通过数据和行为溯源，确保数据一致性和可靠性，保护数据隐私。第二，由于涉及云 – 边 – 端分层体系架构，需探索如何进行跨域和跨组织认证以提高云 – 边和多边协同的安全性。第三，由于不同用户或数据对安全和隐私保护需求的强度不同，可探索分级多粒度隐私保护策略。

AI 算法应用安全：随着 AI 算法在智能物联网系统中的大量应用，也带来了新的安全性威胁问题。在数据收集、模型训练、模型测试以及系统部署等 AI 应用生命周期的不同阶段都可能引发安全与隐私泄露威胁，如对抗攻击、数据投毒攻击和模型窃取攻击等。一方面应探索综合防御技术来应对实际应用场景中复杂的威胁，另一方面应从人工智能模型的可解释性等理论角度出发，增强模型的泛化能力和鲁棒性，从根本上解决人工智能模型所面临的安全问题。

1.5　典型应用

智能物联网在智能家居、自动驾驶、城市计算、智能制造等领域均有重要的应用前景，下面结合一些典型案例进行阐述。

1.5.1　智能家居

智能家居利用室内大量的物联网设备（如温湿度传感器、家用电器、服务机器人、安防设施）收集多模态感知数据，进而通过智能分析和处理进行室内状态和用户行为识别，并最终完成对家居环境的调控以及智能服务的提供，实现安全舒适、绿色健康、以人为本的智能家居体验。智能物联网时代，终端智能和边缘计算的引入能进一步降低隐私泄露的风险，为智能家居的快速发展提供重要支撑，如图 1-3 所示。

　　智能交互：AIoT 时代将有更多的智能设备引入家居环境（如智能音箱、智能眼镜、智能家具等），在深度学习等 AI 技术的支持下，新型交互模式也将不断涌现，如语音交互、手势交互、表情交互乃至脑电交互等。此外，AIoT 还将通过收集的海量用户数据来对用户偏好进行建模，依据喜好适时自适应地调整居住环境并提供智能服务，最终给用户带来沉浸式、个性化的全场景智慧体验。

　　健康辅助：分布于室内的智能床、智能音箱、服务机器人及穿戴式物联网设备可跟踪用户的生理和心理等特征数据并进行实时健康分析研判，及时发现健康相关事件并做出辅助性决策，如提醒用户注意饮食健康、感知用户睡眠健康并进行智能辅助、对老年人进行陪伴和心理交流等。

　　绿色节能：物联网将照明、电表、水表等核心系统与传感器和云计算系统联系起来，能实时监控并获取整个建筑的运营环境数据，进而通过云端智能算法自动做出节能的运营决策，如根据用户偏好及位置进行灯光亮度和室内温度调节，推荐用户节约用电或用水的方案等。

a）智能家居泛在交互

b）健康辅助

c）绿色节能

图 1-3　智能家居 AIoT 应用场景

1.5.2　自动驾驶

　　自动驾驶是人工智能和物联网协同融合的一个代表性例子。它集环境感知、规划决策、运动控制、多级智能辅助驾驶等功能于一体，通过激光雷达、毫米波雷达、超声波雷达、摄像头等多模态传感器不断收集周围环境的海量数据（一辆自动驾驶车辆一天产生的数据约为

4 TB），进而使用多模态融合感知、边端协同计算、深度学习与智能推理等技术来实现自动控制和路径规划。未来自动驾驶技术的广泛使用可显著提升道路交通的安全性和运输效率，在绿色节能等方面展现出良好的社会效益和经济效益（如图 1-4 所示）。

a）未来自动驾驶场景

自动驾驶分级		名　称	定　义	驾驶操作	周边监控	接　管	应用场景
NHTSA	SAE						
L0	L0	人工驾驶	由人类驾驶者全权驾驶汽车	人类驾驶员	人类驾驶员	人类驾驶员	无
L1	L1	辅助驾驶	车辆对方向盘和加减速中的一项操作提供驾驶，人类驾驶员负责其余的驾驶动作	人类驾驶员和车辆	人类驾驶员	人类驾驶员	限定场景
L2	L2	部分自动驾驶	车辆对方向盘和加减速中的多项操作提供驾驶，人类驾驶员负责其余的驾驶动作	车辆	人类驾驶员	人类驾驶员	
L3	L3	条件自动驾驶	由车辆完成绝大部分驾驶操作，人类驾驶员需保持注意力集中以备不时之需	车辆	车辆	人类驾驶员	
L4	L4	高度自动驾驶	由车辆完成所有驾驶操作，人类驾驶员无需保持注意力，但限定道路和环境条件	车辆	车辆	车辆	
	L5	完全自动驾驶	由车辆完成所有驾驶操作，人类驾驶员无需保持注意力	车辆	车辆	车辆	所有场景

b）自动驾驶等级划分方法

图 1-4　自动驾驶技术

环境感知：自动驾驶汽车融合感知、学习与推理于一体以理解周围环境语义信息，如检测道路、障碍物、交通标志等，从而进行地图构建与辅助定位，估计车辆和行人的意图并预测其轨迹等。多模态数据融合是环境感知的关键技术，将不同传感器数据进行智能化合成，利用其互补性和差异性以实现针对复杂目标任务的准确感知。比如摄像头具有分辨颜色（识别指示牌和路标）的优势，易受到恶劣天气环境和光线的影响，而雷达则在测距、穿透雨雾等方面具有优势，两者互补融合可做出更精确、更可靠的评估和判断。

泛在连接： 自动驾驶汽车不仅要实现汽车内部多种感知和计算单元的互联并支撑车与人的智能交互（语音、手势等），还要通过 5G/6G/V2X（Vehicle to Everything）等无线通信技术与周围资源和物体进行连接以交互信息，包括其他汽车、路边单元、边缘设施等，最终形成"人-车-路-网-云"等要素有机连接和信息融合的智能交通系统，进一步推进自动驾驶的安全性和计算高效性。

规划决策： 规划决策是无人驾驶体现智能性的核心技术，涉及汽车的安全行驶、路线规划、与其他交通参与者交互等多个方面。通过综合分析环境感知信息输入，规划决策者可结合车辆的动力学特性对其速度、朝向等规划，并产生相应的加/减速、换道、停车等决策，图 1-4b 给出了五个层面的自动驾驶等级划分方法。常用的决策技术有专家系统、模糊逻辑、隐马尔可夫模型等。随着深度学习技术的兴起，深度强化学习由于具有类人学习和未知环境的适应能力等优势，近年来在自动驾驶领域越来越受到重视。

1.5.3　智慧城市

随着人类社会的快速发展和科学技术的不断进步，城市日益现代化和工业化，但同时也面临着越来越多的问题，包括环境污染、交通拥堵、公共安全等方面。随着移动设备、传感器网络和互联网技术的迅猛发展和快速普及，使得城市中反映和记录人类社会、物理世界和信息空间的时空数据迅速增长。这些大规模城市时空数据包含了丰富的语义信息，为解决城市痛点问题，实现城市治理的科学化、精细化带来了新的机遇。城市计算通过不断感知、汇聚和挖掘多源异构大数据来解决现代城市所面临的复杂挑战问题。在智能物联网发展背景下，人、机、物群智能体协同融合完成城市复杂任务成为城市计算的重要发展方向。京东、华为、阿里等企业都在城市计算领域进行布局，研发基础平台和智能应用，如图 1-5、图 1-6 所示。

城市感知网络： 随着传感器设备和通信技术的日益成熟，城市中部署的传感器网络日益增多，这些具有感知、通信和计算能力的传感器能够实时感知和收集环境或者目标对象的信息，包括位置、图像、音视频、空气质量等。在城市范围内，传感器网络中的多种类型设备（如温度、环境、流量、激光雷达等传感器）可作为基本感知单元，获取不同时间、不同区域的城市动态数据。美国《麻省理工学院技术评论》杂志把基于传感器技术的"感知城市"（Sensing City）列为 2018 年全球十大突破性技术之一。

移动群智感知： 与传统传感器网络依赖已经固定部署的传感器不同，移动群智感知作为一种新的感知方式，通过大量普通用户及其携带的感知设备（如智能手机、可穿戴设备等）收集数据。一方面，移动群智感知以"人"为中心，不需要大量的部署成本，可直接利用用户所携带的感知设备收集数据。比如，利用用户手机上的麦克风可采集周围环境的噪声数据，进而构建城市噪声地图。另一方面，用户具有灵活的移动性，进一步促进了大规模的城市感知。比如，在用户日常活动范围内，可通过车载传感器收集轨迹数据，进而获取整个城市范围的交通情况。移动群智感知作为一种动态感知网络，可以与静态感知网络互补增强以有效解决城市大规模感知的有效时空覆盖难题。

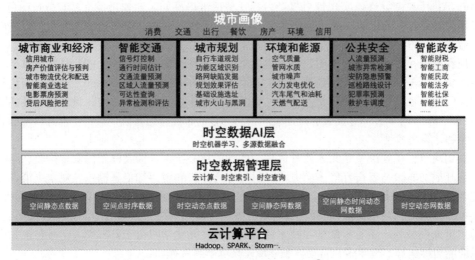

图 1-5 京东城市计算平台架构[一]

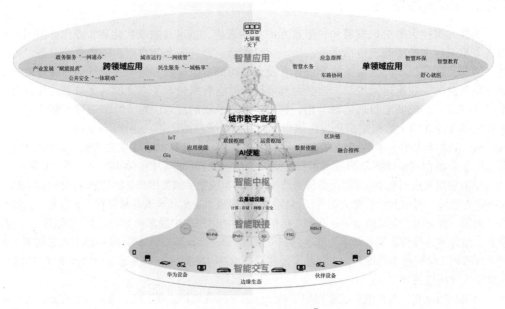

图 1-6 华为城市智能体[二]

时空预测与精细化管理：通过对海量、多模态感知数据的综合分析，能够实时、精准地

[一] https://icity.jd.com/

[二] https://www.huaweicloud.com/solution/smartcity.html

感受到城市的脉搏跳动并对未来趋势进行预测。在城市背景下，时空预测旨在从复杂、海量、高维的城市时空数据中挖掘出有价值的信息，通过机器学习、深度学习等方法构建相应的时空预测模型，预测时空对象在未来特定时空情境下的行为或状态，进而解决交通运输、城市规划、公共安全等问题。例如，基于历史交通数据、路网数据、人流量数据等，可以预测未来一段时间不同区域的交通流量，及时进行管控以缓解交通拥堵。此外，还可以根据城市大数据发掘人群出行规律，进行公共交通规划和商业选址建议。在公共安全方面，还可基于历史数据和领域模型预测不同区域的犯罪行为、火灾发生情况、活动中人群的聚集情况等。

1.5.4　智能工厂

面对新一轮工业革命，国务院于 2015 年发布《中国制造 2025》国家战略，其中明确提出，要以新一代信息技术与制造业深度融合为主线，以推进智能制造为主攻方向。2017 年，习近平总书记在党的十九大报告中提出"加快建设制造强国，加快发展先进制造业，推动互联网、大数据、人工智能和实体经济深度融合"。智能物联网可实现制造业要素的泛在连接、高效协同、智能感知与深度融合，重塑设计、研发、制造、服务等产品全生命周期的各环节，实现具有自组织、自学习、自适应、持续演化等能力的制造业智慧空间，对促进制造业新模式新业态形成、提高我国制造业生产力和竞争力、推动下一代智能制造变革具有重要意义。

智能工厂是智能制造的重要组成部分（如图 1-7 所示）。在智能工厂中，智能物联网涉及的主体包括机器人、AGV 小车、移动及可穿戴设备、边缘设备、感知设备、生产制造设备、产品等。从技术角度而言，智能物联网在智能工厂的应用分为两个层面，第一层次是通过工业互联网技术来实现连接并获取工厂各类主体的感知数据，第二层次则是利用人工智能技术来对数据进行分析、识别和推理。目前，以工业互联网为核心的制造大数据在获取方面已经取得了较多进展，而在结合 AI 来解决复杂制造业问题方面也得到广泛关注。

a）智能工厂机械臂协同操作　　　　　b）智能工厂中 AGV 小车仓储服务

图 1-7　智能工厂场景

制造生产过程优化：采用深度学习方法对设备运行、工艺参数等数据进行综合分析并找出最优参数，能大幅提升运行效率与制造品质。阿里云 ET 工业大脑通过机器学习技术识别生产制造过程中的关键因子并进行优选组合，提升生产制造效率与良品率。此外，复杂质量检测场景中，利用基于深度学习的解决方案代替人工特征提取，能够在环境频繁变化的条件下检测出更微小、更复杂的产品缺陷，提升检测效率。美国机器视觉公司康耐视开发了基于深度学习进行工业图像分析的软件，利用较小的样本集就能在数分钟内完成模型训练。

预测性运维服务：基于企业累积的运维和业务数据等进行预测，可及早采取措施排除可能的风险，从而提高企业运行效率，降低运营成本。如 Google 将人工智能应用于数据中心，使用神经网络来预测耗电量变化，进一步优化服务器和制冷系统等相关设备控制以降低耗电量。腾讯和三一重工合作，把全球 40 万台设备计入平台，通过实时采集 1 万多个运行参数建立预测模型，以对设备状态异常进行预警。

智能仓储服务：AGV 小车等自主移动机器人是制造业向柔性化、智能化发展的关键使能要素，能极大提升仓储物流效率。其一般需要具备丰富的环境感知能力、基于现场的动态路径规划能力、灵活避障能力、全局定位能力等，可基于同步定位与地图构建（Simultaneous Localization and Mapping，SLAM）技术实现自主导航。在生产线，自主移动机器人实现生产线物流的自动化与无人化，比如生产任务下达的无人化；下料、取料和上料过程中，自主移动机器人自动获取所分配的任务，并与制造设备、货架等自主对接，进而完成物料的无人化搬运。

1.6　本书整体结构

本书从 AIoT 新型体系架构出发，按照"智能感知 – 网络增强 – 协同计算 – 平台应用"的组织思路，遵循"创新引领、深入浅出、理论 + 实践"的原则基调，就智能物联网的基本概念、体系架构、智能感知、群智感知、智能物联网络、终端适配智能计算、分布式学习、端边云协同计算、平台及典型应用等进行系统性阐述和深入探讨。全书共分 11 章，整体结构如图 1-8 所示，各章内容概述如下。

第 2 章　智能物联网体系架构

介绍智能物联网体系架构参考模型，包括功能模型和逻辑模型。在功能模型中将结合典型的物联网体系架构进行介绍。在此基础上，介绍软件定义技术在智能物联网中的使用及其意义。

第 3 章　多模态智能感知

介绍智能物联网背景下的视觉和听觉感知。具体地，本章从感知基础、典型技术、场景应用角度介绍智能物联网中的视觉感知。同时介绍智能听觉感知的基础方法和典型技术。在此基础上，概述不同感知模态的融合技术与方法。

第 4 章　智能无线感知

无线感知与人工智能算法模型共融是物联网技术发展的重要趋势。本章介绍了无线感知的基础原理，并具体介绍了三种主流智能无线感知技术：Wi-Fi 智能感知、RFID 智能感知、毫米波智能感知。

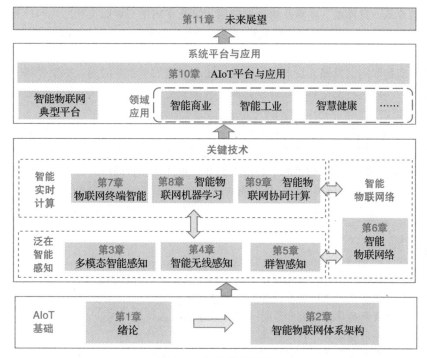

图 1-8　本书整体结构

第 5 章　群智感知

群智感知是物联网和人工智能中的新兴热点领域，本章在对智能感知的概念进行介绍的基础上，重点介绍群智感知的任务分配、群智感知的激励机制、群智感知的数据优选等关键技术。

第 6 章　智能物联网络

通信是智能物联网的基础，而智能物联网的通信有别于传统的网络通信。本章在介绍物联网通信体系架构的基础上，将分别介绍物联网智能接入控制、物联网智能路由、物联网智能传输控制等内容。

第 7 章　物联网终端智能

本章首先介绍智能物联网背景下终端实现深度智能的需求和特点，进而介绍物联网终端轻量化深度计算、物联网终端深度计算模型量化、情境自适应深度计算模型搜索以及软硬协同深度计算加速等方法。

第 8 章　智能物联网机器学习

物联网中数据感知与分析的分布式特性使得分布式协同学习非常重要。在此背景下，本章从物联网特点出发，分别介绍物联网联邦学习、物联网终端与群体智能决策、物联网群体智能迁移三方面内容。

第 9 章　智能物联网协同计算

物联网协同计算是指在推理阶段，利用多台物联网设备的感知数据、算力资源进行协同智能计算的方式。具体地，本章从物联网协同计算基本内涵、智能物联网协同计算模式、物联网分布式数据融合计算以及物联网视频应用场景下的分布式计算案例展开介绍。

第 10 章　AIoT 平台与应用

随着智能物联网的发展，目前在产业界已出现对应的平台与应用。本章介绍了智能物联网的典型平台，以及智能物联网在智慧健康、智能安防、智能生产线、智慧设施农业等领域的应用。

第 11 章　未来展望

在对智能物联网关键技术和平台应用进行介绍的基础上，本章对当前该领域进展进行总结并分析存在的问题，进而指出未来的发展趋势，包括软硬协同终端智能、跨模态融合泛在感知、面向 AIoT 的智能演进、新一代智能物联网络、人机物融合群智计算等方面。

1.7　习题

1. 什么是智能物联网，它与传统物联网有何区别，具有哪些特质和优势？
2. 人工智能技术在物联网领域的落地面临哪些方面的挑战？
3. 请概述智能物联网的体系架构和软件平台架构组成及各模块功能。
4. 你所了解的物联网智能感知相关技术有哪些？各有什么特点？
5. 人工智能技术在物联网通信中可以发挥哪些方面的作用？
6. 请结合实例分析说明物联网终端智能和分布式学习各自所面临的挑战。
7. 什么是云边端协同计算，与云计算、边缘计算有何区别和联系？
8. 你所了解的智能物联网应用有哪些？请结合一到两个典型领域的智能物联网应用分析其关键技术的挑战及应用。

参考文献

[1]　CAI H, GAN C, WANG T, et al. Once-for-all: Train one network and specialize it for efficient deployment[J]. arXiv preprint arXiv:1908.09791, 2019.

[2]　GUO P, HU B, HU W. Mistify: Automating {DNN} Model Porting for {On-Device} Inference at the Edge[C]. Proceedings of the 18th USENIX Symposium on Networked Systems Design and Implementation(NSDI). 2021: 705-719.

[3]　GUPTA J K, EGOROV M, Kochenderfer M. Cooperative multi-agent control using deep reinforcement learning[C]//Proceedings of the International conference on autonomous agents and multiagent systems (AAMAS). Cham, Springer, 2017: 66-83.

[4]　ABDELFATTAH M S, MEHROTRA A, DUDZIAK L, et al. Zero-cost proxies for lightweight NAS[J]. arXiv preprint arXiv:2101.08134, 2021.

[5]　ZHANG J, LETAIEF K B. Mobile edge intelligence and computing for the internet of vehicles[J]. Proceedings of the IEEE, 2019, 108(2): 246-261.

[6]　WEISER M. The computer for the 21st century[J]. ACM SIGMOBILE mobile computing and communications review, 1999, 3(3): 3-11.

[7]　艾瑞网 . 2020 年中国智能物联网（AIoT）白皮书 [EB]. 2021. https://report.iresearch.cn/ report_pdf.aspx?id=3529.

[8]　ZHANG J, TAO D. Empowering things with intelligence: a survey of the progress, challenges, and opportunities in artificial intelligence of things[J]. IEEE Internet of Things Journal, 2020, 8(10): 7789-7817.

[9]　SONG H, BAI J, YI Y, et al. Artificial intelligence enabled Internet of Things: Network architecture and spectrum access[J]. IEEE Computational Intelligence, 2020, 15(1): 44-51.

[10]　CHEN J, RAN X. Deep learning with edge computing: A review[J]. Proceedings of the IEEE, 2019, 107(8): 1655-1674.

[11]　LIM W Y B, LUONG N C, HOANG D T, et al. Federated learning in mobile edge networks: A comprehensive survey[J]. IEEE Communications Surveys & Tutorials, 2020, 22(3): 2031-2063.

[12]　梅宏，曹东刚，谢涛 . 泛在操作系统：面向人机物融合泛在计算的新蓝海 [J]. 中国科学院院刊，2022 (1): 30-37.

[13]　郭斌，刘思聪，於志文 . 人机物融合群智计算 [M]. 北京：机械工业出版社，2022.

[14]　WU D, ZHANG D, XU C, et al. Device-free WiFi human sensing: From pattern-based to modelbased appro--aches[J]. IEEE Communications Magazine, 2017, 55(10): 91-97.

[15]　WANG Z, GUO B, YU Z, et al. Wi-Fi CSI-based behavior recognition: From signals and actions to activities[J]. IEEE Communications Magazine, 2018, 56(5): 109-115.

[16]　刘云浩 . 群智感知计算 [J]. 中国计算机学会通讯 , 2012, 8(10): 38-41.

[17]　於志文，郭斌，王亮 . 群智感知计算 [M]. 北京：清华大学出版社，2021.

[18]　郭斌，仵允港，王虹力，等 . 深度学习模型终端环境自适应方法研究 [J]. 中国科学：信息科学，2020, 50(11):1630-1644.

[19]　ELSKEN T, METZEN J H, HUTTER F. Neural architecture search: A survey[J]. The Journal of Machine Learning Research, 2019, 20(1): 1997-2017.

[20]　WILLIAMS S, WATERMAN A, PATTERSON D. Roofline: An Insightful Visual Performance Model for Floating-Point Programs and Multicore Architectures[J]. Communications of the ACM, 2009, 52(4):65-76.

[21]　LIN J, CHEN W M , LIN Y, et al. MCUNet: Tiny Deep Learning on IoT Devices[J]. Advances in Neural Information Processing Systems (NIPS), 2020, 33 : 11711-11722.

[22]　SILVER D, HUANG A, MADDISON C J, et al. Mastering the game of go with deep neural networks and tree search[J]. Nature, 2016, 529(7587): 484-489.

[23]　TZENG E, HOFFMAN J, SAENKO K, et al. Adversarial discriminative domain adaptation[C]// Proceedings of the IEEE conference on computer vision and pattern recognition (CVPR). 2017: 7167-7176.

[24]　VILALTA R, DRISSI Y. A perspective view and survey of meta-learning[J]. Artificial intelligence review, 2002, 18(2): 77-95.

[25]   MIRZADEH S I, Farajtabar M, Li A, et al. Improved knowledge distillation via teacher assistant[C]//. Proceedings of the AAAI Conference on Artificial Intelligence (AAAI). 2020, 34(04): 5191-5198.

[26]   KOLCUN R, POPESCU D A, Safronov V, et al. The case for retraining of ML models for IoT device identification at the edge[J]. arXiv preprint arXiv:2011.08605, 2020.

第 2 章

智能物联网体系架构

物联网体系架构指物联网系统的组成及相互之间的关系，传统物联网体系架构的设计需要与现有网络保持兼容，实现互通。随着智能物联网的发展，需要充分考虑智能物联网自身的特性，建立适合的体系架构是设计与实现智能物联网系统的首要前提。本章在介绍传统物联网体系架构基础上引出智能物联网系统模型，进而阐述目前主流的智能物联网体系架构。

2.1 物联网体系架构

体系架构可以精确地定义系统的组成部分及其之间的关系，指导开发者遵循一致的原则实现系统，以保证最终建立的系统符合预期的需求。因此，物联网体系架构是设计与实现物联网系统的首要基础。物联网体系架构的设计要遵循以下原则：首先，物联网需要能够与现有的网络进行互联与融合。无论从硬件基础设施、软件应用系统还是用户使用方式方面，互联网、传感网、移动通信网等现有网络都已深入了人类生产、生活，与现有网络兼容互通是物联网体系架构设计的基本要求之一。另外，物联网体系架构须充分考虑物联网自身的重要特征，特别是物联网中的节点能力差异性、网络环境动态性等特点 [1]。

建立物联网体系架构的最主要过程是从各种应用需求中统一抽取出组成系统的部件以及部件之间的组织关系 [2]。需要指出的是，通常可以从不同角度抽取系统的组成部件及其之间的关系，从研究对象角度来看，国内外对物联网的研究可分为两类，一类是从"物"的角度对物联网网元的感知和控制功能、标识、接入等方面进行研究；另一类是从"网"的角度对物联网的互联机理、异构网络互通等方面开展研究。在物联网体系架构方面，大体分为两种研究视角，一是物联网整体功能结构；二是物联网系统的关键技术问题。

2.1.1　ISO 物联网参考体系架构

物联网参考体系架构是对物联网不同应用体系架构的共性抽象。ISO 物联网参考体系架构 [3] 为所有物联网应用系统设计者提供了一种一致性的系统解构模式和开放性的标准设计框架，同时也能为不同物联网应用系统之间的兼容性、互操作性和资源共享提供保障。在不同物联网应用系统开发时，可选择参考体系架构所定义的部分或全部的业务功能域和实体，也可对不同的业务功能域或实体进行组合和拆分。同时，物联网应用系统开发时，也可根据自身特定的需求增加参考体系架构中未涉及的相关业务功能域或实体。

1. 物联网参考模型

ISO 物联网概念模型 RM（Reference Model）是解构物联网系统组成、设计物联网参考体系架构的基础，可从实体和业务功能域角度描述物联网概念模型。

实体模型如图 2-1 所示，按从下到上次序，实体模型涉及物理实体（可附带标签）、IoT 设备、IoT 网络、网关、应用服务子系统、运维管理子系统、资源访问交换子系统、用户和对等系统。

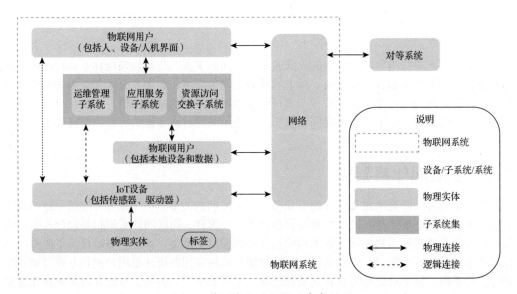

图 2-1　基于实体的物联网参考模型

- **物理实体**是存在于真实世界中的物体，可被 IoT 设备感知或作动，并可附带标签进行识别。
- **IoT 设备**包括传感器和驱动器，通过感知和作动与物理世界交互；IoT 设备通过**网络**进行通信，多数 IoT 设备使用低功耗物联网通信方式，部分 IoT 设备直接使用广域网（如 Internet）。
- **IoT 网关**在低功耗物联网络和广域网之间建立连接，并可提供移动数据存储和处理功能。
- **应用服务子系统**实现对数据的存储、处理、分析，以应用方式提供业务功能。

- **运维管理子系统**包括设备注册及识别，通过设备管理提供物联网设备的监控和管理功能。
- **资源访问交换子系统**为用户和对等系统提供对物联网系统的访问功能，为服务、管理和业务功能提供访问控制接口。
- **用户**包括人类用户和数字用户，人类用户使用手机、计算机等用户设备与 IoT 系统交互，数字用户通过 API 方式与 IoT 系统交互。
- **对等系统**是其他 IoT 系统或非 IoT 系统，通过互联网进行交互。

域模型如图 2-2 所示，其是对物联网中业务功能域及域间关系在系统层面的高度抽象和模型化表现，屏蔽了不同物联网应用间的差异。依据物联网应用实例中业务功能的分类，物联网域模型划分为用户域、物理实体域、感知控制域、运维管理域、资源访问交换域和应用服务域六大业务功能域。域之间的关联关系表示域之间的逻辑关联或者物理连接。

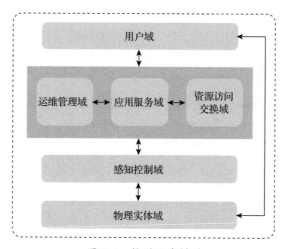

图 2-2　物联网域模型

- **用户域**是不同类型物联网用户的集合，是物联网服务需求的提出者和最终消费者。
- **物理实体域**是物联网应用或用户期望获取相关信息或执行相关操控的物理实体集合。
- **感知控制域**是各类可获取目标对象信息的感知系统与操控目标对象的执行系统的集合，包括 IoT 设备及 IoT 网关，其与物理实体域的感知和作动关联关系是实现物理空间和信息空间融合的接口。
- **运维管理域**是物联网系统运行器和管理器集合，以实时方式对系统运行性能进行管理、监控和优化，保证物联网系统稳定、可靠、安全运行。
- **资源访问交换域**是根据物联网应用服务需求，实现与相关资源交换与共享功能的实体集合，为外部实体提供对物联网功能的访问端点。
- **应用服务域**是实现物联网基础服务和业务服务的功能实体集合，包含相应应用和业务服务功能。

2. 物联网参考体系架构

ISO 物联网参考体系架构 RA（Reference Architecture）是基于物联网概念模型，从面向应用系统组成的角度，描述物联网应用系统中主要实体及其实体之间关系的抽象。特定物联网系统（农业物联网、智能电网、智能城市）的体系架构在 RA 基础上，面向特定需求进行裁剪形成。物联网系统可从**功能、部署、网络和用例**角度形成具体参考体系架构。

物联网功能参考模型从系统实现角度描述支持功能的分布和相互依赖关系。功能部件分为域内功能和跨域能力两类，每个功能部件可由一个或多个实际系统部件实现，具体如图 2-3 所示。

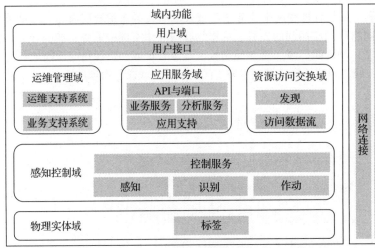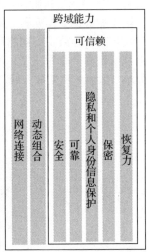

图 2-3　物联网功能参考体系架构

- **感知控制域**由感知、作动、识别功能和控制服务组成。感知功能实现传感器数据读取，作动功能向作动器写入数据和控制信号，识别功能区别物理实体，并使物理实体可被识别、发现和跟踪。控制服务控制局部状态，基于传感器和其他来源的数据，向作动器发布命令，通常具有实时特性。
- **应用服务域**是实现应用和业务逻辑的功能集合，包含分析服务、认知服务、流数据服务、过程管理服务、可视化服务、业务规则、控制服务和应用逻辑。API 和门户功能提供受控（资源访问交换域）物联网系统访问功能，数字用户通过 API，人类用户通过门户与物联网系统交互。
- **运维管理域**负责物联网系统的全局管理，包含运维支持系统 OSS 和业务支持系统 BSS。OSS 负责 IoT 系统的运维管理，包括供给、监测和报告、策略管理、业务自动化、服务等级管理、服务目录、设备注册、设备管理。BSS 负责 IoT 系统的业务管理，包括客户管理、入网管理、计费等。
- **资源访问交换域**包含访问 IoT 系统资源（服务和数据）或与 IoT 系统通信的所有必要功能，访问以某种形式的服务调用或数据传输进行。资源访问交换域包含发现和访问数据流两类功能，发现功能确保外部或内部用户访问 IoT 系统内的适当功能，访问数据流控制外部用户对 IoT 系统功能的访问。

2.1.2 IETF 物联网体系架构

IETF 认为 "物联网" 是使用互联网协议的大量嵌入式设备相互连接形成的系统，这些设备通常称为 "智能物体"，其不是由人直接操作，而是作为建筑物、车辆等的组件，分散在环境中。IETF 强调 "可以连接的所有物体都将被连接"，并通过互联网协议的重用和协议设计实现这一目标。它将物联网通信模式分为以下四种[4]。

1. 设备－设备通信模式（D2D）

图 2-4 显示了 D2D 通信模式，两个不同制造商开发的设备直接进行通信和互操作，如一个照明开关与一个灯泡对话（由不同的公司制造，制造商 A 和 B）。智能物体之间通信的前提是协议栈一致，如所采用的物理层、数据链路层、设备地址是 IPv6 或 IPv4、设备 IP 地址配置机制、传输层协议、C/S 或 P2P 通信模型、服务发现机制、应用层协议、信息编码的数据模型等。

灯泡
制造商 A

照明开关
制造商 B

图 2-4 设备－设备通信模式

2. 设备－云通信模式（D2C）

图 2-5 显示了将传感器数据上传到云端应用服务提供商的通信模式。通常，应用服务提供商（例子中的 example.com）也可能销售智能物体，在这种情况下，整个通信发生在提供商内部，不需要互操作性。但重用 CoAP、DTLS、UDP、IP 等现有规范，可以有效降低设计、实现、测试和开发工作的复杂性。在许多情况下，需要更改设备连接的云服务，例如当应用程序服务提供商更改其托管提供商时，同样需要标准的互联网协议。

云
应用服务提供商
example.com

CoAP
DTLS
UDP
IP
温度传感器设备

CoAP
DTLS
UDP
IP
一氧化碳传感器设备

图 2-5 设备－云通信模式

由于各种智能物体连接所采用的接入网络通常不在应用服务提供商的管理范围内，因此必须重用常用的无线技术（例如 WLAN、有线以太网和蜂窝无线通信）以及网络接入认证技术。

3. 设备－网关通信模式（D2G）

对智能物体开发商而言，如果使用 Wi-Fi 等广泛部署的无线技术，设备－云通信模式工作良好。但某些情况下需要使用 IEEE 802.15.4 等尚未广泛使用的无线电技术，或必须提供特殊的应用层功能（如本地身份验证和授权），以及需要与传统的、非 IP 的设备交互，必须在通信体系架构中引入某种形式的网关，在不同技术之间进行转换并执行其他网络和安全功能，如图 2-6 所示。未来会部署更多通用网关，以降低消费者、企业成本和基础设施复杂性。即使物联网设备采用了通用互联网协议，也需要通用网关，以避免使用应用层网关（应用协议的转换）导致网络部署的脆弱性[5]。

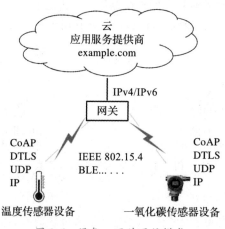

图 2-6　设备－网关通信模式

如果网关是移动的（如网关为智能手机时），物联网设备与互联网之间的连接可能是间歇性的。尽管移动网关限制了设备－网关通信模式的应用范围，但对于可穿戴设备、不需要始终在线或实时连接的物联网设备而言，却是一种常用的通信方式。智能手机借助应用商店的软件更新机制，允许在定期更新功能，甚至有些物联网设备也定期更新功能，因此互操作性尤为重要。

网关对外可同时支持 IPv6 和 IPv4（与传统应用服务提供商保持兼容），如果设备本身不具备同时支持 IPv4 和 IPv6 的资源，为了减少占用空间，可使设备只使用 IPv6，以实现更大的灵活性（IPv4 地址耗尽，不适合扩展到物联网）。

4. 后端数据共享模式

设备－云模式通常会导致信息或数据孤岛，如物联网设备仅将数据上传至单一应用服务提供商，而用户通常需要将设备上传数据和其他来源的数据结合起来进行分析。因此，需要将上传数据授权给第三方进行访问，如图 2-7 所示。这就是所谓的 Web 混搭模式，根据应用需求引入智能物体上下文中，应用程序开发使用 RESTful API 设计，结合身份验证和授权技术（如 OAuth 2.0），实现构建模块的重用。

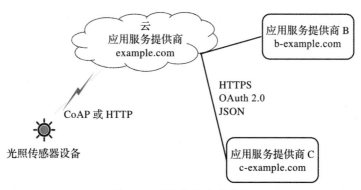

图 2-7　后端数据共享模式

2.2　智能物联网系统模型

随着物联网系统的发展，物联网设备产生的数据量爆炸性增长，传统物联网集中式数据处理方式，即物联网采集的数据的计算和存储均在云计算中心，导致：①线性增长的集中式云计算能力无法匹配爆炸式增长的海量边缘数据；②从网络边缘设备传输到云数据中心的海量数据增加了传输带宽的负载量，造成网络延迟时间较长；③边缘设备数据涉及个人隐私和安全的问题变得尤为突出。万物互联应用需求的发展催生了边缘计算模型[6]，其能在网络边缘设备上增加执行任务计算和数据分析的处理能力，将原有云计算模型的部分或全部计算任务迁移到网络边缘设备上，降低云计算中心的计算负载，缓解网络带宽的压力，提高万物互联时代数据的处理效率。引入边缘计算后，物联网系统演变为端－边－云模型，如图 2-8 所示。

- **物联网物件（Things）层**：由各种物联网传感器和作动器、智能硬件、智能设备组成。
- **物联网边缘层**：由网络组件和边缘节点组成。网络组件（如物联网网关、交换机和路由器等）负责及时可靠地传输数据；边缘节点执行数据转换、分析以及信息处理功能，对于智能制造、物联网医疗等实时应用非常有用，能够提供低延迟，提供更快的紧急响应。
- **物联网云和应用层**：管理物联网设备，处理其他两层递交的数据，其通过应用软件提取并分析数据，并与其他平台集成以提高业务价值。

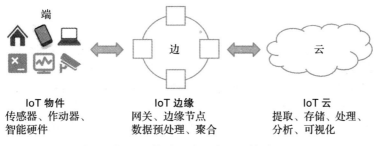

图 2-8　物联网端－边－云模型

物联网数据处理方式的转变，产生了 AIoT 的概念。AIoT 是人工智能与物联网相结合的技术，实现更高效的物联网操作、改善人机交互、并改进数据管理和分析。AIoT 通过 IoT 系统的传感器实现实时信息采集，而在终端、边缘或云进行数据智能分析，最终形成一个智能化系统[7]。IoT 是智能物联网的基础设施，其无所不在的传感器和智能终端实时获取大量应用数据，是数据来源和运行基石；AI 是智能物联网的智慧化手段和工具，AI 帮助 IoT 实现智能感知与智慧互联，提升感知与连接的广度、深度和有效性，实现大数据智能分析，增强 IoT 系统的感知、通信和计算能力，提升融合应用解决复杂问题的能力和智慧化水平。

2.2.1 AI 功能的实现

智能物联网是 AI 与物联网的结合，传统的 IETF 等物联网标准解决了物联网设备 / 智能物体连接问题，因此可将物联网采集的数据上传到云端，基于收集的数据使用专用 AI 服务器训练 AI 模型，并将其部署到云端，从而实现智能物联网应用。由于将大量物联网终端连接到云端存在可扩展性问题，且请求云端的 AI 服务也存在时延较大问题，边缘计算的出现使得 AI 服务可部署在边缘设备，近距离为物联网设备提供 AI 服务。

即使边缘设备可提供 AI 服务，但对于需要花费大量时间或需要大量数据的任务而言，连接到云端 AI 服务更为适宜，因此，在云服务器和边缘设备之间适当分配工作负载是智能物联网设计需要考虑的问题。随着人工智能技术的发展，AI 技术从运行在具有 GPU 的高性能服务器，开始向小型硬件（如低性能 CPU 及 AI 芯片）上迁移，称为嵌入式 AI 或 TinyML[8]。嵌入式 AI 的出现，使得智能物联网实现端 – 边 – 云协同智能计算。

一般而言，提供 AI 服务的系统通过如图 2-9 所示的过程构建。
- 数据收集与存储
- 数据分析与预处理
- 训练 AI 模型
- AI 模型部署及推理
- 检测并维护精度

图 2-9 实现 AI 的过程

在数据收集过程，通过从传感器 / 物联网设备收集数据或使用数据库存储的数据来准备 AI 模型训练所需数据，该过程涉及传感器、物联网设备和数据库服务器，并通过互联网进行通信。在数据分析及预处理过程，分析所准备数据的特征，并针对训练进行预处理，该阶段涉及具有 GPU 的高性能服务器和数据库服务器，主要在本地网络中执行。在模型训练阶段，通过应用适合数据特征和待解决问题的算法来生成训练模型，并使用配备 GPU 的高性能服务器，运行在本地网络。在模型部署和推理服务提供过程中，使用 AI 技术解决各类应用问题（如分类、回归、预测等），涉及包括提供人工智能服务的目标机器、客户端和云等。由于该阶段涉及多种设备，主要通过互联网进行。在精度监控阶段，如果出现新数据导致性能恶化的情况，则通过重新训练创建新模型，并使用新创建的模型维持 AI 服务的质量。

经过上述过程训练好 AI 模型后，需要对 AI 模型进行部署以提供 AI 推理服务，通常有以下部署方式。

1. 云端 AI

在智能物联网应用早期，AI 模型是在云中训练和托管的（如图 2-10 所示）。运行人工智能所需的巨大计算能力使云计算成为理想。开发人员利用高端 CPU 和 GPU 来训练模型，然后利用它们进行推理。应用客户端在客户端机器上运行，请求云端 AI 推理服务，并通过物联网设备中的微控制器对传感器和执行器进行智能管理和控制。

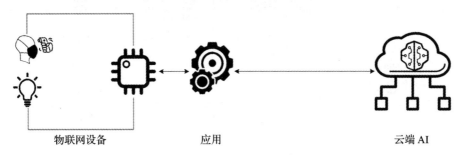

物联网设备　　　　　　　应用　　　　　　　　　云端 AI

图 2-10　物联网云端 AI 模型

2. 边缘 AI

由于云端 AI 通信延迟过大，不能满足工业自动化、智能医疗、智能交通等对实时性要求较高应用的需求。实时应用要求 AI 模型在靠近应用端运行，因此边缘设备成为本地部署 AI 模型的理想选择（如图 2-11 所示）。由于边缘资源有限，模型的训练和再训练过程仍然需要云执行，经过训练的模型部署在边缘进行推理，实现了资源充沛的云端和低延迟边缘端的结合。同样，智能物联网应用客户端在客户端机器上运行，请求边缘设备部署的 AI 推理服务，实现对物联网设备的实时控制。

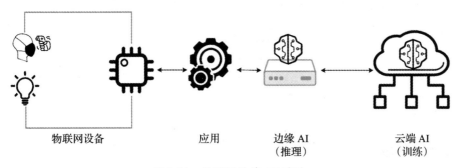

物联网设备　　　　　　应用　　　　　边缘 AI　　　　　云端 AI
　　　　　　　　　　　　　　　　　（推理）　　　　　（训练）

图 2-11　物联网边缘 AI 模型

通常情况下，云端和边缘设备可同时部署 AI 服务，但由于算力的差异，云端 AI 服务模块与边缘设备上 AI 服务模块之间存在性能差异，可根据应用需求自适应将客户端请求分发到云端和边缘设备，以获得用户期望的 AI 服务。如应用需要推理精度低但推理时间短的 AI 服务时，向边缘设备请求 AI 推理服务；而应用需要推理精度高的 AI 服务时，则向云端请求 AI 推理服务。

3. 端侧 AI

随着微控制器（MCU）和微机电系统（MEMS）的发展，高性能低功耗的芯片使得万物智能具有了可能性。近年来移动化浪潮和交互方式的改变，使得机器学习技术开发也在朝着轻量化的端侧发展（如图 2-12 所示），如谷歌于 2017 年底推出的轻量、快速、专门针对移动应用场景的深度学习工具 TensorFlow Lite[9]，降低了端侧深度学习技术的门槛。而在超低功耗（<1 mW）MCU 上执行机器学习的 TinyML 近年来得到了广泛关注，TinyML 能够在资源受限的物联网端侧设备上进行数据处理和机器学习，增强了设备智能性。

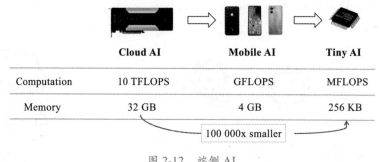

	Cloud AI	Mobile AI	Tiny AI
Computation	10 TFLOPS	GFLOPS	MFLOPS
Memory	32 GB	4 GB	256 KB

图 2-12　端侧 AI

端侧 AI 技术的出现，未来智能物联网将以端－边－云协同方式执行计算，智能物联网将计算任务以模型结构或输入维度进行划分，并分配到多个智能体设备上协同计算，以此聚合多个设备的计算资源解决模型部署问题。

2.2.2　智能物联网体系架构概述

物联网云－边－端 AI 功能的实现，使得可以在终端设备、边缘域或云中心通过 AI 对数据进行智能化分析，实现智能感知、智能通信与智能计算，提升物联网感知、通信与计算的广度与深度，从而有效支撑上层各种智能物联网应用。智能物联网体系架构如图 2-13 所示。

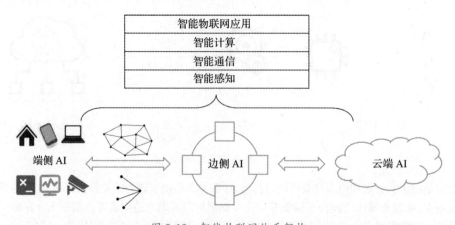

图 2-13　智能物联网体系架构

1. 智能感知

感知类似于"眼耳口鼻"等感觉器官，是确保物联网正常运行的关键。健康监护、自动驾驶、智能电网、智能交通等应用，对信息感知的广度、深度提出了更高的要求，要求感知更全面更精准。智能感知除了实现终端持续智能化、终端软硬件解耦外，还需加强不同终端间的协作能力，挖掘多源感知数据的价值，实现多模态融合感知，利用不同传感器获取的信息，避免了单个传感器的感知局限性和不确定性，形成了对环境或目标更全面的感知和识别。

2. 智能通信

传统物联网应用大多是状态监测、远程控制等具有单一功能的形式，应用范围受限，智能程度低；而未来智能物联网的应用形式应是多功能集成，智能程度高。传统物联网通信协议基于固定假设所建立的数学模型，因此无法在多应用开放环境中持续适应，也无法满足用户个性化的需求。在物联网通信协议设计引入 AI 方法，如强化学习、神经网络、元学习等方法，使得通信协议在物联网应用复杂多变的环境中具有自适应能力，在环境变化、节点移动、通信故障等情况下提供了较好的性能。

3. 智能计算

智能计算是指协同利用物联网、边缘和云端计算能力完成复杂的智能计算任务（如深度计算模型），提升对海量物联网感知数据的处理效率。在 AIoT 应用场景下，传统集中式智能（如云计算）发挥了重要的作用，集中式智能架构简单、云计算资源充足，边界清晰易于控制，然而存在网络链接丢失和数据隐私泄露等缺点。分布式协同计算则充分利用物联网中的各级可用资源，实现分布式智能，在靠近物联网终端及其边缘提供多种智能计算选择。

2.3　典型的智能物联网体系架构

随着 AI 的发展，AI 与物联网在实际应用中落地融合，原有的物联网平台开始向智能物联网方向发展。本节以微软 Azure IoT 和阿里云 IoT 为例，分析体系架构、组成以及与 AI 结合的方式。

2.3.1　Azure IoT 架构

微软 Azure IoT[10] 由一组能够连接、控制和跟踪数十亿物联网设备的服务组成，如图 2-14 所示。

微软 Azure IoT 服务主要包括：
- Azure IoT Hub
- Azure IoT Edge
- Azure 流分析
- Azure 机器学习
- Azure 逻辑应用

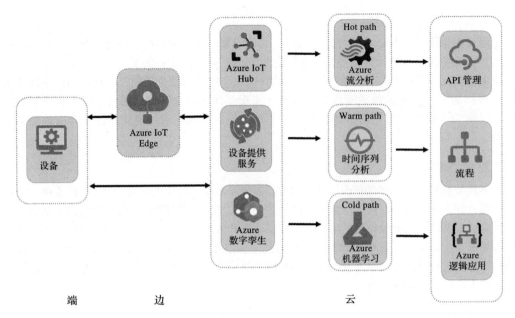

图 2-14　Azure IoT 架构

1. Azure IoT Hub

Azure IoT Hub 是一个云托管服务，其功能是作为物联网应用和所连接设备之间的集中式、双向消息中心。IoT Hub 可用于在云托管的数百万物联网设备和后端解决方案之间建立可靠和安全的通信。物联网设备都可虚拟连接到物联网集线器，集线器支持设备到云以及反向通信。IoT Hub 支持用于管理设备的不同消息模式，包括从设备上传文件、设备到云遥测以及请求 – 应答方法。IoT Hub 监控包括设备连接、故障和通信在内的所有事件，为设备通信和数据传输提供安全通道：

- 设备认证，允许每个设备安全地连接到集线器并以安全的方式控制；
- IoT Hub 提供对设备访问的全面控制，管理每台设备的连接；
- 设备初始化时，设备供应服务自动将设备连接到正确的 IoT Hub；
- 提供多种验证方式支持各种设备。

IoT Hub 内置消息路由，可灵活创建基于规则的自动消息输出。此外，IoT Hub 可与其他 Azure 服务结合，创建全面的解决方案。

- Azure 逻辑应用：业务流程自动化。
- Azure 机器学习：将 AI 模型和机器学习添加到解决方案中。
- Azure 流分析：提供设备数据流的实时数据分析。

IoT Hub 有两种可用的软件开发工具包（SDK）类别。

- IoT Hub 设备 SDK：创建在物联网设备执行的物联网应用，这些应用向 IoT Hub 发送遥测数据，并可从 IoT Hub 接收消息、方法、作业或更新。兼容的语言包括 Python、Node.js、Java、C# 和 C/C++。
- IoT Hub 服务 SDK：允许开发人员创建后端应用，用于管理 Hub，调度作业、发送消息、调用其他功能，或向物联网设备发送软件更新。

2. Azure IoT Edge

IoT Edge 将云分析和一些业务逻辑下沉到边缘，其由以下三个组件（图 2-15）组成。

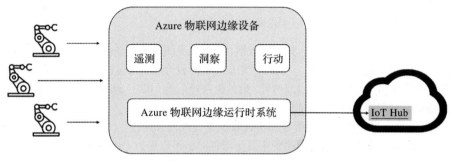

图 2-15　Azure IoT Edge

- 物联网边缘模块：在边缘运行系统业务逻辑的基本执行单元，这些模块使用 Docker 兼容的容器实现。通过将多个容器相互连接，可以创建复杂的数据处理管道，而且 IoT Edge 允许创建自定义模块或将不同的 Azure 服务捆绑到模块中，通过对物联网数据的处理提取业务信息。
- 物联网边缘运行时系统：位于边缘，为物联网边缘提供云和自定义业务逻辑。此外，它还执行通信和管理操作，管理并处理物联网终端设备与物联网边缘之间、模块之间、云与物联网边缘设备之间的通信。
- 物联网云接口：位于云中，允许在云中远程管理和监控物联网边缘设备。

3. Azure 流分析

作为事件处理引擎，Azure 流分析可以监控来自物联网设备的大容量流式数据，以及来自社交媒体源、应用程序、网站等的数据。可以使用 Azure 流分析对关系进行可视化并查找流式数据中的模式。数据模式一旦确定，可触发下游动作，如向上报工具发送信息、存储数据或创建数据警报。

Azure 流分析利用注入 Azure IoT Hub、Azure 事件 Hub 或 Azure 存储中的流数据。为了评估数据流，必须创建分析作业，该作业标识输入数据流，并使用转换查询确定如何搜索数据关系或模式。数据分析结束时，能够产生输出，并确定如何响应所分析的信息。可以采取的后续动作如下所述。

- 触发警报 / 自定义工作流：触发特定流程或功能以响应输入模式。
- 数据可视化：数据被发送到 Power BI（商业智能框架）仪表板，实现实时数据可视化。
- 数据存储：利用 Azure 存储系统存储数据，从而可以基于历史数据执行批量分析或训练整体机器学习模型。

4. Azure 机器学习

Azure 机器学习是一种基于云的服务，支持开源软件，可用于大规模训练、部署、自动化和管理机器学习模型。Azure 机器学习使用户能够访问数千个开源 Python 包，包括机器学习组件，如 PyTorch、Scikit-learn 和 TensorFlow。微软还提供了 Azure Machine Learning Studio 的框架，它是一个拖拽式、协同区域，可以在不编写代码的情况下创建、测试和部署机器学习解决方案。该工作区还提供预配置的和预先构建的算法以及数据管理模块，利用这些机器学习模块可以快速简单地实现实验验证。当需要更好地控制机器学习算法的细节，或者需要灵活地利用开源机器学习库时，Azure 机器学习服务比 Azure Machine Learning Studio 更为方便。

5. Azure 逻辑应用

Azure 逻辑应用是一种云服务，用于在数据、应用、系统或服务必须跨大型企业集成时安排或自动执行任务、工作流或业务流程。Azure 逻辑应用使得设计和实现可扩展数据集成、应用以及其他系统解决方案［包括云内或本地（或两者）内的企业对企业（B2B）通信］变得更加简单和直接。可以使用 Azure 逻辑应用自动执行的工作负载包括：

- 事件处理：事件可以跨云服务和预置系统进行处理和路由。
- 邮件通知：当应用、服务或系统中发生事件时，可以通过 Office 365 自动发送邮件通知。
- 文件传输：上传的文件可以从 FTP 或 SFTP 服务器传输到 Azure 存储。
- Tweet 监控：可以按主题查看 Tweet 或根据情绪分析 Tweet，如需额外检查，可以创建警报或任务。

2.3.2 阿里云 IoT 架构

阿里云物联网平台[11]是一个集成了设备管理、数据安全通信和消息订阅等能力的一体化平台。向下支持连接海量设备，采集设备数据上云；向上提供云端 API，服务端可通过调用云端 API 将指令下发至设备端，实现远程控制。物联网平台主要提供设备接入、设备管理、规则引擎等能力，为各类 IoT 场景赋能。

阿里云物联网平台由以下三部分组成，如图 2-16 所示。

图 2-16　阿里云物联网平台架构

- 物联网设备（硬件、操作系统）：通过物联网平台集成开发的协议和 SDK，实现设备上云管理。
- 边缘节点：物联网设备接入边缘后，边缘实现设备数据的采集、流转、存储、分析和上报设备数据至云端，同时边缘也提供容器服务、边缘函数计算，方便场景编排和业务扩展。
- 云上管理平台：通过控制台集成开发边缘服务器相关的资源，管理接入的终端设备、应用、算法等，实时监控边缘服务器及其软硬件资源。同时可将设备通信数据流转到其他阿里云产品中进行存储和处理，构建智能物联网应用。

1. 设备端

阿里物联网平台设备端服务由 AliOS Things 和 HaaS 开发框架组成。AliOS Things 是面向 IoT 领域的物联网操作系统，具有高度可伸缩、高效实时的嵌入式操作系统内核，实现了资源消耗、实时性、安全性、启动速度、应用扩展、生态兼容性等多个方面的平衡。AliOS Things 支持多种物联网协议，涵盖物联网主流通信协议，包括局域网连接能力（如 Wi-Fi、BLE）、广域网连接能力（如 NB-IoT、LoRa）、网络应用协议（HTTP、HTTPS、MQTT、CoAP、WebSocket 等）。

为了在设备端支持智能物联网应用开发，AliOS Things 提供 AI 智能框架，提供常用 AI 算法集成的便捷框架，包括 Python/C++ 编程规范，隔离硬件差异，提供连云、控端、多媒体、机器学习等能力，其结构如图 2-17 所示。

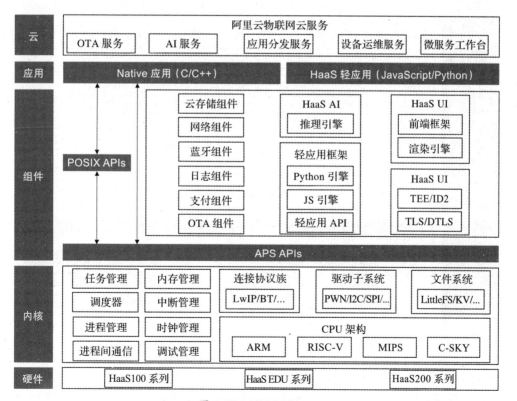

图 2-17　AliOS Things

HaaS 是阿里推出的一套面向物联网智能设备的开发框架，支持物联网设备云端一体开发，HaaS 开发框架支持极简连接云平台、AI 等功能，可用 Python/JS 轻松开发智能硬件。轻应用是 HaaS 开发框架的重要组成部分，可以基于 JS/Python 开发智能硬件，分为 HaaS Python 和 HaaS JavaScript 两部分。

HaaS Python 是阿里云物联网平台开发的一套低代码编程框架，兼容 MicroPython 编程规范，依托 HaaS 平台软硬件积木提供 AI、支付、蓝牙配网、云连接、UI 等物联网场景常用的能力。HaaS-JS 轻应用是基于轻量级的 QuickJS 解析引擎开发的，可运行在轻量级 IoT 设备上的 JavaScript 应用。

2. 边缘端

物联网边缘计算是阿里云提供的物联网信息一体化解决方案，包括开展边缘端业务所需要的服务器、算法、应用、设备接入能力等。阿里云物联网平台也可以结合阿里云的大数据、AI 学习、语音、视频等能力，打造出云边端三位一体的计算体系。

边缘端架构是运行于边缘服务器中的软件框架，支持容器运行时和二进制运行时。功能模块可按需拼装，适用于各种不同规格的硬件产品量产预装。整体架构如图 2-18 所示。

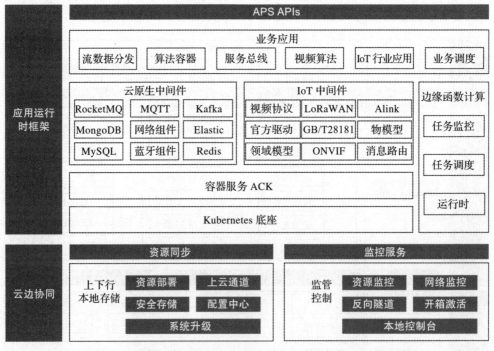

图 2-18　阿里云物联网平台边缘端结构

应用运行时框架包含业务应用、云原生中间件、IoT 中间件、边缘函数计算、容器服务 ACK 等多个功能模块。应用运行时分为二进制运行时和容器运行时。

- 二进制运行时：在资源同步和监控服务两个功能模块基础上，扩充边缘函数计算和 IoT 中间件模块。

● 容器运行时：在二进制运行时基础上，可扩充容器服务、Kubernetes 底座支持部署和预装云原生中间件。

云边协同是边缘服务器的核心部分，是边缘服务器实现云边一体管理的基础功能，其中包含资源同步和监控服务两大功能模块。结合应用运行时，以多种形态组合，满足智能物联网应用复杂多样的边缘功能需求。

3. 云端

在云端，阿里云物联网平台提供安全可靠的设备连接通信能力，支持设备数据采集上云、规则引擎流转数据和云端数据下发设备端。此外，也提供方便快捷的设备管理能力，支持物模型定义、数据结构化存储和远程调试、监控、运维。

物联网数据分析（Link Analytic，LA）是阿里云为物联网开发者提供的数据智能分析功能，针对物联网数据特点，提供海量数据的存储备份、资产管理、报表分析和数据服务等能力，帮助用户更容易地挖掘物联网数据中的价值，如图 2-19 所示。

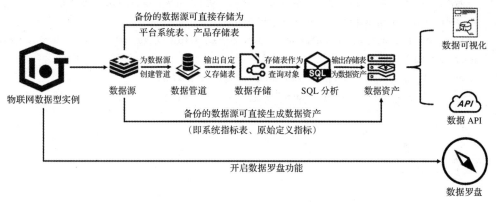

图 2-19 物联网数据分析

此外，阿里云物联网平台可将设备数据流转到其他阿里云产品中进行存储和处理，借助阿里云大数据处理能力和服务，构建复杂的智能物联网应用。

2.4 习题

1. ISO 物联网概念模型 RM 中提出了六域模型，包含哪六个域？

2. IETF 定义的物联网通信模式由哪三种组成？

3. 对比分析 ISO 和 IETF 定义的物联网体系架构。

4. 简述智能物联网系统 AI 功能实现过程。

5. 分析物联网云端 AI、边缘 AI 和端侧 AI 的优缺点？

6. 类比智能物联网结构，找出一个智能物联网应用实例，分析其协议、结构以及 AI 功能的分布。

7. 结合微软 Azure IoT 架构和阿里云 IOT 架构，阐述智能物联网实现及应用开发方式。

8. 你是否了解其他的智能物联网体系架构，请介绍其构成及优缺点。

参考文献

[1]   马华东，宋宇宁，于帅洋 . 物联网体系结构模型与互连机理 [J]. 中国科学：信息科学，2013，43: 1183-1197.

[2]   陈海明，崔莉，谢开斌 . 物联网体系结构与实现方法的比较研究 [J]. 计算机学报，2013, 36(01): 168-188.

[3]   ISO/IEC 30141. Internet of Things (loT) – Reference Architecture[S]. Switzerland: ISO, 2018.

[4]   TSCHOFENIG H, ARKKO J, THALER D, et al. Architectural Considerations in Smart Object Networking[J]. RFC 7452, 2015. https://www.rfc-editor.org/info/rfc7452.

[5]   KEMPF J, AUSTEIN R, IAB. The Rise of the Middle and the Future of End-to-End: Reflections on the Evolution of the Internet Architecture[J]. RFC 3724, 2004. https://www.rfc-editor.org/info/rfc3724.

[6]   施巍松，孙辉，曹杰，等 . 边缘计算：万物互联时代新型计算模型 [J]. 计算机研究与发展，2017, 54(05): 907-924.

[7]   吴吉义，李文娟，曹健，等 . 智能物联网 AIoT 研究综述 [J]. 电信科学，2021, 37(08):1-17.

[8]   TinyML Foundation[EB] https://www.tinyml.org/.

[9]   TensorFlow. TensorFlow Lite open-source project[EB]. https://github.com/tensorflow/tensorflow/treemaster/tensorflow/lite.

[10]   Azure IoT[EB]. https://azure.microsoft.com/en-us/overview/iot/.

[11]   阿里云 IoT[EB]. https://iot.aliyun.com.

CHAPTER 3

第 3 章

多模态智能感知

3.1 物联网多模态感知背景

3.1.1 多模态感知概念

感知技术是物联网的核心技术,是联系物理世界和信息世界的纽带。我们所生活的物理世界中存在多种多样的感知信息,除了人类的视觉、听觉、嗅觉等感官功能,物联网同样具有多种感知能力。近年来,计算机视觉、图像、语音等技术的快速普及,为物联网多模态智能感知技术的发展提供了保障。

研究表明人类超过 80% 的感官输入来源于视觉系统,然而并非所有信息都能由视觉系统直接且精确地获取,因此迫切地需要借助外部辅助力量处理或者理解信息,从而催生了计算机视觉技术。计算机视觉技术致力于使计算机和摄像机能够对目标进行分割、分类、识别、跟踪和决策,拥有类似人眼的功能。物联网技术的发展,极大拓宽了计算机视觉的应用场景,并对传统的计算机视觉提出了新的挑战。

计算机听觉旨在模拟人类对声音的感知和理解过程,基于计算机技术对数字声音的内容进行理解和分析,实现自动化语音和声音识别,进而改变人与设备交互的方式。计算机听觉技术推动着物联网产业及应用的发展,成为智能物联网时代的重要人机交互方式之一。

通俗而言,“模态”(Modality)就如同人的“感官”,多模态即融合多种“感官”。例如,智能音箱可以视为具备听觉模态的物联网设备,智能摄像头可以看作视觉模态的物联网设备,通过将听觉、视觉等多种模态组合到一起便产生了多模态物联网设备。目前智能设备的感知模态主要包括三种:①计算机听觉,包括语音指令控制、语义理解、多轮对话、语音精准识别等;②计算机视觉,包括自然物体识别、人脸识别、动作识别等;③传感器智能,即通过各种传感器实现对各类情境(温度、湿度、位置等)的感知和理解。通过融合上述三种模态,物联网设备就具备了丰富的感知能力，实现"适时适地的能听会说"。此外，较为前沿的多模态感知还包括计算机嗅觉、计算机触觉等，但目前尚无落地产品。

3.1.2　物联网数据特征

相比一般数据，源于物联网的感知数据具有下述特征。

模态多样：即物联网数据蕴含多种模态。例如，智能汽车为了全方位、多侧面感知道路状况，装备了摄像头、激光雷达、超声波雷达等各种类型的传感单元，通过获取并融合多种模态的数据，创造出一个智能化、交互式驾驶舱空间，实现驾驶员和车辆的持续智能交互，在提升驾乘体验的同时能够有效地降低交通事故发生率。

时空关联：即物联网数据之间存在时间和空间维度的关联。一方面，物联网感知节点持续获取的感知数据反映了相应情境信息在时间维度的演变规律，例如一个路口的车流量在一天内呈现高峰期、低谷期交替出现的现象；另一方面，不同感知节点获取的感知数据可能蕴含空间维度的关联规律，例如两个相同类型区域的车流量具有相近的变化规律。

规模海量：即物联网数据是典型的大规模海量数据。无处不在的物联网设备持续获取各种感知数据，例如一个高清摄像头每小时产生的数据超过 1 GB；对于由大量节点组成的复杂物联网系统而言，每天产生的数据往往是 TB 量级。因此，物联网数据的另一重要特征是规模海量。

针对物联网数据模态多样、时空关联、规模海量等特征，下述章节分别从视觉和听觉角度介绍物联网感知。

3.2　物联网中的视觉感知

随着物联网技术的发展，视觉感知逐步和物联网生态融合形成视觉传感器网络，其利用空间上分布的网络智能相机实现对复杂场景的多视角感知。视觉传感器网络可视作一种无线传感器网络，后者的许多理论和应用都适用于前者。随着移动互联网和人工智能技术的普及，传统的视觉传感网已经无法满足移动多变的应用场景，需要融合更加智能的视觉感知技术。本节将介绍当下主流的视觉感知技术。

3.2.1　视觉感知基础

图像分析中，图像质量的好坏直接影响识别算法的设计和识别效果的精度，因此在进行图像分析（特征提取、分割、匹配和识别等）之前，需要进行预处理。图像预处理的主要目的包括：消除图像中的无关信息、恢复有用的真实信息、增强有关信息的可检测性、最大限度地简化数据等，从而改进特征提取、图像分割、匹配和识别的性能。一般的预处理流程为灰度化→几何变换→图像增强。

1. 数据预处理

一般而言，彩色图像数据量大、处理开销高。因此，为了达到提高处理速度，需要减少数据量。一种常用的方法是灰度化，以 RGB（Red, Green, Blue）模型为例，当 $R = G = B$ 时表示灰度颜色，其中 $R = G = B$ 的值称作灰度值。因此，灰度图像每个像素只需一个字节存放灰度值

（又称强度值、亮度值），灰度范围为 0～255。一般有分量法、最大值法、平均值法、加权平均法四种方法对彩色图像进行灰度化。如图 3-1 所示，下面介绍四种常见的图像灰度计算方法。

a）原图   b）灰度化   c）最大值法   d）平均值法

图 3-1　灰度法图像预处理

分量法：将彩色图像中三分量的亮度作为三个灰度图像的灰度值，可根据应用需要选取一种灰度图像。如公式（3-1）所示，其中 $f_k(i, j)(k = 1, 2, 3)$ 为转换后的灰度图像在（i, j）处的灰度值。

$$f_1(i, j) = R(i, j), f_2(i, j) = G(i, j), f_3(i, j) = B(i, j) \tag{3-1}$$

最大值法：如公式（3-2）所示，将彩色图像中三分量亮度的最大值作为灰度图的灰度值。

$$f(i, j) = \max(R(i, j), G(i, j), B(i, j)) \tag{3-2}$$

平均值法：如公式（3-3）所示，将彩色图像中三分量亮度的平均值作为灰度图的灰度值。

$$f(i, j) = (R(i, j), G(i, j), B(i, j)) / 3 \tag{3-3}$$

加权平均法：如公式（3-4）所示，根据重要性等指标，将三分量进行加权平均。由于人眼对绿色的敏感度最高，而对蓝色的敏感度最低，因此可根据公式（3-4）对 RGB 三分量进行加权平均，以得到较为合理的灰度图像。

$$f(i, j) = 0.30R(i, j) + 0.59G(i, j) + 0.11B(i, j) \tag{3-4}$$

在灰度计算完成后，通常会对图像进行几何变换。图像几何变换又称为图像空间变换，通过平移、转置、镜像、旋转、缩放等几何变换对图像进行处理，用于改正图像采集系统的系统误差和仪器位置（成像角度、透视关系乃至镜头自身原因）导致的随机误差。

2. 数据增强方法

物联网场景中，经常需要通过图像增强来改善其视觉效果。图像增强可以看作是针对给定图像的应用场景，有目的地强调图像的整体或局部特性，将原来不清晰的图像变得清晰或突出某些特定信息，提升图像识别效果，满足特殊分析需要。常用的图像增强算法可分成两大类：空间域法和频率域法。

空间域法：空间域法是一种直接图像增强算法，分为点运算算法和邻域去噪算法。点运算算法包括灰度级校正、灰度变换（又叫对比度拉伸）和直方图修正等。邻域去噪算法包括图像平滑和锐化两种，其中平滑常用算法有均值滤波、中值滤波、空域滤波，锐化常用算法有梯度算子法、二阶导数算子法、高通滤波、掩模匹配法等。如图 3-2 所示为邻域去噪算法原理示意，目标像素点的邻域是以其自身为中心的正方形或矩形子图像，利用邻域中的像素值计算得到输出像素。其中，正方形邻域最为常用，一般取奇数大小为边长（如 3×3，5×5），

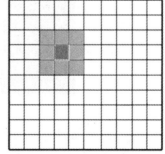

图 3-2　邻域去噪算法示例

通过移动子图像中心便可以实现对整个图像的处理。

频率域法： 频率域法是一种间接图像增强算法，常用的频域增强方法分为低通滤波器和高通滤波器。低通滤波器包括理想低通滤波器、巴特沃斯低通滤波器、高斯低通滤波器、指数滤波器等。高通滤波器包括理想高通滤波器、巴特沃斯高通滤波器、高斯高通滤波器、指数滤波器等。图 3-3 为基于高斯低通滤波器的图像增强效果示例，其中图 3-3a 为原始图像，图 3-3b 和图 3-3c 分别是低通截止频率取 5 Hz 和 200 Hz 时的处理结果。

 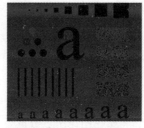 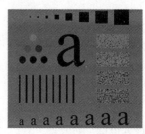

a）原始图像　　　　　　b）处理后图像 – 截止频率 5 Hz　　　c）处理后图像 – 截止频率 200 Hz

图 3-3　基于高斯低通滤波器的图像增强示例

3. 边缘检测

边缘检测是物联网图像处理与计算机视觉中极为重要的一种图像分析方法，其目的是找到图像中亮度变化剧烈的像素集合，一般表现为轮廓。如果能够精确刻画图像边缘，则意味着目标物体能够被定位和测量，包括物体的面积、直径、形状等。边缘一般在下面四种情况下产生：

- 深度的不连续（物体处在不同的物平面上）；
- 表面方向不连续（如正方体的不同的两个面）；
- 物体材料不同（这样会导致光的反射系数不同）；
- 场景光照不同（如被树荫投向的地面）。

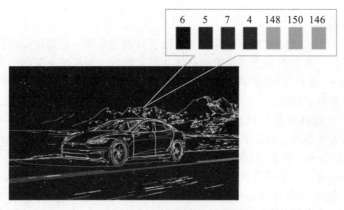

图 3-4　边缘检测图像示例

图 3-4 上方是图中水平方向 7 个像素点的灰度值，我们可以容易地判断在第 4 个和第 5 个像素之间存在一个边缘，因为二者之间发生了强烈的灰度跳变。然而，实际的边缘检测往往

并不简单，需要设定相应的阈值进行区分。一阶微分边缘算子是一种经典的边缘检测方法，又称为梯度边缘算子，其利用图像在边缘处的阶跃性（即图像梯度在边缘取得极大值）进行边缘检测。边缘检测算子的评判标准如下所述。

- 高检测率：边缘检测算子应该只对边缘进行响应，检测算子不应漏检边缘，也不应将非边缘标记为边缘。
- 精确定位：检测到的边缘与实际边缘之间的距离要尽可能小。
- 明确响应：对每一条边缘只有一次响应，得到一个点。

当前，Canny 边缘检测被认为是性能较优的一阶微分算子检测算法，其在一阶微分算子的基础上增加了非最大值抑制和双阈值两项改进。其中，利用非最大值抑制不仅可以有效抑制多响应边缘，而且还能提高边缘定位精度；另外利用双阈值则可有效减少边缘漏检率。Canny 边缘检测主要分四步进行，分别为去除噪声、计算梯度与方向角、非最大值抑制和滞后阈值化。

在去除噪声并获取梯度、方向角的基础上，需要进行非最大值抑制：图像梯度幅值矩阵中的元素值越大，说明图像中该点的梯度值越大，但并不代表这个点就是边缘（这仅是属于图像增强的过程）。在 Canny 算法中，非极大值抑制是进行边缘检测的重要步骤，通俗意义上是指寻找像素点局部最大值，将非极大值点所对应的灰度值置零，从而剔除大部分非边缘点。此外，由于噪声影响，本应连续的边缘很容易出现断裂。针对此，滞后阈值化设定两个阈值：一个为高阈值 Th，一个为低阈值 Tl。如果任何像素边缘算子的影响超过高阈值，则将其标记为边缘；响应超过低阈值（高低阈值之间）的像素如与已经标记为边缘的像素 4- 邻接或 8- 邻接，则同样将其标记为边缘。

4. 语义分割

语义分割是像素级别的分类，即将同一类的像素划分为一类。如图 3-5 所示的照片，属于路上汽车的像素分成一类，属于周边房屋的像素则分成另一类，此外背景道路、行人等相关的像素应分为一类。需要指出的是语义分割不同于实例分割，例如，如果一张照片中有多个人，语义分割只需将所有人的像素归为一类，而实例分割则需将不同人的像素归为不同类。换言之，实例分割比语义分割更进一步。

图 3-5　语义分割示例

最简单的语义分割技术是基于硬编码规则或属性的区域划分和标签分配，其中规则可以根据像素的属性（例如灰度级强度）进行构建。一种常用的方法是拆分（Split）和合并（Merge）算法，其递归地将图像分割成子区域直到可以分配标签，然后将相邻的子区域与相同的标签组合进行合并。这种方法的不足之处是规则为硬编码。此外，仅用灰色级别信息来表示复杂的类别（如人）

是一件极其困难的事情。因此，需要特征提取和优化技术来正确地学习复杂类别的表示。

针对语义分割，深度学习通过简化通道执行语义分割，显著提升了分割结果。目前，用于语义分割最简单和最流行的架构之一是完全卷积网络（Fully Convolutional Network，FCN）。FCN 首先通过一系列卷积将输入图像下采样到更小的尺寸（同时获得更多通道），这组卷积通常称为编码器；然后通过双线性插值或一系列转置卷积对编码输出进行上采样，这组转置卷积通常称为解码器。通过 FCN 可以将不同类型的语义分割转化为对应的分类模型，再通过全连接网络实现语义分割的目的。

5. 图像滤波

由于成像系统、传输介质和记录设备等的不完善，数字图像在其形成、传输过程中往往会受到多种噪声的污染，此外图像处理的某些环节同样可能在结果图像中引入噪声。这些噪声在图像上表现为引起较强视觉效果的孤立像素点或像素块，形成对观测信息的不利干扰。对于数字图像信号而言，噪声表现为或大或小的极值，其通过加减作用于图像像素的真实灰度值上，对图像造成亮、暗点干扰，降低图像质量，影响图像分割、特征提取、图像识别等后续处理。为此，需要构造图像滤波器，以期在有效去除噪声的同时保护图像目标的形状、大小及几何和拓扑结构特征。

非线性滤波器是实现图像滤波的一类常用方法。一般而言，当信号频谱与噪声频谱混叠时或者信号中含有非叠加性噪声时（如非高斯噪声），传统的线性滤波技术（如傅里叶变换）在滤除噪声的同时，总会以某种方式模糊图像细节（如边缘），导致图像线性特征的定位精度及特征的可抽取性降低。相比而言，非线性滤波器是基于对输入信号的非线性映射，能够在将特定噪声近似地映射为零的同时保留信号的重要特征，因而在一定程度上克服了线性滤波器的不足之处。

中值滤波是基于次序统计完成信号恢复的一种典型非线性滤波器，最初用于时间序列分析，后来被用于图像处理，并在去噪复原中取得了较好的效果。其基本原理是把图像或序列中心点位置的值用区域中值替代，具有运算简单、速度快、去噪效果好等优点。中值滤波效果如图 3-6 所示，其中左侧为原始图像，右侧为滤波结果。然而，一方面中值滤波不具有平均作用，在滤除某些噪声时（如高斯噪声）会严重损失信号高频信息，使图像边缘等细节变得模糊；另一方面中值滤波的滤波效果往往受到噪声强度和滤波窗口大小、形状等因素的制约。因此，为了使中值滤波器具有更好的细节保护特性及适应能力，研究人员提出了许多中值滤波改进算法。一种改进是标准中值滤波，其基本思想是将滤波窗口内的最大值和最小值均视为噪声，用滤波窗口内的中值代替窗口中心像素点的灰度，实现噪声抑制。

图 3-6　中值滤波示例

3.2.2　移动目标检测

视觉感知的一个重要应用是移动目标检测，如图 3-7 所示，智能交通系统利用视觉技术感知移动对象并执行导航。此类系统基于两项重要任务：其一，执行预处理，将传感器收集到的数据转换为更可用的信息；其二，执行特征检测，以便从数据中提取视觉特征，如角、边等。在此基础上，可以进一步实现更加复杂的机器视觉功能，如目标检测、分类、跟踪、导航等。

图 3-7　移动目标识别示例

得益于深度学习技术的快速发展，基于计算机视觉的目标检测算法不断涌现，并取得了突破性成果。目前，基于深度学习的目标检测算法分成两类：两阶段（Two-Stage）目标检测算法和一阶段（One-Stage）目标检测算法。两阶段目标检测算法（如 R-CNN、Faster R-CNN、R-FCN 等）需要生成一系列可能包含目标物体的候选边界框，然后再对样本进行分类。一阶段目标检测算法不需要生成候选框，而是直接利用卷积神经网络提取特征输出物体的类别和位置，从而将检测任务变为回归任务，代表性算法有 Yolo、SSD 和 Retina-Net 等。下面以 Yolo 算法[1] 为例，介绍目标检测过程。

在介绍 Yolo 算法之前，首先介绍滑动窗口技术，以便更好地理解 Yolo 算法。采用滑动窗口的目标检测算法是将检测问题转化为图像分类问题，即采用不同大小和比例（宽高比）的窗口在整张图片上以一定步长进行滑动，然后对窗口区域进行图像分类，实现对整张图片的检测，如图 3-8 所示。然而，此类方法的一个致命缺点是无法预先知道目标的大小，因而需要设置不同尺寸和比例的滑动窗口并选取合适的步长，导致计算量非常大。解决思路之一是减少需要分类的子区域，这就是 R-CNN 的一个改进策略，其采用"选择性搜索"（Selective Search）方法发现最可能包含目标的子区域（Region Proposal），即通过采用启发式方法过滤掉大量子区域，从而提升效率。

图 3-8　基于滑动窗口的目标检测方法

结合卷积运算特点，下面介绍一种更高效的滑动窗口算法，即全卷积方法——用卷积层代替全连接层，如图 3-9 所示。输入图片大小是 16×16，经过一系列卷积操作，提取到 2×2 的特征图。其中，2×2 特征图中的每个元素都与原图一一对应，如图 3-9 中灰色的格子对应灰色的区域，这便相当于在原图上做大小为 14×14 的窗口滑动且步长为 2，共产生 4 个子区域。最终输出的通道数为 4，可以视作 4 个类别的预测概率值，这样一次卷积运算就可实现对所有子区域的分类预测。上述方法利用了图片空间位置信息的不变性，尽管卷积过程中图片大小减少，但是位置对应关系保持不变。这一思想同样被 R-CNN 借鉴，优化为 Fast R-CNN 算法。

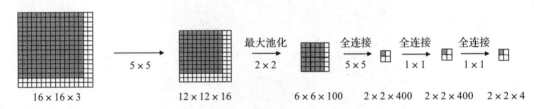

图 3-9　基于 CNN 的滑动窗口算法示意

上述思想尽管可以减少计算量，但只针对一个固定大小与步长的窗口。为了进一步降低计算量，Yolo 算法不再利用滑动窗口，而是直接将原始图片分割成互不重合的小方块。具体而言，首先通过卷积特征图，使得特征图中的每个元素对应原始图像中的一个小方块，然后利用特征元素预测中心点在相应小方格内的目标，这便是 Yolo 算法的核心思想。

3.2.3　移动地图构建

当前，智能服务机器人正成为行业的风口浪尖，从清扫机器人开始，家庭陪伴机器人、送餐机器人等陆续进入公众视线。其中，自主定位导航技术作为此类机器人的关键支撑技术，越来越受到重视。同时，作为自主定位导航技术的重要突破口，同步定位与地图构建（Simultaneous Localization and Mapping，SLAM）技术[2]成为关注焦点。依据感知设备的不同，SLAM 技术可以分为激光 SLAM、视觉 SLAM 等。其中，激光 SLAM 由于起步较早，目前已较为成熟并得到广泛应用。与之相比，视觉 SLAM 具有设备成本低、感知信息丰富等优势，更有利于场景重建，因而成为近年来的研究热点。

1. 视觉 SLAM

视觉 SLAM 主要可以分为单目、双目（多目）、RGBD 三类，此外还有基于鱼眼、全景等特殊相机的 SLAM 技术。单目相机 SLAM 简称 MonoSLAM，仅需一台相机便可完成 SLAM。其优点是传感器简单且成本低廉，主要不足是无法得到准确的深度信息。一方面，由于绝对深度未知，单目 SLAM 不能得到机器人运动轨迹及地图的真实大小。例如，如果把轨迹和房间同时放大两倍，单目相机会得到相同的感知数据。另一方面，单目相机无法依靠一张图像获得其与物体的相对距离。为了进行相对距离（即深度）的估计，单目 SLAM 需要依靠运动中的三角测量。换言之，只有相机运动之后，单目 SLAM 才能感知像素的位置，进而完成定位和地图构建。

相比单目 SLAM，双目 / 多目 SLAM 在运动或静止时都可以进行深度估计。然而，双目或多目相机的配置与标定都较为复杂，其深度量程也会受到双目 / 多目基线与分辨率的限制。此外，基于双目图像计算像素距离对算力需求较高。

RGBD 相机最大的特点是能够通过红外结构光或信号飞行时间，直接测出图像中各像素与相机之间的距离。因此，与传统相机相比，RGBD 相机不仅能够提供更加丰富的信息，而且无须额外进行深度计算。

一般而言，视觉 SLAM 系统通过连续的相机帧，跟踪设置关键点并基于三角算法定位其三维位置，进而使用相关信息推测相机自身的姿态，绘制与自身位置相关的环境地图，为导航提供支撑。下面重点介绍视觉 SLAM 技术框架，如图 3-10 所示。

传感器数据：在视觉 SLAM 中主要为相机图像信息的读取和预处理。此外，对于部分机器人，可能涉及惯性传感器等信息的读取和同步。

图 3-10 视觉 SLAM 技术框架

视觉里程计：视觉里程计（Visual Odometry，VO）又称前端，主要任务是通过相邻帧间的图像估计相机运动和恢复场景的空间结构。之所以被称为里程计是因为其只计算相邻时刻的运动，而与之前的信息没有关联。通过融合相邻时刻的运动信息，便可构成相机运动轨迹；进一步地，根据每一时刻的相机位置计算各像素所对应的空间点位置，从而得到地图。

后端优化：后端优化主要处理 SLAM 过程中的噪声问题。具体地，前端为后端提供待优化的数据及相应的初始值，后端则负责整体的优化过程。在视觉 SLAM 中，前端更多涉及图像特征提取与匹配，后端主要是滤波和非线性优化等。

回环检测：回环检测是指机器人识别曾到达场景的能力。如果检测成功，则可显著减小累积误差。回环检测实质上是一种检测观测数据相似性的算法，例如词袋模型（Bag-of-Word，BoW）。词袋模型通过聚类图像中的视觉特征建立词典，进而基于词典寻找每一图像所包含的"单词"。

地图构建：地图构建是根据估计所得轨迹建立满足任务要求对应的地图。机器人学中常用的地图表示方法有栅格地图、特征点地图、直接表征法及拓扑地图，下面分别进行介绍。

- **栅格地图**（Grid Map）是最常见的一类环境描述方式。如图 3-11 所示，栅格地图就是将环境划分成一系列栅格，其中每一栅格给定一个可能值，表示其被占据的概率。这种地图看起来和人们通常认知的地图几乎没有区别，最早由 NASA 在 1989 年提出并应用于火星探测车。栅格地图的本质是一张位图图片，其中每个"像素"表示实际环境中存在障碍物的概率分布。一般而言，采用激光雷达、超声波雷达、深度摄像机等具

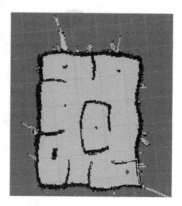

图 3-11 栅格地图示例

备直接测量距离能力的传感器进行 SLAM 时，适合使用这一种地图表示方法。

- **特征点地图**是利用几何特征（如点、线、面）表示环境，是视觉 SLAM 技术中较为常用的一种地图表示方法，如图 3-12 所示。显然，相比栅格地图，这种地图看起来不够直观。特征点地图一般基于 GPS、UWB、摄像头等感知设备和稀疏方式的视觉 SLAM 算法产生，优点是数据存储量和运算量较小，多见于较早的 SLAM 算法中。

- **直接表征法**省去了特征或栅格表示这一中间环节，而是直接用传感器读取的数据来构造机器人的位置空间，如图 3-13 所示为直接记录所得的屋内吊顶画面地图。这种方法与卫星地图相似，直接将传感器原始数据通过简单处理拼接得到地图，相对来说更加直观。

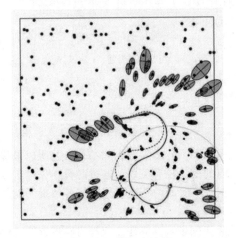

图 3-12　特征点地图

图 3-13　直接表征法

- **拓扑地图**是一种相对抽象的地图形式，其将室内环境表示为节点和相关连接线的拓扑结构图，其中节点表示环境中的重要位置点（门、拐角、电梯、楼梯等），边表示节点间的连接关系（走廊等）。这种方法只记录所在环境拓扑连接关系，一般是利用相关算法在前几种地图的基础上提取得到。例如，扫地机器人进行房间清扫时，便会建立如图 3-14 所示的拓扑地图。

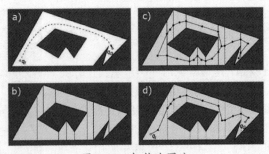

图 3-14　拓扑地图法

在机器人技术中，SLAM 地图构建通常指建立与环境几何一致的地图。一般的拓扑地图只反映了环境中各点的连接关系，并未构建几何一致的地图，因此不能用于 SLAM。直接表征法信息冗余最大，对于数据存储能力要求高，而且机器人从中提取有用信息的过程复杂，因此在实际应用中也很少使用。特征点地图是另一种极端，虽然数据量少，但是往往不能反映所在环境的部分必要信息，如障碍物位置等；视觉 SLAM 技术多采用此类地图解决机器人定位问题，但是如果需要支持自主避障和路径规划，则需额外配置距离传感器。栅格地图恰好介于特征点地图和直接表征法之间：一方面，其蕴含了空间环境中的很多特征，便于机器人进行路径规划；另一方面，其不直接记录原始数据，实现了空间和时间消耗的折中优化。因此，栅格地图是目前机器人领域广泛应用的地图存储方式。

2. 路径规划

一般而言，连续域范围内的路径规划（如机器人、飞行器等的动态路径规划）主要包括环境建模、路径搜索、路径平滑三个阶段。

环境建模：环境建模是路径规划的重要步骤，目的是建立一个便于计算机进行路径规划所使用的环境模型，即将实际的物理空间抽象成算法能处理的抽象空间，实现相互之间的映射。

路径搜索：路径搜索阶段是在环境模型的基础上应用相应算法寻找一条行走路径，使预设性能函数取得最优值。

路径平滑：算法搜索得到的路径并不一定是运动体可以行进的可行路径，需要进一步处理与平滑以便得到实际可行的路径。特别地，对于离散域范围内的路径规划问题，或者在环境建模或路径搜索前已做好路径可行性分析的问题，路径平滑环节可以省去。

如图 3-15 所示，左图为环境建模结果，线框表示机器人轮廓，方块表示障碍物及障碍物附近的碰撞区域；右图中黑色线条表示规划得到的路径。

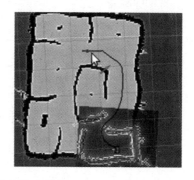

图 3-15　路径规划示例图

3. 点云拼接

在物联网的场景视觉感知中，通常需要对不同角度、不同位置的感知视图进行融合，以得到更加全面准确的点云地图，即点云拼接。

基于特征点的点云拼接一般包含两个步骤：其一，在两个点云之间建立点的对应关系；其二，根据点的对应关系计算出点云间的变换关系，如图 3-16 所示。在第一步，需要设计特征点描述子用于描述并匹配两组点云中的特征点，一般为格局特征点及其周围的空间坐标，或者是曲率空间分布等几何特征。此类方法需要在特征点周围选取一个局部空间（LRF），然而局部空间选取往往较难，因此一般选择使用具有旋转不变性的描述子以避免 LRF 选取。目前，主流的方法是使用深度学习得到描述子，例如 3D Match[3] 首先将特征点周围的点云进行体素化，然后使用基于对比损失函数的 3DCNN 得到描述子。由于体素化通常会导致点云质量损失，因此进一步提出优化网络，例如 PPFNet[4] 使用 PointNet 框架直接从原始点云中学习特征。基于特征点的点云拼接方法的主要问题是需要特征点周围的点云具有独特几何结构；此外，由于噪声中可能出现误匹配点，所以需要使用具有鲁棒性的配准算法解决，但此类算法通常不能很好地融入学习网络中。

a）特征点检测   b）特征点对应关系   c）配准后点云

图 3-16   点云拼接步骤图

4. 三维渲染

图像渲染是将三维的光能传递处理转换为一个二维图像的过程，如图 3-17 所示。图像的显示设备多为二维光栅化显示器和点阵化打印机，需要将三维实体场景进行光栅化和点阵化表示——即图像渲染。光栅显示器可以看作是一个像素矩阵，在光栅显示器上显示的任何一个图形，实际上都是一些具有一种或多种颜色和灰度像素的集合。

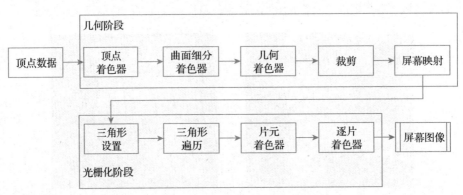

图 3-17   三维渲染一般流程

在图像渲染前，需要备好三维几何模型信息、三维动画定义信息和材质信息。其中，三维几何模型通过三维扫描、三维交互几何建模和三维模型库中获取；三维动画定义通过运动设计、运动捕捉、运动计算和动态变形获取；材质信息从扫描的照片、绘制的图画和计算得到的图像中获取。图像渲染的几何阶段主要包括顶点着色器、曲面细分着色器、几何着色器、窗口裁剪、屏幕映射，光栅化阶段主要包括三角形设置、三角形遍历、片元着色器、逐片着色器。图像渲染结束后，会把图像信息输出到图像文件或视频文件，或者是显示设备的帧缓存器中。图 3-18 所示为渲染前和渲染后的室内结构，呈现出完全不同的效果。

a）渲染前　　　　　　　　　　b）渲染后

图 3-18　图像渲染效果示意

3.2.4　视频流目标跟踪

视频目标跟踪是指随着时间推移在视频流中检测和定位移动目标的过程，是一个古老而困难的计算机视觉问题，如图 3-19 所示。目前，存在各种类型的技术试图解决这一问题，其多数依赖运动模型和外观模型。

图 3-19　视频流目标跟踪示意

一方面，一个跟踪器应该具有理解和建模目标运动的能力。为此，需要设计运动模型用于捕捉物体的动态行为，进而预测物体在未来帧中的可能位置，从而减少搜索空间。另一方面，跟踪器需要了解所跟踪物体的外观，进而学会如何从背景中辨别物体。一般来说，目标跟踪过程包含四个阶段。

目标初始化：即通过在目标周围绘制一个边框来定义目标的初始状态。一般在视频的初始帧中绘制目标的边界框，跟踪器据此估计目标在视频剩余帧中的位置。

外观建模：即利用学习技术学习目标的视觉外观。在这一阶段，需要建模并了解物体在运动时的视觉特征，包括在各种视点、尺度、光照的情况下。

运动估计：即学习并预测后续帧中目标最有可能出现的区域。

目标定位：运动估计给出了目标可能出现的区域，需要进一步使用视觉模型扫描相关区域以便锁定目标的确切位置。

目前，主流的目标跟踪算法可分为单目标和多目标。其中，单目标跟踪是指对环境中的某一目标进行跟踪，即使环境中有多个目标仍然只跟踪该目标，所要跟踪的目标由第一帧的初始化确定；多目标跟踪是指对环境中存在的所有目标进行跟踪，甚至包括视频中间新出现的目标。

目标跟踪算法的另一种分类方式为离线跟踪和在线跟踪。前者是指跟踪已记录视频流中的物体，可以利用未来帧进行结果优化，例如通过分析录制好的对手球队比赛视频，制定比赛战术；后者是面向实时视频流的即时预测，不能使用未来帧进行结果改善。

OpenCV 的跟踪 API 集成了很多传统跟踪算法（非深度学习）。相对而言，多数跟踪器的准确度并不突出，但是通常适用于资源有限的环境（如嵌入式系统）。在实践中，基于深度学习的跟踪器在准确度方面远远优于传统跟踪器。例如，GOTURN[5] 是一种基于卷积神经网络的离线学习跟踪器，能够用来跟踪多数目标，甚至是不属于训练集的目标，如图 3-20 所示。目前，GOTURN 已经集成到 OpenCV 跟踪 API 中，其在 GPU 服务器上运行速度非常快。

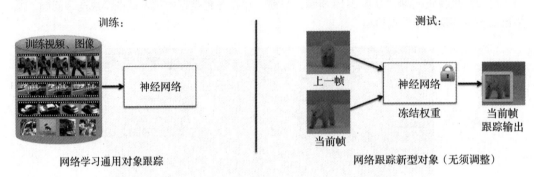

图 3-20   基于深度网络的新目标跟踪示意

3.2.5 视频动作识别

动作识别（Action Recognition）是视频理解领域的一个重要问题，亦是物联网环境中常见的应用之一。随着深度学习的不断发展，这一问题被逐步解决，目前已经取得了较好的结果。简单而言，动作识别是指对给定的视频片段按照目标动作进行分类，例如打球、跑步等，如图 3-21 所示。

图 3-21   视频动作识别示意

相比图像分类，视频动作识别的区别主要体现在两个方面：其一视频具有时序维度，其二视频长度不一。此外，开放物联网环境下获取的视频中往往存在多尺度、多目标、多视角以及摄像机移动等问题。

在深度学习之前，iDT（improved Dense Trajectory）算法[6]是最经典的一种视频动作识别方法。原始 DT 算法的基本思想是利用光流场获得视频序列中的轨迹，再沿着轨迹提取 HOF、HOG、MBH、Trajectory 4 种特征；之后利用 Fisher 向量进行特征编码，再基于编码结果构造 SVM 分类器。相比而言，iDT 算法的主要改进是利用前后两帧视频之间的光流以及 SURF 关键点进行匹配，从而消除或减弱摄像机移动带来的影响。

基于深度学习解决动作识别问题的一个主流方法是 Two-Stream CNN[7]。顾名思义，Two-Stream CNN 分为两个部分，一部分处理 RGB 图像，一部分处理光流图像。具体而言，由于视频可以分为空间和时间两个部分，其中空间部分中每一帧代表的是空间信息，如目标、场景等；时间部分是帧间的运动，如摄像机的运动或者目标物体的运动等。因此，Two-Stream CNN 中的两个部分分别用于处理时间和空间两个维度，如图 3-22 所示。

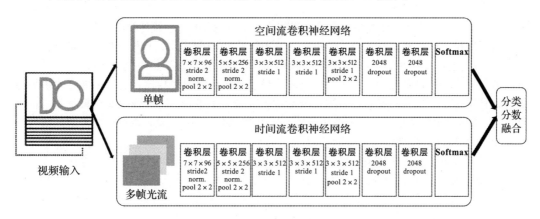

图 3-22 Two-Stream CNN 网络结构示意

3.3 物联网中的听觉感知

随着物联网和语音智能的蓬勃发展，"语音 + 物联网"的听觉物联网技术应运而生，通过语音实现人与物、物与物的信息传输，极大地提高了信息输入和交换的效率。本节将介绍当下主流的听觉感知技术。

3.3.1 听觉感知基础

与视觉感知类似，语音信号质量同样是影响听觉感知模型和算法设计的重要因素。因此，在进行语音分析之前需要进行预处理，即通过信号去噪和增强提升语音信号质量，为提取有效的语音特征奠定基础。

1. 语音信号去噪

语音信号去噪的目的是把混在有用信号中的噪声去除而保留有用的语音成分，从而改善语音质量。相关研究起源于 20 世纪 60 年代，原理框架如图 3-23 所示。

纯净语音　＋　传输通道　语音去噪处理　去噪后语音
背景噪声　噪声输入

图 3-23　语音去噪原理示意

噪声不仅存在于语音环境中，在语音传输的过程中同样会带来噪声，即乘性噪声；加性噪声就是图中的背景噪声。乘性噪声可以通过同态处理等方法变为加性噪声，因此在语音去噪中主要对加性噪声进行去噪处理。下面从传统语音去噪法和深度语音去噪法两个方面进行介绍。

（1）传统语音去噪法

传统语音去噪算法按照类型可以分为谱减法、子空间分解法、统计模型法等。

谱减法是一种非参数去噪法，由 Steven Boll[8] 于 1979 年提出，其原理是对带噪语音信号进行傅里叶变换，将带噪信号的功率谱与噪声功率谱进行减法运算获得纯净语音信号的频谱，再由傅里叶逆变换得到纯净语音波形。谱减法估计噪声谱时取平均值，当噪声强度大于平均值时，相减后还有残留的噪声，表现在波形谱上为若干小尖峰，这种残余噪声被称为"音乐噪声"。谱减法虽然实现简单，但适用范围有限且容易出现语音失真，因此通常将谱减法与其他方法结合进行语音去噪。

子空间分解法假定纯净语音信号的子空间和噪声信号的子空间彼此正交，含噪语音信号空间可以分解为纯净语音和噪声两个子空间，通过将噪声子空间置零完成对含噪语音的去噪。子空间分解法根据分解的方式分为基于奇异值分解的方法（Singular Value Decomposition，SVD）和基于特征值分解的方法（Eigenvalue Decomposition，EVD）。前者对含噪语音矩阵执行 SVD 分解，纯净语音信号由较大的奇异值反映，相反较小的奇异值反映噪声信号，将反映噪声信号的奇异值置零即消除了噪声，此后执行矩阵重构便可恢复纯净语音信号。后者对含噪语音矩阵进行 EVD 分解，通过参数估计构建滤波器以去除语音中的噪声。

统计模型法将语音去噪问题归入统计估计的框架中，假定语音信号统计独立且服从特定分布（如高斯分布），通过估计纯净语音信号的统计而实现去噪。这类方法根据估计器类型分为线性估计和非线性估计。维纳滤波法（Wiener）是经典的线性估计器，其通过双边无限脉冲响应滤波器对噪声进行抑制；最小均方误差短时幅度谱估计（Minimum Mean-Square Error Short Time Spectral Amplitude，MMSE-STSA）[9] 是一种经典非线性估计器，其利用前一帧和后一帧的瞬时信噪比估计得出当前帧的信噪比实现语音去噪；为了提升对低信噪比和非平稳噪声的处理能力，进一步使用对数幅度谱（Log Spectral Amplitude，LSA）代替短时幅度谱提出 MMSE-LSA，标志着传统语音去噪方法逐渐走向成熟。

（2）深度语音去噪法

传统语音去噪方法虽然针对平稳噪声取得令人满意的效果，但是针对非平稳噪声的性能不佳，无法适应噪声随时随地变化的情况。随着深度学习的发展和应用，基于深度学习的语音去噪受到越来越多的关注，其克服了传统方法对噪声类型的假设和对噪声估计不准确的问题，并且能够充分利用语音的先验信息。深度语音去噪方法按照语音的处理域可划分为频域法和波形域法。

　　频域法在深度神经网络的训练阶段和去噪阶段都对语音信号进行时频分解、特征提取等操作，提取的特征送入网络训练并预测输出纯净语音特征以实现语音去噪。例如，Xia 等人[10]将加权去噪自动编码器（Weighted Denoising Auto-encoder，WDA）应用于语音去噪，基于WDA 对含噪语音功率谱和干净功率谱之间的关系进行建模，然后利用估算的纯净语音功率谱根据后验信噪比估算先验信噪比，最后通过 Wiener 滤波得到去噪后的语音。Xu 等人[11]将含噪语音和纯净语音的对数功率谱分别作为网络的输入和输出，提出基于深度神经网络的语音去噪模型，并通过获得的纯净语音进行波形重构生成纯净语音波形。为解决深度神经网络过拟合问题，提升其泛化能力，Xu 等人[12]基于噪声敏感训练（Noise Aware Training，NAT）对深度神经网络进行改进，提升了去噪后语音的可理解度和可懂度。在引入不同网络训练策略的同时，学者还在网络结构方面进行了改进。例如，Karjol 等人[13]将多深度神经网络结构用于语音去噪，提升了对语音信号时空结构信息的表示能力。Kounovsky 等人[14]使用一维卷积神经网络进行语音去噪并将纯净语音的对数功率谱（Log-power Spectral，LPS）和理想比值掩模（Ideal Binary Mask，IBM）作为学习目标，相比深度神经网络能更好地获取语音信号的局部特征并在语音去噪过程中较好地恢复高频成分。语音去噪过程中不仅要考虑某一帧的语音信息，还要考虑上下文信息，因此循环神经网络更适合处理与时间相关的语音信号。例如，Huang 等人[15]将语音幅度谱作为循环神经网络的输入和预测输出，结合估计的掩模值及信号的相位信息得到纯净语音信号。但是，循环神经网络训练过程中存在梯度消失或梯度爆炸的问题，为此长短期记忆循环神经网络、多类型融合网络等逐渐应用于语音去噪领域。

　　波形域法直接学习时域波形层的映射关系，因此亦被称为端到端的去噪方法。波形域法在语音去噪过程中保留了更多的原始波形信息，并且在信号重建过程中不依赖信号的相位信息，当信噪比很低时同样能够还原出高质量的语音信号，因此成为近年来的研究热点。Fu 等人[16]提出了基于原始波形的语音去噪全卷积神经网络，采用一维全卷积层解决了深度神经网络和卷积神经网络中全连接层不能准确表示语音高频特征的问题，不仅能提升去噪后语音的感知质量和可懂度，而且通过直接学习波形域映射关系有效地避免了去噪过程中相位估计不准确的问题。随着深度神经网络特别是生成对抗网络的发展和应用，学习波形层映射关系为语音去噪领域提供了新思路。Pascual 等人[17]将生成对抗网络引入语音去噪领域提出了 SEGAN，通过一维卷积神经网络结构读取语音波形，训练时由生成器进行语音去噪并由判别器使得去噪后的语音更接近纯净语音，测试时摒弃判别器通过生成器进行语音去噪。Dario 等人[18]将 WaveNet 用于语音去噪，采用扩大卷积和因果卷积对语音数据进行建模并一次性对语音块进行去噪，克服了频域法摒弃相位谱造成语音感知质量和可懂度不高的问题。Macartney 等人[19]将因果卷积和 U-Net 相结合，提出用于语音去噪的 Wave-U-Net 网络，具有结构简单、长距离信息捕获能力强等优势。Giri 等人[20]将局部注意力机制通过跳连的方式加入 Wave-U-Net，通过融合粗粒度空间和细粒度空间信息，进一步提高了模型的准确率。

　　2. 语音信号特征提取

　　语音信号特征提取是听觉感知系统的关键环节，通过提取表征不同目标语音特性的信息，挖掘内在特征，为语音分类奠定基础。因此，每个听觉感知系统都需进行特征提取，而特征参数的选择通常对感知效果具有较大影响。常见的语音特征参数包括时域特征、频域特征以及描述语音信号时序信息的时频谱特征和听觉特征。

（1）语音时域特征提取

时域特征是对语音信号进行时域分析所提取到的特征。一般是利用语音的一些重要参数直观地表示语音信号。其中，常见时域特征包括：短时平均能量、短时平均幅度和短时平均过零率等。

短时平均能量：因为语音信号的能量随时间而变化，清音和浊音之间的能量区别相当显著，通常使用短时平均能量对这一特点进行刻画。n 时刻的短时平均能量 E_n 定义为

$$E_n = \sum_{m=-\infty}^{+\infty} [x(m)w(n-m)]^2 = \sum_{m=n-(N-1)}^{n} [x(m)w(n-m)]^2 \tag{3-5}$$

其中，N 为窗口大小。可见短时平均能量是一帧样点值的加权平方和，其能够作为区分清音和浊音的特征参数，同时在信噪比较高时可作为区分有声和无声的根据。一般作为辅助特征用于语音识别。

短时平均幅度：语音信号的幅度同样随时间而变化，短时平均幅度是一种常用的描述语音信号幅度变化的指标。其定义为

$$M_n = \sum_{m=-\infty}^{+\infty} |x(m)| w(n-m) = \sum_{m=n-(N-1)}^{n} |x(m)| w(n-m) \tag{3-6}$$

短时平均过零率：短时平均过零率是语音信号呈现零电平的次数或者相邻取样正负交替的次数。计算公式为

$$Z_n = \frac{1}{2} \sum_{m=n-(N-1)}^{n} |\operatorname{sgn}[x(m)] - \operatorname{sgn}[x(m-1)]| w(n-m) \tag{3-7}$$

其中，$\operatorname{sgn}[x]$ 是符号函数，定义为

$$\operatorname{sgn}[x] = \begin{cases} 1 & x \geq 0 \\ -1 & x < 0 \end{cases} \tag{3-8}$$

（2）语音频域特征提取

频域特征作为语音特征参数中的一类关键特征，在语音识别领域中应用广泛。与上述的时域特征相比较，不同的语音信号在频谱上的差异更显著。因此，提取语音信号的频域特征并进行分析，可以作为描述信号时域特性的时域特征的充分补充。常用频域特征包括线性预测倒谱系数和梅尔频率倒谱系数。

线性预测倒谱系数：线性预测倒谱系数（Linear Prediction Cepstral Coefficient，LPCC）是在线性预测系数（Linear Prediction Coefficient，LPC）的基础上进行倒谱域分析得到，是基于声道模型表示的特征参数。研究表明，不同时段的语音具有不同的信息表征。低时域段的语音信号主要表征声道信息，而高时域段的语音信号主要表征激励信息。因此，为了避免激励信息对语音信号的影响，提高特征参数的稳定性，将 LPC 系数进行倒谱域变换得到 LPCC 系数，达到分离激励信号和声道响应信号的目的。

假定声道模型的系统函数为

$$H(z) = \frac{1}{1 - \sum_{i=1}^{p} a_i z^{-i}} \tag{3-9}$$

其中，a_i 表示 LPC 系数。以 $h(n)$ 表示冲激响应，其倒谱为 $\hat{h}(n)$，由同态处理法可得：

$$\hat{H}(z) = \log H(z) = \sum_{n=1}^{+\infty} \hat{h}(n) z^{-n} \tag{3-10}$$

其中，$\hat{H}(z)$ 的逆变换为 $\hat{h}(n)$。假设 $\hat{h}(0) = 0$，对上式两边同时求导可得：

$$\frac{\partial}{\partial z^{-1}} \log \frac{1}{1 - \sum_{i=1}^{p} a_i z^{-i}} = \frac{\partial}{\partial z^{-1}} \sum_{n=1}^{+\infty} \hat{h}(n) z^{-n} \tag{3-11}$$

整理可得：

$$\left(1 - \sum_{i=1}^{p} a_i z^{-i}\right) \sum_{n=1}^{+\infty} n\hat{h}(n) z^{-n+1} = \sum_{i=1}^{+\infty} i a_i z^{-i+1} \tag{3-12}$$

令上式两边 z 的各次幂系数相等，可获得 LPC 系数和 LPCC 系数 $\hat{h}(n)$ 的递推公式：

$$\hat{h}(n) = \begin{cases} a_n & n = 1 \\ a_n + \sum_{i=1}^{n-1} \left(1 - \dfrac{i}{n}\right) a_i \hat{h}(n-i) & 1 < n \leqslant p \\ \sum_{i=1}^{p} \left(1 - \dfrac{i}{n}\right) a_i \hat{h}(n-i) & n > p \end{cases} \tag{3-13}$$

　　LPCC 特征避免了信号产生模型中的激励信息，但是同时继承了 LPC 系数的缺陷，不能很好地描述辅音且没有考虑人耳听觉特性。

　　梅尔频率倒谱系数：梅尔频率倒谱系数（Mel Frequency Cepstral Coefficent，MFCC）是一种基于听觉特性的特征，由 Davis 和 Mermelstein 于 1980 年提出，其提取过程如下所述。

　　①对预处理后的每帧语音信号进行离散傅里叶变换（Discrete Fourier Transform，DFT），实现时域到频域的转换，DFT 计算公式为

$$X_a(k) = \sum_{n=0}^{N-1} x(n) e^{-j2\pi k/N}, 0 \leqslant k \leqslant N \tag{3-14}$$

　　②对①中信号的频谱幅度进行平方操作，得到谱线能量；

　　③将②中每帧能量谱通过 Mel 滤波器组，并计算在 Mel 滤波器的能量。其中 Mel 滤波器组的频率响应表示为 $H_m(k)$：

$$H_m(k) = \begin{cases} \dfrac{2(k - f(m-1))}{(f(m+1) - f(m-1))(f(m) - f(m-1))} & f(m-1) \leqslant k \leqslant f(m) \\ 0 & k\text{为其他} \\ \dfrac{2(f(m+1) - k)}{(f(m+1) - f(m-1))(f(m+1) - f(m))} & f(m) \leqslant k \leqslant f(m+1) \end{cases} \tag{3-15}$$

其中，$\sum_{m=0}^{M-1} H_m(k) = 1$，$f(m)$ 计算公式为

$$f(m) = \left(\frac{N}{F_s}\right) B^{-1} \left(B(f_l) + m \frac{B(f_h) - B(f_l)}{M+1} \right) \quad （3-16）$$

上式中的 f_h 和 f_l 分别代表 Mel 滤波器组的最高频率和最低频率；N 是 DFT 的点数，F_s 为采样频率，M 为滤波器个数，B^{-1} 为 F_{mel} 的逆函数，公式为

$$B^{-1} = 700(e^{f/1125} - 1) \quad （3-17）$$

④ 对③中滤波器的输出取对数，计算过程为

$$S(m) = \log \left(\sum_{k=0}^{N-1} |X_a(k)|^2 H_m(k) \right), 0 \leqslant m \leqslant M \quad （3-18）$$

⑤ 利用离散余弦变换（Discrete Cosine Transform，DCT）对 $S(m)$ 进行去相关，得到 MFCC 特征：

$$MFCC(n) = \sum_{m=0}^{N-1} S(m) \cos \left(\frac{\pi n(m-1/2)}{M} \right), 0 \leqslant n \leqslant M \quad （3-19）$$

MFCC 特征虽然取得了很大成功，但是其在低信噪比环境下的识别效果并不理想[21]，导致语音识别系统的稳定性较差。针对此，贝尔实验室[22]提出基于听觉变换的耳蜗滤波倒谱系数特征（Cochlear Filter Cepstral Coefficent，CFCC），并将其应用于不匹配条件下的鲁棒语音识别系统。耳蜗滤波倒谱系数特征从听觉生理机理出发，通过模拟人耳基底膜的脉冲响应，利用小波变换完成声音的传输过程，这一过程被称为听觉变换。听觉变换作为一种处理非平稳语音信号的方法，与传统傅里叶变换相比，具有谐波失真少、谱平滑度好等优点。因此，基于听觉变换提取的 CFCC 特征具有更好的噪声鲁棒性和更好的语音识别优势。

3.3.2　语音识别模型

语音识别是将输入语音序列转换为对应单词或字符序列的过程，可将其理解为一个信道编码或者模式分类问题。如图 3-24 所示为语音识别系统的一般结构，其在整体上可以分为两个部分：前端部分和后端部分。

前端部分主要完成语音信号的预处理与特征提取，通过端点检测、降噪、特征提取等过程将语音信号转换为一串特征序列。其主要作用是提升输入观测信号的质量，为后端提供更好的特征信息。后端部分主要基于前端输出序列 o（即观测序列）完成语音识别，生成相应的文本序列 w。后端主要包含语音识别和解码两个部分，其中解码部分需要根据训练完毕的语音识别模型搜索得到最佳的输出序列，主要使用 Viterbi 等动态规划算法。后端部分是语音识别的核心，下面将进行简要介绍。

在给定观测序列 $o = (o_1, o_2, \cdots, o_i)$，语音识别的建模目标是获得对应的文本表示 $w = (w_1, w_2, \cdots, w_T)$。其优化过程一般基于最大后验概率估计，公式表达如下：

$$\hat{w} = \text{argmax}_w p(w | o) \quad （3-20）$$

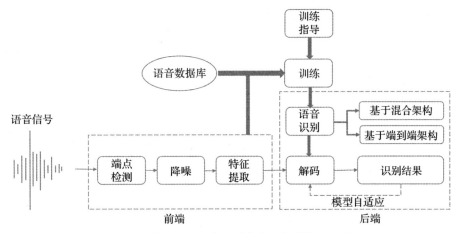

图 3-24　语音识别系统一般结构

这是语音识别最根本的建模诉求。基于贝叶斯公式可以推导如下：

$$\hat{w} = \text{argmax}_{w} \frac{p(o|w)p(w)}{p(o)} \tag{3-21}$$

其中，$p(o)$ 表示观测序列的先验；$p(o|w)$ 表示模型生成该特征序列的条件概率；$p(w)$ 表示生成输出序列 w 的概率。上述公式分别对应两种主流的语音识别架构：端到端架构（End-to-end Architecture）和混合架构（Hybrid Architecture），本节后续部分将分别对其介绍。

1. 基于混合架构的语音识别

在基于混合架构的语音识别中，对 $p(o|w)$ 和 $p(o)$ 两个概率的建模分别利用声学模型（Acoustic Model，AM）和语言模型（Language Model，LM）实现。

声学模型的作用是将语音信号的观测特征与文本序列的语音建模单元联系起来。对声学特征而言，单词、音素等都是较大的建模单元，因此声学模型 $p(o|w)$ 一般将文本序列 w 进一步拆分成一个粒度更小的状态隐序列。其中，上下文相关状态序列是一种常用的子单元序列，记为 s。此时，声学模型 $p(o|w)$ 可进一步表示为

$$p(o|w) = \sum_{s} p(o|s)p(s|w) \tag{3-22}$$

即对文本序列 w 可能对应的所有状态序列进行求和计算边缘概率分布。此时声学模型便拆分为两个部分：$p(o|s)$ 和 $p(s|w)$。

概率分布 $p(s|w)$ 的建模相对容易。假设目标文本序列 w 中第 t 个文本 w_t 所对应的可能发音是 s^{w_t}，则概率分布可拆解为

$$p(s|w) = \prod_{t=1}^{T} p(s^{w_t}|w_t) \tag{3-23}$$

其中，概率分布 $p(s^{w_t}|w_t)$ 表示文本 w_t 对应发音序列为 s^{w_t} 的概率。虽然中文有多音字、英文亦存在同一单词有不同发音的现象，但是此类现象并不多。所以，$p(s^{w_t}|w_t)$ 可以通过发音词典计算获得。

概率 $p(o|s)$ 是声学模型的核心所在，一般基于隐马尔可夫模型（Hidden Markov Model，HMM）构建。隐马尔可夫模型是关于时序的概率模型，描述由一个隐藏的马尔可夫链随机生

成不可观测的状态随机序列，再由各个状态生成一个观测而产生观测随机序列的过程。通过 HMM 建模 $p(o \mid s)$ 时，需要将序列间的条件概率展开。例如，$w = (w_1, w_2)$ 对应的状态序列词典为 $s = (s_1, s_2, s_3, s_4)$，生成的观测序列为 $o = (o_1, o_2, o_3, o_4, o_5)$。其中一条生成观测序列的状态跳转路径为 s_1, s_2, s_3, s_4。此时这一路径的概率计算过程如图 3-25 所示。

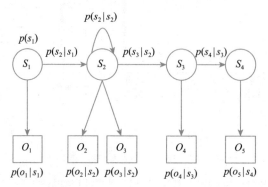

图 3-25　HMM 中状态路径的概率计算

上述为一条跳转路径的概率计算方式。序列间概率的计算需要在计算单一路径的基础上，进一步考虑多种路径的情况，通常采用动态规划算法以便减少计算量。由上可知，路径的计算和两组概率相关，即 $p(s_j \mid s_i)$ 和 $p(o_m \mid s_j)$。在 HMM 中记 $a_{ij} = p(s_j \mid s_i)$ 表示从状态 s_i 跳转到 s_j 的概率，由其构成 HMM 中的隐含状态转移概率矩阵 A，用于描述模型中各个状态之间的转移概率。$p(o_m \mid s_j)$ 表示状态 s_j 下生成观测为 o_m 的概率，记为 b_{mj}，其构成 HMM 中的观测状态输出概率矩阵 B。如果为每个音节训练一个 HMM，那么在语音识别过程中只需基于相应模型进行计算，便可根据概率大小完成音节匹配，这正是传统语音识别的思路。

上述通过对公式进行拆解，由多个模型协作完成了声学模型的建模。类似地，可将语言模型 $p(w)$ 进行拆分。假设文本序列 $w = (w_1, w_2, \cdots, w_T)$ 由 T 个文本构成，语音识别可表示为

$$p(w) = \prod_{t=1}^{T} p(w_t \mid w_{t-1}, \cdots, w_1) \tag{3-24}$$

其中，概率 $p(w_t \mid w_{t-1}, \cdots, w_1)$ 表示在已知文本序列 $w_1, w_2, \cdots, w_{t-1}$ 的情况下，下一个文本为 w_t 的概率。实际使用中，一般将文本序列的历史限制在 $N-1$ 阶，对应的语言模型称为 N 元（即 N-gram）语言模型，其概率表示为

$$p(w) = \prod_{t=1}^{T} p(w_t \mid w_{t-1}, \cdots, w_{t-N+1}) \tag{3-25}$$

20 世纪 80 年代以来，以声学模型和语言模型为基石的混合架构从诞生到不断完善，一直是语音识别领域的主流。下面对基于这一架构的两种经典模型进行介绍，分别为 GMM-HMM 模型和 DNN-HMM 模型。

（1）GMM-HMM 识别模型

SPHINX[23] 是首个针对非特定人、大词汇表的 HMM 连续语音识别系统，其核心架构由 HMM 和高斯混合模型（Gaussian Mixture Model，GMM）组成，如图 3-26 所示。其中，HMM 负责对语音状态的时序进行建模，构建转移概率矩阵 A，完成最后的判断；GMM 负责

对语音状态的观察序列进行建模，构建输出概率矩阵 B，每一个状态 s_j 下通过多个高斯拟合模型生成输出 o_m 的概率。

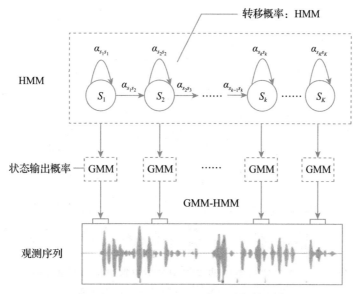

图 3-26　GMM-HMM 语言识别架构示意

　　GMM-HMM 这一经典语音识别架构主导了之后近 20 年间的语音识别发展。虽然 GMM 具有训练速度快、模型小、易移植等优点，但是同样存在没有利用帧的上下文信息、无法捕捉深层非线性特征、不能完整模拟或记住不同人发出同一音节时的音色差异等不足。因此，大量研究工作专注于如何对其进行完善和提升，其中较有代表性的工作是在 HMM 整体框架下进行语音识别声学模型的区分性训练和参数自适应。

　　区分性训练（Discriminative Training，DT）是指在基于最大似然准则完成 GMM-HMM 的声学模型训练后，进一步基于区分性准则更新模型参数以提升识别性能。常用区分性准则包括最大互信息量（Maximum Mutual Information，MMI）、最小分类错误（Minimum Classification Error，MCE）等。另一方面，为了解决 HMM 的参数自适应问题，最大后验概率估计（Maximum A Posteriori，MAP）、最大似然线性回归（Maximum Likelihood Linear Regression，MLLR）等被引入语音识别模型。

　　随着 GMM-HMM 架构的逐步完善，产品化语音识别系统开始出现，其中被广泛使用的是英国剑桥大学开发的开源工具包 HTK（Hidden Markov Tool Kit）[24]。HTK 提供了一套完备的软件工具，极大地降低了语音识别乃至整个语音领域的入门门槛，有效地促进了语音技术的普及、交流与发展。

（2）DNN-HMM 模型

　　近年来，语音识别技术的新一轮发展与深度学习概念的兴起、发展紧密相关。微软研究院等较早地将深度神经网络应用于连续语音识别任务，大大降低了识别错误率。从此，GMM-HMM 架构被打破，语音识别进入 DNN-HMM 时代。相比传统 GMM-HMM 声学模型，DNN-HMM 主要采用 DNN 替代原架构中的 GMM，如图 3-27 所示。

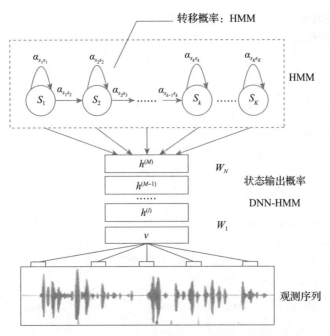

图 3-27　DNN-HMM 语言识别架构示意

采用 DNN 对状态输出概率 $p(o|s)$ 进行建模的优势主要体现在三个方面。其一，DNN 模型无须假设语音声学特征的分布必须服从高斯分布，避免了假设前提带来的性能损失；其二，GMM 模型为了方便期望最大算法优化，需要对使用的特征进行去相关处理，与之相比 DNN 模型可以使用多种类型的特征；其三，GMM 由于不同维度的特征必须服从独立性假设，因此只能采用单帧输入，而 DNN 则可以通过拼帧增强特征在时间维度的上下文相关性。

声学模型中 DNN 的输入是语音经过预处理后提取到的频谱特征（如 MFCC）。DNN 模型一般对输入特征采用拼帧操作以包含更多的上下文信息，例如通过拼接左右各 5 帧获得长度为 11 的拼帧输入向量。相关研究表明，采用拼接帧作为输入是 DNN 相比 GMM 获得显著性能提升的关键因素。DNN 的建模单元可以采用不同粒度的声学单元，如单音素、单音素状态、绑定音素状态等。与 GMM-HMM 相比，DNN-HMM 声学模型的另一不同是：GMM 为生成模型，可以直接建模状态输出概率；与之相比，DNN 为区分模型，将生成输出的后验概率。对于观测序列 $o = (o_1, o_2, \cdots, o_L)$，其中 l 时刻的输入为 o_l，相应的输出状态记为 s_l。此时 DNN 输出的后验概率表示为 $p(s_l|o_l)$，通过贝叶斯公式可将其转化为所需的状态输出概率 $p(o_l|s_l)$，转换过程为

$$p(o_l|s_l) = \frac{p(s_l|o_l)p(o_l)}{p(s_l)} = p(s_l|o_l)p(o_l) \tag{3-26}$$

其中，$p(s_l)$ 是建模单元的先验概率；$p(o_l)$ 表示观测样本的先验概率，通常以平均分布替代，因此可以从公式中直接略去。由于语音信号的长时序相关性对识别性能起到重要影响，因此神经网络中"擅长"时序建模的递归神经网络、卷积神经网络等均适用于混合架构。

2. 基于端到端架构的语音识别

上面介绍的语音识别混合架构主要包含三个子模块：发音词典、声学模型和语言模型，

其分别实现对不同概率的建模并共同完成语音识别。各子模块虽然功能划分清晰且含义明确，但是彼此之间缺少相互协调，因此通常无法使得识别系统整体达到最优。针对这一问题，随着近年来深度学习的不断发展，研究人员开始着力研究能够直接实现输入序列到输出序列建模的端到端结构，即基于公式（3-20）构建模型。端到端结构的实现思路可划分成两类。其一，保留现有声学模型结构，通过修改损失函数来实现序列到序列的映射关系，其代表是基于连接时序分类准则的语音识别；其二，通过模型结构建模输入输出之间的序列映射关系，其代表是基于编码 – 解码模型的语音识别。本节将分别对其进行介绍。

（1）基于连接时序分类准则的语音识别

连接时序分类（Connectionist Temporal Classification，CTC）是最早提出并得到验证的端到端语音识别模型，其通过设计目标函数而非调整模型结构实现端到端语音识别建模。因为语音的非平稳属性，语音输入特征一般以帧级为单位，由此导致输入音频特征序列的数量远远多于输出文本序列，即输入序列中的多个单元对应于输出序列中的一个单元。对于这种多对少的对应关系，最直接的做法就是去除输入序列中的重复部分。如图 3-28a 所示为基于CTC-RNN 的语音识别架构 Deep Speech 2[25]，其中由若干层 CNN 和 RNN 共同组成的深度网络负责完成输入语音特征到输出字符的映射，最后由 CTC 层完成序列"去重"。

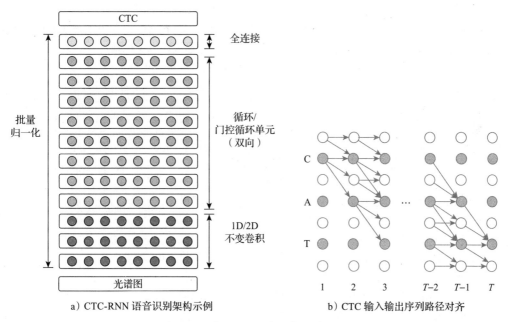

a）CTC-RNN 语音识别架构示例　　　　b）CTC 输入输出序列路径对齐

图 3-28　基于 CTC 的语音识别示例

"去重"过程需要考虑下述两种情况：其一，可能存在相同文本标识相邻出现的问题，例如单词" tomorrow"，需要在确定输入输出对齐时对两个" r"进行区分；其二，语音中的短停顿、静音等一般不会在标注中体现，需要考虑其与输入音频的对齐关系。为了处理上述两种情况，CTC 在文本序列两个单元之间添加 blank 标识，一方面起到间隔文本序列中不同单元的作用，另一方面能够吸收音频序列中的无用内容，即将其与 blank 对应。blank 的添加使得分类类别加 1，原本长度为 T 的文本序列变为 $2T+1$。通过"去重"操作和添加" blank"，

将原本输入帧数为 L、输出文本序列长度为 T 的序列映射问题转换为在 $(2T+1)L$ 的二维网格上进行路径搜索的问题。路径搜索规则约定下一帧所对齐的文本单元只有三种可能：①和当前帧对应相同的单元；②和"blank"相对应；③跳转到当前文本的下一个单元。基于这一状态跳转规则，可以消除路径搜索中的无效路径。CTC 一般基于前向 – 后向算法实现"去重"，如图 3-28b 所示。其中，黑色圆圈表示字符，白色圆圈表示"blank"标识。

上述即为 CTC 模型的设计思路和路径跳转原则，下面介绍损失函数的构建，其计算过程可以分为两步，分别为单一路径的路径得分计算和各时刻点路径的得分合并。对于 L 帧输入序列 $\boldsymbol{x} = (x_1, x_2, \cdots, x_L)$，所对应输出文本序列 $\boldsymbol{y} = (y_1, y_2, \cdots, y_T)$ 的长度为 T。文本序列的词典是由 V 个符号构成的集合 D，添加"blank"后的词典为 $D \cap \mathrm{blank}$，记为 $\hat{D}$。此时模型输出层隐层节点数为 $V+1$。

CTC 模型生成帧级的概率输出序列记为 $\boldsymbol{o} = (o_1, o_2, \cdots, o_L)$，其中任意 $o_i = (o_i^1, o_i^2, \cdots, o_i^{V+1})$，$o_i^k$ 表示 CTC 模型在第 i 帧时处于 k 类的概率（$1 \leqslant k \leqslant V+1$），特别地 o_i^{V+1} 表示第 i 帧输出"blank"符号的概率。基于上述符号，$(2T+1)L$ 二维网格上任意一条路径 π 的概率值可以表示为

$$p(\pi \mid \boldsymbol{x}) = \prod_{i=1}^{L} y_i^{\pi_i}, \forall \pi \in \hat{D}^T \tag{3-27}$$

其中，π_i 是路径 π 中第 i 时刻的文本标注。

在完成单路径的计算后，需要进行路径合并。这一过程可在每帧语音类别未知的情况下定义出模型优化目标，实现端到端的语音识别。假设在给定输入序列 $\boldsymbol{x}$ 的情况下，对应输出序列为 l 的所有可能路径集合为 $\boldsymbol{B}^{-1}$。此时路径合并过程可表示为

$$p(l \mid \boldsymbol{x}) = \sum_{x \in \boldsymbol{B}^{-1}(l)} p(\pi \mid \boldsymbol{x}) \tag{3-28}$$

因为上述计算过程中 π 构成的路径集合数量很多，无法直接对上述公式进行求和。所以在实际应用中一般采用前向后向算法通过动态规划进行计算，完成 CTC 模型中的路径合并。之后，以合并后的路径概率为目标函数，遵循最大似然原则进行模型优化，即通过最小化标识序列的最大对数似然概率进行模型优化；模型训练则通过基于梯度的优化算法实现。

（2）基于编码 – 解码模型的语音识别

编码 – 解码模型是对输入输出间的序列映射关系进行建模的模型，可以将给定的输入序列映射到对应的目标序列。语音识别中使用的编码 – 解码模型一般为基于注意力机制的编码 – 解码模型，是一种端到端的结构，即以语音序列作为输入，直接输出相对应的文本序列。

基于混合架构的语音识别系统由声学模型、语言模型、发音词典等部件组成，各部分单独训练和优化，不利于语音识别性能的整体提升。与之相比，基于编码 – 解码模型的语音识别体系架构更加简单与紧凑，对语音识别过程的联合优化更有助于识别性能的提升。图 3-29 为语音识别的编码 – 解码模型的基础结构示意图。

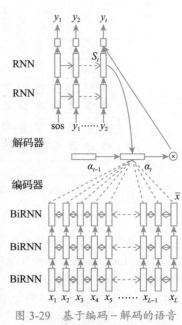

图 3-29　基于编码 – 解码的语音识别示意图[26]

训练阶段：编码 – 解码模型是一种典型的端到端模型，用于在语音识别系统中建模输入序列 $\boldsymbol{x} = (x_1, x_2, \cdots, x_L)$ 和输出序列 $\boldsymbol{y} = (y_1, y_2, \cdots, y_T)$ 之间的后验条件概率。

每个时刻解码器的输出字符 y_t 不仅受到历史输出 $y_1, \ldots, y_{t-1}$ 的影响，还与 t 时刻的部分输入序列相关。设定输入输出序列间相关关系的序列 $\boldsymbol{a} = (a_1, a_2, \cdots, a_T)$。其中，$a_t$ 用于计算文本输出 y_t 与之相对应的序列 $\boldsymbol{x}$ 中的关联性概率得分。在编码 – 解码模型的训练过程中，输入序列 $\boldsymbol{x}$ 和输出序列 $\boldsymbol{y}$ 均为已知量；注意力序列为隐变量，处于不可知状态。此时输入输出序列间的后验条件概率 $p_\theta(\boldsymbol{y}|\boldsymbol{x})$ 可表示为

$$p_\theta(\boldsymbol{y}|\boldsymbol{x}) = \sum_{\boldsymbol{a}} p_\theta(\boldsymbol{y}, \boldsymbol{a}|\boldsymbol{x}) = \sum_{a_1, \ldots, a_T} p_\theta(y_1, \cdots, y_T, a_1, \cdots, a_T|\boldsymbol{x}) \tag{3-29}$$

上述计算过程中需要遍历所有可能的注意力向量分布，计算量巨大，所以在实际使用中通常采用近似处理。一般基于链式法则沿文本序列 y 方向展开，此时建模目标表示为

$$p_\theta(\boldsymbol{y}|\boldsymbol{x}) = \prod_{t=1}^{T} p_\theta(y_t|y_1, \cdots, y_{t-1}, \boldsymbol{x}) = \prod_{t=1}^{T} p_\theta(y_t|s_t, \boldsymbol{x}) \tag{3-30}$$

通过解码器中的 RNN 结构将历史输出序列 $y_1, \cdots, y_{t-1}$ 表示为解码器中的隐层状态 s_t，得到条件概率。

将各时刻注意力向量得分 a_t 近似为解码器状态 s_t 和编码器输出 $\boldsymbol{x}$ 的指数函数 $p(\boldsymbol{a}|\boldsymbol{x}, s_t) = \exp A(x_a, s_t)$。$A$ 函数是输入状态 x_a 和解码器状态 s_t 的函数，$p(\boldsymbol{a}|\boldsymbol{x}, s_t)$ 的计算过程对应解码器中的注意力向量计算过程。通过注意力向量加权和编码器输出序列 $\boldsymbol{x}$ 获得上下文信息输入向量 $\boldsymbol{g}_t$。此时，后验条件概率 $p_\theta(\boldsymbol{y}|\boldsymbol{x})$ 可最终表示为

$$p_\theta(\boldsymbol{y}|\boldsymbol{x}) = \prod_{t=1}^{T} p_\theta(y_t|s_t, \sum_{a_t} p(\boldsymbol{a}|x_a, s_t)x_a) \tag{3-31}$$

编码 – 解码模型是由编码器和解码器两个模块构成，其中编码器一般采用多层 RNN 或者深度卷积层来编码输入序列 $\boldsymbol{x}$，获取上下文信息更强的编码器输出序列 $\bar{x}$；而注意力计算过程便是建模 A 函数的过程。记忆的历史输出解码器状态 s_t 与编码器输出序列 $\bar{x}$ 共同作为输入，获得当前时刻 t 的输入和输出序列的对齐隐变量 a_t，进而由 a_t 加权和编码器输出序列 $\bar{x}$ 获得上下文信息向量 $\boldsymbol{g}_t$。语音识别任务中，注意力向量的最常用计算公式如下：

$$\boldsymbol{e}_{ti} = w^T \tanh(\boldsymbol{W}s_{t-1} + \boldsymbol{V}x_i + \boldsymbol{U}[\boldsymbol{F} \times a_{t-1}]^i + \boldsymbol{b}) \tag{3-32}$$

$$\boldsymbol{a}_{ti} = \mathrm{softmax}(\boldsymbol{e}_{ti}) = \frac{e_t^i}{\sum_{i=1}^{L} e_t^i} \tag{3-33}$$

$$\boldsymbol{g}_t = \sum_{i=1}^{L} \boldsymbol{a}_{ti} x_t \tag{3-34}$$

上述公式中 $\boldsymbol{W}, \boldsymbol{V}, \boldsymbol{U}, \boldsymbol{F}$ 均为可训练矩阵，$\boldsymbol{b}$ 为偏移向量。将上述注意力向量计算过程记为 Attend，其旨在获得语音序列与文本序列间的对齐关系。

解码器模块一般基于递归方式生成目标序列输出。下面以 t 时刻生成编码 – 解码模型预测输出 y_t 的过程为例，介绍编码 – 解码模型中解码器的结构。以最常用解码器结构为例，其计算过程可分为三步。首先，采用历史时刻输出更新解码器隐层状态 s_t。

$$s_t = \text{RNN}(s_{t-1}, y_{t-1}) \tag{3-35}$$

其次，采用更新后解码器隐层状态 s_t 计算出所需的注意力向量得分 a_t 和上下文信息向量 $\boldsymbol{g}_t$。

$$(a_t, \boldsymbol{g}_t) = \text{Attend}(s_t, \bar{\boldsymbol{x}}, a_{t-1})$$

最后，将上下文信息向量 $\boldsymbol{g}_t$ 和解码器状态 s_t 共同用于生成 t 时刻的输出文本预测 y_t。

$$y_t = \text{softmax}(\boldsymbol{W}^o c_t + \boldsymbol{U}^o s_t + \boldsymbol{b}^o) \tag{3-36}$$

公式中 $\boldsymbol{W}^o$ 和 $\boldsymbol{U}^o$ 为可训矩阵，$\boldsymbol{b}^o$ 为偏移向量。

根据上述过程可知，在生成预测输出过程中模型需要基于历史时刻输出 y_{t-1} 更新解码器状态。采用这一结构的原因是编码 – 解码模型采用链式法则对语音序列映射问题进行展开，所以历史输出 y_{t-1} 在模型训练过程中起到重要作用。

解码阶段：语音识别系统应用的过程一般称为解码阶段或者推论阶段。解码过程中，编码 – 解码模型采用束搜索算法[27]，模型在给定输入特征序列 $\boldsymbol{x}$ 的情况下，获取最有可能输出结果的概率表达式为

$$\hat{\boldsymbol{Y}} = \text{argmax}_{\bar{y} \in U} \log p(\bar{\boldsymbol{y}} \mid \boldsymbol{x}) \tag{3-37}$$

在束搜索算法中，模型计算每条假设路径的得分，一般采用路径输出序列的对数似然值作为得分依据。为了提高路径搜索的效率，假设路径数量限制在预定数目以内，称为波束大小 B_S。此时可以通过递归方式计算出假设路径 $\hat{\boldsymbol{y}}$ 的得分：

$$\hat{\boldsymbol{Y}} = \arg\max_{\bar{y} \in U} \cdot \log \prod_t p(\bar{y}_t \mid \bar{y}_{t-1}; \boldsymbol{x}) = \arg\max_{\bar{y} \in U} \cdot \sum_t \log p(\bar{y}_t \mid \bar{y}_{t-1}; \boldsymbol{x}) \tag{3-38}$$

假定当前时刻 t 已解码文本序列路径为 g，该路径下生成输出 c 的对数似然概率为 $\log(p(c \mid g, \boldsymbol{x}))$。记已解码文本序列路径为 g 的似然概率得分为 $a(g)$，则此时已有路径 g 和候选输出 c 所构成文本序列 $h = [g; c]$ 的路径似然概率得分 $a(h)$ 可以递归计算如下：

$$a(h) = a(g) + \log(p(c \mid g, \boldsymbol{x})) \tag{3-39}$$

逐个计算候选路径 $a(h)$ 的得分，并由高到低进行排序，仅保留数据为 B_S 的路径作为下一时刻的候选路径 g，其他似然概率较低的解码路径则被裁剪掉。

3.3.3　人机语音交互

自从阿兰·图灵提出通过图灵测试检验机器是否具有人类智能的设想以来，研究人员就开始致力于人机语音交互系统的研究。主要原理是用户通过语音输入，系统利用人工智能等技术为用户提供反馈，实现人机之间的智能语音交互。

1. 人机语音交互系统的发展历程

Eliza[28] 是最早的人机语音交互系统之一（如图 3-30 所示），是 1966 年由麻省理工学院研发，采用基于模板的响应机制，目标是充当心理治疗师。1988 年加州大学伯克利分校研究人员开发了 UC（UNIX Consultant）[29] 语音交互系统，用于帮助用户学习使用 UNIX 操作系统，其能够通过分析用户语言确定用户的操作目的，并自动生成对话内容。1995 年，理查德·华勒斯（Richard S. Wallace）基于 Eliza 开发出 ALICE 系统 [30]（如图 3-31 所示），在 2000 年、

2001 年和 2004 年获得罗布纳奖（Loebner Prize，人工智能领域图灵测试著名赛事），并最早获得"最像人类计算机"称号。一般认为语音交互系统可以分为三个发展阶段。

图 3-30　Eliza 人机交互系统

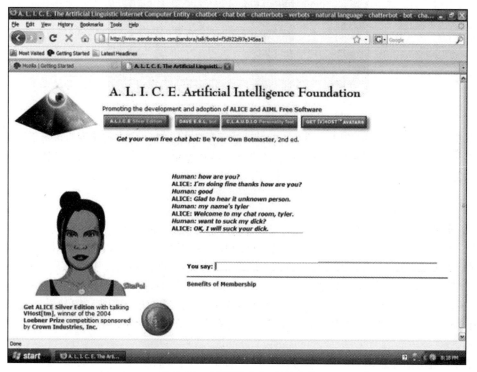

图 3-31　ALICE 人机交互系统

第一阶段：问答系统阶段，即系统根据用户命令执行任务并提供反馈。这一阶段的代表是 20 世纪 90 年代开始市场化应用的交互式语音应答（Interactive Voice Response，IVR）系统，其可以在特定信息范围内识别任意使用者的语音要求并完成指定任务，至今仍在部分电话客服系统中使用。在智能手机出现之前，IVR 是使用范围最为广泛的语音交互式服务。

第二阶段：有限制多轮对话阶段，即系统结合多轮次对话理解用户复杂命令，可在一定范围内使用自然沟通方式并执行命令。有限制多轮对话系统始于苹果公司于 2010 年推出的语音助手 Siri，其能够通过语音方式完成特定功能并进行间断对话。之后，语音交互行业蓬勃兴起，在移动终端设备领域 Google Now、微软 Cortana 等相继出现，国内科大讯飞、百度等随之先后推出语音转录服务。近年来，随着语音识别准确率的不断提升，语音交互逐渐应用于更加多样化的情境。2014 年，亚马逊发布了第一款可以与 Alexa 进行语音交互的音箱 Echo（如图 3-32 所示）。与移动终端语音交互系统相比，Echo 没有配备交互屏幕而且可以在一定距离外与用户进行交互。受制于语义信息理解的复杂度，现阶段语音交互正处于第二阶段，可以在特定场景下依据多轮次对话完成用户命令，并且已经广泛应用于大众日常生活。

图 3-32　亚马逊 Echo 智能音箱

第三阶段：自然对话阶段，即系统能够通过无限制的自然语言进行沟通且没有其他限制。目前，如何实现自然无限制的沟通是语音交互领域所追求的未来发展目标，是计算机科学、人工智能、设计学、心理学等多学科协同研讨的共同课题。

2. 人机语音交互系统构成

近年来，随着以深度学习为代表的人工智能技术的快速发展，语音识别、语言理解、语言生成、语音合成等人机语音交互的核心技术不断取得突破性进展。与此同时计算机软硬件技术特别是物联网技术的持续进步，使得智能人机语音交互系统在智能手机、智能家居、智能汽车、智能机器人、智能客服等领域得到广泛应用，成为万物智联和智能社会发展的重要推动力。

智能人机语音交互系统的一般架构如图 3-33 所示，主要由语音识别、自然语言理解、自然语言生成、语音合成等模块构成。语音识别已在上一节详细介绍，下面简要介绍其他三个模块。

（1）自然语言理解

自然语言理解（Natural Language Understanding, NLU）是指理解用户输入的语义信息。在智能语音交互系统中，当用户发出对话指令后，由语音识别模块转换为文字序列，自然语言理解模块负责在此基础上进一步理解其蕴含的语义信息（即用户意图）。一般基于已知文本进行相似度计算，并依据最相似的文本识别用户意图。换言之，用户意图识别可以看作一个文本分类过程，主要包括文本预处理、文本向量化、文本特征提取、文本分类等环节。

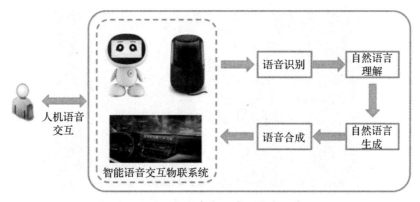

图 3-33　人机语音交互系统构成示意

（2）自然语言生成

自然语言生成（Natural Language Generation，NLG）是指根据语义理解结果生成应答/回复文本，其实现主要包括检索式方法[31]和生成式方法[32]。检索式方法一般基于一定策略从候选回复中进行选择，因此只能提供模式相对固化的回复，所生成文本严重依赖语料库的大小和质量，多样性受限且比较生硬。由于语言的复杂性和多样性，检索式方法在开放域中效果欠佳，生成式方法应运而生。相比检索式方法，生成式方法具有更高开放性和灵活性，能够生成从未在语料库中出现的回复，但是容易出现语法错误、无关上下文、重要信息缺失等问题。在某种意义上，自然语言生成可以视为自然语言理解的反向：自然语言理解系统通过理解输入语句的含义产生机器表述语言，自然语言生成系统则基于机器表述生成自然语言。

（3）语音合成

语音合成（Speech Synthesis）是指从语言文本到语音信号的转换过程。统计参数语音合成[33]和拼接语音合成[34]是当前语音合成技术的两种主流方法。统计参数语音合成利用声学模型建模文本特征和声学特征之间的关系，再将预测的声学特征输入声码器合成语音。其优势在于系统尺寸小、灵活性高，但是往往因为声码器无法精准预测声学参数导致音质受限。拼接语音合成根据输入文本分析得到的信息，从预先录制和标注的语料库中挑选最优单元序列，拼接其波形后得到最终的合成语音。由于最终合成语音中，每个单元的波形都是直接从音库中复制过来的，拼接语音合成相对统计参数语音合成的最大优势在于保持了原始录音的音质。

当前，随着深度学习理论和技术的进步以及丰富数据资源的积累，人机语音交互系统受到工业界的广泛关注，被认为是下一代人机交互技术的重要形态之一。微软、谷歌、苹果、百度、阿里等国内外科技巨头纷纷发布了相关产品和战略，例如智能音箱（如百度音箱、天猫精灵）、虚拟人（如 Siri、小冰、搜狗虚拟主播）、智能客服（如阿里小蜜）等。其中，智能音箱可以辅助用户通过语音高效地控制智能家电、智能汽车等；虚拟人侧重于开放领域对话，主要以娱乐、情感陪伴等为目的，如图 3-34 所示为新华社和搜狗公司共同研制的虚拟新闻主播；智能客服可以帮助企业和政府减少客服或咨询成本，缓解人工服务缺口和相关人员工作压力。

图 3-34　搜狗 AI 虚拟新闻主播

展望未来，人类正在进入万物互联的智能时代，人机之间的交互方式会变得更加自然，交互场景亦会更加丰富多样。同时，以虚拟现实和区块链技术为基础的 Web 3.0 将会大大拓宽内容的生产方式，未来可能出现人工智能主导的内容生产，为人机交互技术提供更为广阔的应用场景。

3.4　物联网中的多模态融合感知

随着信息技术的持续发展和应用需求的不断拓展，为了提升物联网系统的智能水平，需要收集和利用更加丰富多样的感知数据。一种有效的途径是多模态融合感知，即通过不同类型的感知设备收集具有不同特性的数据，如图像和文本、视频和语音、视觉和触觉等。一般而言，多模态感知数据蕴含着彼此关联而互补的信息，从不同侧面共同描述了感知目标的状态信息。通过有效整合多模态数据，便可获得对感知目标的整体描述。例如，为了实现自动驾驶，智能汽车部署了激光雷达、毫米波雷达、超声波传感器、音频传感器、视频传感器、红外传感器等不同类型的感知设备，以便获得更加全面的信息，进而增强系统的可靠性和容错性。本节将重点围绕智能汽车自动驾驶系统对多模态融合感知进行介绍。

3.4.1　多模态感知数据融合方法

对于自动驾驶系统而言，多模态融合感知意味着多样化信息的互补增强，是提升系统可靠性和安全性的重要措施。如图 3-35 所示为双子星自动驾驶硬件平台，该平台搭载 50 余个不同类型的传感器，最远探测距离超过 300 米，最小可探测距离为 10 厘米，车规级相机像素总和超 1 亿，可以有效提升车辆在树荫、隧道、雨雾、逆光、黑夜等复杂场景下的感知能力，使得自动驾驶系统达到更高的安全等级。然而，多模态融合感知性能在很大程度上受到原始数据噪声、传感节点错位（如时间戳不同步）、信息利用不充分等因素的制约，所以多模态融合感知成为该领域的关键技术问题。

传统多模态数据融合技术主要分为三种类型：①数据级融合，即通过空间对齐直接融合不同模态的原始感知数据；②特征级融合，即通过级联或元素相乘在特征空间中融合多模态感知数据；③**目标级融合**，即通过融合各模态模型的预测结果完成最终决策。在此基础上，领域学者进一步提出如图 3-36 所示的分类方式 [35]，整体分为强融合和弱融合，其中强融合则细分为：**前融合、深度融合、不对称融合和后融合**。下面结合 LiDAR 激光雷达点云和图像数据融合进行介绍。

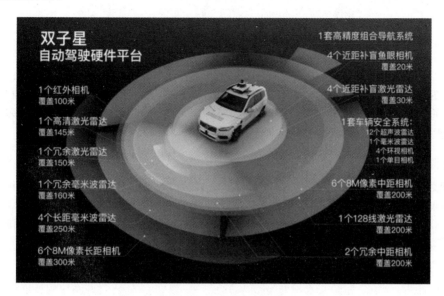

图 3-35　双子星自动驾驶硬件平台示意

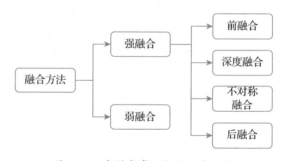

图 3-36　多模态感知数据融合方法

1. 前融合

与传统的数据级融合定义不同，前融合是指在原始数据级别通过空间对齐和投影直接融合不同模态的数据，包括数据级激光雷达数据融合和数据级 / 特征级图像数据融合，如图 3-37 所示。

在 LiDAR 分支，点云具有多种表达形式，如反射图、前视图 / 距离视图 /BEV 视图、伪点云等。虽然每一表达形式具有不同内在特征，但是伪点云之外的其他形式都是基于一定规则处理生成。此外，相比特征空间嵌入，LiDAR 点云表达形式具有更强的可解释性，可以直接可视化。

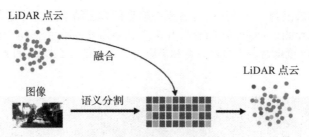

图 3-37 多模态感知数据前融合示意

在图像分支，严格意义的数据级定义应是 RGB 或灰度图，但是其缺乏通用性和合理性。因此将前融合阶段图像信息定义扩展到数据级和特征级。此外，亦将语义分割结果归类到前融合（图像特征级），提升三维目标检测性能。

2. 深度融合

深度融合是指特征级激光雷达数据和数据级 / 特征级图像数据的融合。例如，首先通过特征提取分别获得 LiDAR 点云和图像嵌入表示，之后在下游模块完成两种模态特征的融合，如图 3-38 所示。特别地，相比其他强融合方法，深度融合可以选择级联方式进行特征融合，同时利用原始和高级语义信息。

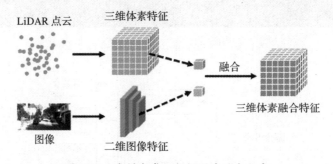

图 3-38 多模态感知数据深度融合示意

3. 后融合

后融合是指对不同模态的识别或预测结果进行融合。如图 3-39 所示，两个分支输出格式都与最终结果一致，但是可能在质量、数量、精度等方面存在差异。后融合可以看作是一种多模态感知数据各自识别结果的集成方法。

4. 不对称融合

不对称融合是指一个分支的目标级信息和其他分支的数据级或特征级信息进行融合。上述三种融合方法将不同多模态所对应的分支平等对待，不对称融合则强调至少有一个分支占据主导地位，其他分支则提供辅助信息以提升整体性能。如图 3-40 所示，只有 LiDAR 分支提供目标级信息，通过与特征级图像信息融合实现最终识别。

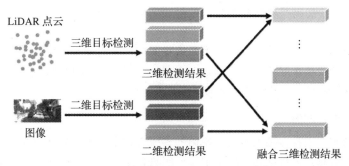

图 3-39　多模态感知数据后融合示意

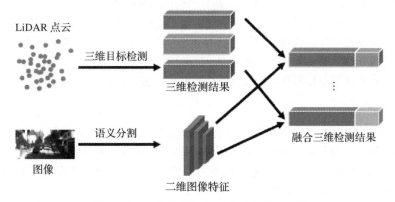

图 3-40　多模态感知数据不对称融合示意

相比强融合，弱融合方法并不直接进行数据级、特征级或目标级多模态感知融合，而是基于一定规则将一种模态作为监督信息以指导其他模态的交互。例如，图像分支中 CNN 的 2D 提议可能导致原始 LiDAR 点云出现截断；此时，区别于不对称融合，弱融合直接将原始 LiDAR 点云输入 LiDAR 主干网并输出结果。

3.4.2　多模态融合感知挑战和机遇

近年来，多模态融合感知技术不断取得进展，例如更高级的特征表示和更复杂的深度学习模型[35-36]。然而，目前依旧存在一些有待进一步探索的难题。

1. 融合方法优化

错位和信息丢失：不同感知设备存在显著差异，相应的多模态数据需要进行坐标对齐。以 LiDAR 和相机为例，传统融合方法（前融合和深度融合）利用标定信息直接将 LiDAR 点云投影到相机坐标系，反之亦然。然而，由于架设位置、设备/环境噪声等因素，很难实现准确的像素对齐。一种思路是利用周围信息进行补充以获取更好的性能[37]。此外，在输入和特征空间的转换过程中，同样存在信息丢失问题，例如降维操作便会不可避免地导致大量信息丢失（如三维 LiDAR 点云在映射为二维 BEV 图像的过程中损失了高度信息）。针对这一问题，一种可行的解决思路是将多模态数据映射到一个专为融合设计的高维空间，从而减少信息损失。

融合方式简单：当前方法一般采用级联或者元素相乘的方式进行融合。这些相对简单的操作无法有效融合分布差异较大的数据，不能拟合不同模态之间的语义鸿沟。已有工作尝试利用更复杂的级联结构进行数据融合以提升性能[38]。

2. 多源信息表征利用

潜在信息利用：现有方法大多关注单帧的多模态数据，未充分利用语义、空间、场景上下文等其他有用信息。在自动驾驶场景中，许多蕴含显式语义信息的下游任务具有提高感知性能的潜力，例如车道线、交通灯和交通标志的检测。因此，一种思路是结合下游任务共同构建场景语义理解框架来提升感知性能。此外，时间序列信息包含序列化的监控信号，可以提供更稳定的结果。未来可以通过有效地利用时间、空间、上下文等信息实现性能突破。

自监督表征学习：互相监督的信号自然存在于从同一场景获取的多模态数据之中。然而，由于缺乏对数据的深入理解，现有方法尚未充分挖掘不同模态之间的相互关系。因此，面向多模态数据的自监督学习是提升感知性能的有效方式，包括预训练、微调或者对比学习。

3. 设备固有问题

域偏差：在自动驾驶等负责感知的场景中，不同感知设备收集的原始数据具有显著的领域相关特性。同时，相同感知设备获取的数据一样存在域偏差，一般由天气、季节、地理位置等因素所导致。因此，相关模型的泛化能力受到较大影响，无法有效适应新场景。因此，需要进一步探索具备域偏差消除能力的方法。

分辨率冲突：不同感知设备通常具有不同的分辨率。例如，与 LiDAR 相比，相机具有更高的空间密度。此种情况下，无论采用何种投影方式，都会因为无法找到对应关系而发生信息损失，导致模型被某一种模态的数据所主导。因此，需要探索能够兼容不同分辨率感知设备的数据表示方法。

3.5 习题

1. 简述多模态感知的含义。
2. 简述移动目标检测算法 Yolo 的基本思想。
3. 简述常用地图表示方法及其差异。
4. 语音去噪方法有哪些？各自的含义和特点是什么？
5. 常用语音特征有哪些？各自的优劣是什么？
6. 简述 MFCC 特征提取过程。
7. 简述 GMM-HMM 模型与 DNN-HMM 模型的内涵和区别。
8. 简述语音识别混合架构和端到端架构的差异。
9. 现实生活中多模态融合感知的应用有哪些？请举例说明。
10. 在语文教学过程中，教师为了检查学生背诵课文的完成情况，不仅需要占用大量课堂教学时间，而且通常只能抽查一小部分学生。为了实现背诵检查的全面覆盖，只能依靠各种形式的学生自查，但是效果往往并不理想。针对这一情况，请设计一个智能语音识别系统，帮助教师高效完成对全体学生背诵情况的智能检查。

参考文献

[1]　YOLO: Real-Time Object Detection [EB]. https://pjreddie.com/darknet/yolo/.

[2]　LEONARD J J, DURRANT-WHYTE H F, COX I J. Dynamic Map Building for an Autonomous Mobile Robot[J]. The International Journal of Robotics Research. 1992, 11(4): 286-298.

[3]　ZENG A, SONG S, NIEßNER M, et al. 3DMatch: Learning Local Geometric Descriptors from RGB-D Reconstructions[C]//2017 IEEE Conference on Computer Vision and Pattern Recognition (CVPR). 2017: 199-208.

[4]　DENG H, BIRDAL T and ILIC S. PPFNet: Global Context Aware Local Features for Robust 3D Point Matching[C]//2018 IEEE/CVF Conference on Computer Vision and Pattern Recognition. 2018: 195-205.

[5]　GOTURN: Deep Learning based Object Tracking[EB]. https://learnopencv.com/goturn-deep-learning-based-object-tracking/

[6]　OHNISHI K, HIDAKA M, HARADA T. Improved Dense Trajectory with Cross Streams[C]//In Proceedings of the 24th ACM international conference on Multimedia (MM'16). NY; Association for Computing Machinery, 2016: 257-261.

[7]　SIMONYAN K, ZISSERMAN A. Two-stream convolutional networks for action recognition in videos[C]//In Proceedings of the 27th International Conference on Neural Information Processing Systems - Volume 1 (NIPS'14). MA: MIT Press, 2014.

[8]　BOLL S. A spectral subtraction algorithm for suppression of acoustic noise in speech[C]//IEEE International Conference on Acoustics, Speech, and Signal Processing. 1979: 200-203.

[9]　EPHRAIM Y, MALAH D. Speech enhancement using a minimum-mean square error short-time spectral amplitude estimator[J]. IEEE Transactions on Acoustics, Speech, and Signal Processing, 1984, 32(6): 1109-1121.

[10]　XIA B Y, BAO C C. Speech enhancement with weighted denoising auto-encoder[J]. INTERSPEECH, 2013.

[11]　DU X, DAI L, LEE C. An Experimental Study on Speech Enhancement Based on Deep Neural Networks[J]. IEEE Signal Processing Letters, 2014, 21(1): 65-68.

[12]　DU X J, DAI L R, LEE C. A Regression Approach to Speech Enhancement Based on Deep Neural Networks[J]. IEEE/ACM Transactions on Audio, Speech, and Language Processing, 2015, 23(1): 7-19.

[13]　KARJOL P, KUMAR M A and GHOSH P K. Speech Enhancement Using Multiple Deep Neural Networks[C]//IEEE International Conference on Acoustics, Speech and Signal Processing (ICASSP). 2018: 5049-5052.

[14]　KOUNOVSKY T and MALEK J. Single channel speech enhancement using convolutional neural network[J]. IEEE International Workshop of Electronics, Control, Measure-ment, Signals and

their Application to Mechatronics (ECMSM), 2017: 1-5.

[15]   HUANG P, KIM M, JOHNSON M H, et al. Joint Optimization of Masks and Deep Recurrent Neural Networks for Monaural Source Separation[J]. IEEE/ACM Transactions on Audio, Speech, and Language Processing, 2015, 23(12): 2136-2147.

[16]   TSAO F Y, LU X and KAWAI H. Raw waveform-based speech enhancement by fully convolutional networks[C]//Asia-Pacific Signal and Information Processing Association Annual Summit and Conference (APSIPA ASC). 2017: 6-12.

[17]   PASCUAL S, BONAFONTE A, SERRÀ J. SEGAN: Speech Enhancement Generative Adversarial Network[J]. Proc Interspeech, 2017: 3642-3646.

[18]   RETHAGE D, PONS J and SERRA X. A Wavenet for Speech Denoising[C]//IEEE International Conference on Acoustics, Speech and Signal Processing (ICASSP). 2018: 5069-5073.

[19]   Craig Macartney, Tillman Weyde. Improved Speech Enhancement with the Wave-U-Net[J]. arXiv: 1811. 11307[cs.SD], 2018.

[20]   GIRI, ISIK U, KRISHNASWAMY A. Attention Wave-U-Net for Speech Enhancement[J]. IEEE Workshop on Applications of Signal Processing to Audio and Acoustics (WASPAA), 2019: 249-253.

[21]   WANG L, MINAMI K, YAMAMOTO K, et al. Speaker identification by combining MFCC and phase information in noisy environments[C]//IEEE International Conference on Acoustics, Speech and Signal Processing. 2010: 4502-4505.

[22]   LI Q, HUANG Y. An Auditory-Based Feature Extraction Algorithm for Robust Speaker Identification Under Mismatched Conditions[J]. IEEE Transactions on Audio, Speech, and Language Processing, 2011. 19(6): 1791-1801.

[23]   CMUSphinx Open Source Speech Recognition[EB]. https://cmusphinx.github.io/wiki/tutorial/

[24]   HTK Speech Recognition Toolkit[EB]. https://htk.eng.cam.ac.uk/

[25]   AMODEI D, ANANTHANARAYANAN S, ANUBHAI R, et al. Deep speech 2: end-to-end speech recognition in English and mandarin[C]//In Proceedings of the 33rd International Conference on International Conference on Machine Learning, 2016: 173-182.

[26]   BAHDANAU D, CHOROWSKI J, SERDYUK D, et al. End-to-end attention-based large vocabulary speech recognition[C]//IEEE International Conference on Acoustics, Speech and Signal Processing (ICASSP), 2016: 4945-4949.

[27]   ABDOU, SHERIF M, MICHAEL S S. Beam search pruning in speech recognition using a posterior probability-based confidence measure[J]. Speech Commun, 2004, 42: 409-428.

[28]   SHUM H, HE, X and LI D. From Eliza to XiaoIce: challenges and opportunities with social chatbots[J]. Frontiers Inf Technol Electronic Eng 19, 2018: 10-26.

[29]   WILENSKY R, ARENS Y, CHIN D. Talking to UNIX in English: An overview of UC[J]. Communications of the ACM, 1984, 27(6): 574-593.

[30]   ALICE Bot [EB]. alice-bot.net.

[31]   HU B, LU Z, LI H, et al. Convolutional neural network architectures for matching natural language sentences[C]//The 27th International Conference on Neural Information Processing Systems. 2014, 2042-2050.

[32]　SHANG M, FU Z, PENG N, et al. Learning to Converse with Noisy Data: Generation with Calibration[C]// The 27th International Joint Conference on Artificial Intelligence. 2018, 4338-4344.

[33]　LING Z H, KANG S Y, ZEN H, et al. Deep Learning for Acoustic Modeling in Parametric Speech Generation: A systematic review of existing techniques and future trends[J]. IEEE Signal Processing Magazine, 2015, 32(3): 35-52.

[34]　VINCENT W, AGIOMYRGIANNAKIS Y, SILÉN H, et al. Google's Next-Generation Real-Time Unit-Selection Synthesizer Using Sequence-to-Sequence LSTM-Based Autoencoders[J]. INTERSPEECH, 2017; 1143-1147.

[35]　HUANG K, SHI B, LI X, et al. Multi-modal Sensor Fusion for Auto Driving Perception: A Survey[J]. arXiv:2202.02703 [cs.CV], 2022.

[36]　CUI Y, CHEN R, CHU W, et al. Deep learning for image and point cloud fusion in autonomous driving: A review[J]. IEEE Transactions on Intelligent Transportation Systems, 2022, 23(2): 722-739.

[37]　XIE L, XIANG C, YU Z, et al. Pi-RCNN: An efficient multi-sensor 3D object detector with point-based attentive cont-conv fusion module[C]//The AAAI Conference on Artificial Intelligence. 2020, 34: 12460-12467.

[38]　LIANG M, YANG B, WANG S, et al. Deep continuous fusion for multi-sensor 3D object detection[C]//The European Conference on Computer Vision (ECCV). 2018: 641-656.

CHAPTER 4

第 4 章

智能无线感知

当前，物联网、无线通信、人工智能等信息技术快速发展且彼此交融，给智能感知技术的发展带来了新的机遇。其中，以无线感知（Wireless Sensing）为代表的新型智能感知技术成为应对公共安全、灾难应急等重大挑战的有效方式，受到国内外学术界和工业界的广泛关注。相较于图像感知、移动感知等技术，无线感知具有普适程度高、感知范围广、感知成本低、不侵扰用户、不泄露隐私等特点和优势，是实现泛在感知与普适计算的理想形式，具有广阔的应用前景。

4.1 无线感知基础原理

无线感知这一概念源于 2006 年提出的"非传感器感知"（Sensorless Sensing）[1]，Woyach 等观察到当人穿越两个无线传感器节点间的通信链路时会造成接收信号的剧烈波动，据此提出利用人对无线信道的扰动实现行为感知的思想。其基本原理是：环境中传播的无线信号，会由于感知目标（人或物）的存在而产生反射、衍射、散射等现象，使得接收设备所接收信号（即回波信号）的振幅、相位等特征发生变化 [2, 3]，通过检测和分析信号的变化特征，便可以推断感知目标的位置、状态等信息，达成感知之目的，如图 4-1 所示。

无线感知具有三个鲜明特点：①无传感器（Sensorless），即感知系统不再需要部署专门的传感器，而是复用已经部署于环境之中的通信设施，如 Wi-Fi、RFID、4G/5G 等；②无线（Wireless），即无须无线感知系统部署线路；③无接触（Contactless），即无须用户佩戴任何设备 [4]。

4.1.1 无线感知信号

目前，用于无线感知的信号主要包括 Wi-Fi、RFID、毫米波、超声波等。下面以 Wi-Fi

信号为例，对无线感知所依赖的信号进行介绍。为了解调出环境的相关信息，需要使用有效的指标对 Wi-Fi 信号的变化进行刻画，主要包括接收信号强度指示（Received Signal Strength Indicator，RSSI）[2] 和信道状态信息（Channel State Information，CSI）[5]，如图 4-2 所示。

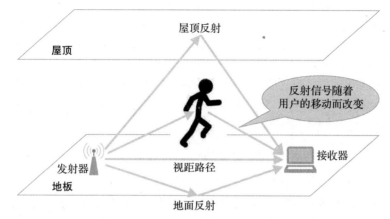

图 4-1　无线感知基本原理

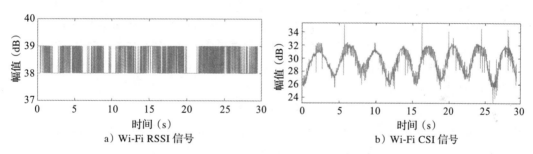

a）Wi-Fi RSSI 信号　　　　　　　　b）Wi-Fi CSI 信号

图 4-2　Wi-Fi RSSI 和 Wi-Fi CSI 示意

1. 接收信号强度

接收信号强度指示（Receiring Signal Strength Indication，RSSI）是对信号发送器和接收器之间无线信号强度的度量，通常为接收信号和初始"标准值"的比率，以分贝（dB）为单位。一方面，RSSI 是对无线信号的能量分布与衰减情况的表征，其强弱在一定程度上反映了信道质量。因此众多无线通信技术，如 Wi-Fi、RFID、GSM、ZigBee 等，均支持在终端设备上获取 RSSI 信息，用于信道质量评估和通信策略调整。另一方面，RSSI 的变化也在一定程度上反映了周围环境的变化情况。例如，当 RSSI 值较弱时，说明接收器与发射器之间的距离可能较远；当 RSSI 值出现大幅下降时，说明信号传播路径可能被遮挡。

正是由于 Wi-Fi RSSI 随着环境中人员、物体等的影响而变化，通过分析其变化模式与目标位置、行为等之间的关联关系，便可实现无线感知，因而被广泛应用于室内定位、人员检测等领域。然而，在室内环境中，RSSI 会由于信号多径传播导致的小尺度阴影衰落而不再随传播距离增加而单调递减；同时，多径传播还会引发 RSSI 振幅波动，导致 RSSI 作为信号指纹进行匹配时的误差较大，限制了感知精度。因此，人们开始更多地关注 Wi-Fi CSI。

2. 信道状态信息

信道状态信息（Channel State Information，CSI）是通信链路的信道属性，描述了信号在每条传输路径上的衰弱因子，如信号散射、环境衰弱、距离衰减等信息。CSI 可以使通信系统适应当前的信道条件，为高可靠、高速率通信提供保障。

无线信号经发射器发出后，会由于反射、衍射、散射等作用而分布于邻近区域。在信号传播过程中，一般存在多条由发射器到接收器的路径（如图 4-1 所示），即多径传播效应（或多径效应）。其中，信号沿直线传播到达接收器的路径称为视距路径（Line of Sight，LOS），其他经反射、散射等作用后到达接收器的路径称为非视距路径（Non-Line of Sight，NLOS）。

为了更好地描述多径传播，无线信道通常用信道冲击响应（Channel Impulse Response，CIR）来描述，如公式（4-1）所示。

$$h(\tau) = \sum_{k=1}^{N} a_k \mathrm{e}^{-j\theta_k} \delta(\tau - \tau_k) \tag{4-1}$$

其中，a_k 表示第 k 条路径的幅度衰减，θ_k 表示第 k 条路径的相位偏移，τ_k 表示第 k 条路径的时间延迟，N 表示传播的路径条数，$\delta(\tau)$ 表示狄利克雷脉冲函数。在频域上，多径传播表现为频率选择性衰落，可对 $h(\tau)$ 进行快速傅里叶变换（Fast Fourier Transform，FFT），得到无线信道频率响应（Channel Frequency Response，CFR），如公式（4-2）。其中，$\angle H(i)$ 表示第 i 个子载波的相位，$|H(i)|$ 表示第 i 个子载波的振幅，而 $H(i)$ 表示第 i 个子载波的信道状态信息。

$$H(i) = |H(i)| \mathrm{e}^{j\angle H(i)} \tag{4-2}$$

在一个正交频分复用（Orthogonal Frequency Division Multiplexing，OFDM）系统中，接收器所接收到的信号可表示为

$$Y = HX + N \tag{4-3}$$

其中，Y 表示经过快速傅里叶变换的接收信号向量，而 X 表示经过快速傅里叶变换的发射信号向量，N 表示环境噪声向量，H 表示数据包中的信道状态信息 CSI，由每个子载波中的 CSI 组成。

以 Intel 5300 网卡为例，其能够获得 30 个子载波的 CSI 信息。实际上，在 IEEE 802.11n 协议中，无线信道利用 OFDM 技术将信道调制成了 56 个子载波。由于 5300 网卡自身的限制只能获得 30 个子载波信息，则 CSI 信息 H 可表示为

$$H = [H_1, H_2, H_3, \cdots, H_{30}] \tag{4-4}$$

由上可知 CSI 是更加细粒度的信息，对环境变化更加敏感，具有更强的感知能力，成为当前 Wi-Fi 感知研究的主要方向。

4.1.2　无线感知理论模型

当前，无线感知领域主要有两种研究思路[6]，其一是基于接收信号的变化模式，通过机器学习方法训练识别模型，实现行为识别或分类，即**基于信号模式的感知**；其二是基于物理模型或原理，探索无线感知的一般机理，推导特定物理量（如位置、速度、角度等）与接收信号特征间的量化关系，进而基于物理量和信号特征识别人的行为，即**基于理论模型的感知**。

相比而言，基于信号模式的感知方法缺乏对无线感知机理的深层理解，识别模型的性能依赖于信号采集的环境因素，往往随着环境改变而大幅下降。因此，本节重点介绍基于无线感知的理论模型。

1. 多普勒效应模型

多普勒效应（Doppler Effect）是奥地利物理学家及数学家克里斯琴·约翰·多普勒于1842 年提出的一种物理频移现象，主要是指物体辐射的波长会因为波源和观测者的相对运动而产生变化。如果振源与观测者之间存在着相对运动，那么观测者听到的声音频率将不同于振源频率：在运动的波源前面，波被压缩，波长变得较短，频率变得较高（称作蓝移，Blue Shift）；在运动的波源后面时，会产生相反的效应，波长变得较长，频率变得较低（称作红移，Red Shift）。

多普勒效应原理如图 4-3 所示。假设有一个发射固定频率信号的波源静止在中间，则四周的观测者都能接收到相同频率的信号。如果波源朝着一个方向运动，前方的观测者会接收到比原始频率更高、波长更短的信号，而后方的观测者将会接收到比原始频率更低、波长更长的信号。生活中很多常见的现象都可以由多普勒效应来解释。例如，当一辆在道路上快速行驶的救护车由远及近时，汽笛声变响、音调变尖；当救护车由近及远时，汽笛声变弱、音调变低。

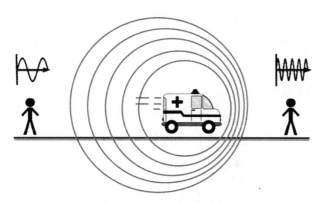

图 4-3　多普勒效应示意

根据之前的介绍，不难发现波源的运动速度会改变多普勒效应现象的强度。假设静止波源发出信号的传播速度为 c，观测者与波源的相对移动速度为 v（当两者相向运动时取正数，反之取负数），运动方向与雷达之间的夹角为 θ，观测者接收到的波长为 λ，根据信号频率相关知识，可得出观测者实际接收到的频率 f_r 与发射频率 f_t 的关系为

$$f_r = \frac{(c+v)\cos\theta}{\lambda} = \frac{(c+v)\cos\theta}{c-v}f_t \tag{4-5}$$

多普勒现象的强度可以由接收到的频率减去原有的波源发射频率来表示，差值越大，则多普勒现象越明显。因此可以定义如下公式：

$$f_d = f_r - f_t = \frac{2v\cos\theta}{c-v}f_t \tag{4-6}$$

公式（4-6）中 f_d 称为多普勒频移（Doppler Shift）。由于观测者和波源的相对运动速度 v 存在正负性（这是受到运动方向的影响），多普勒频移也会产生正负性。在 v 的绝对值不超过信号传播速度 c 的情况下，如果两者相向运动，则会产生正的多普勒频移，否则产生负的多普勒频移。

2. 菲涅耳区模型

菲涅耳区模型源于光的干涉和衍射研究，揭示了光从光源到观测点的传播规律，其中菲涅耳区是指以收发设备两点为焦点的一系列同心椭圆。由于光的传播通路长度不同，传播到第一菲涅耳区的光波与 LoS 相位相同，导致在观测点得到叠加增强的信号；传播到第二菲涅耳区的光波因与 LoS 相位相反，导致观测点得到叠加减弱的信号。随着菲涅耳区的奇偶交替，导致在观测点得到增强和减弱的干涉叠加结果。

菲涅耳区是在收发天线之间，由电磁波的直线路径与反射路径的行程差为 $n\lambda/2$ 的反射点形成，以收发天线位置为焦点，以直线路径为轴的椭球面。菲涅耳区模型如图 4-4 所示，在无线通信领域，菲涅耳区可以认为是以发射器节点和接收器节点为焦点的一组同心椭球面[7]。在图 4-4 中，收发节点所在的区域是第一菲涅耳区，紧邻第一菲涅耳区的范围是第二菲涅耳区，依此类推。点 A_1 处在第一菲涅耳区边界，点 A_2 处在第二菲涅耳区，点 A_3 处在第三菲涅耳区边界。假设此时 Wi-Fi 信号的波长为 λ，则有：

$$|T_xA_1|+|A_1R_x|-|T_xR_x|=\lambda/2 \tag{4-7}$$

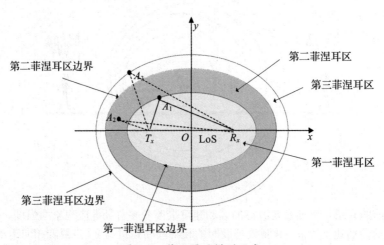

图 4-4　菲涅耳区模型示意

当 T_x 发送信号时，信号可以直接经 LoS 到达 R_x。若此时在第一菲涅耳区的边界出现了障碍物 A_1，则部分信号会经 A_1 反射，沿 NLoS 到达 R_x。根据公式（4-7），经 A_1 反射后的信号比直接从 LoS 到达 R_x 的信号多走了 $\lambda/2$ 的路程，由此会导致相位改变 π。同理可知，在第 n 个菲涅耳区边界的点 A_n 满足公式（4-8）。研究表明，接收信号较强的区域是第 8~12 个菲涅耳区，并且超过 70% 的能量通过第一菲涅耳区传播。

$$|T_xA_n|+|A_nR_x|-|T_xR_x|=n\lambda/2 \tag{4-8}$$

由于 OFDM 信号的频谱相对平滑，可以假设每个子载波上的传输功率几乎相同。因此，在信号强的 LoS 下，每个子载波上传输的信号将通过相同的路径传播。如果归一化到相同的频率，每个子载波的接收功率会基本保持近似。相反，在 NLoS 传播的情况下，信号的频率越高，衰减越快，可能不被接收器检测到。即使将频率归一化到相同跨度范围，所接收到的信号功率也可能彼此偏离。利用这样的频率选择性衰弱，更能刻画出信号在由发射器传播到接收器的多径传播效果。

4.1.3　无线感知系统工作模式

在无线感知系统中，无线信号成为度量目标在空间中物理参数（距离、角度、速度等）的感知媒介。一般而言，无线信号由具备发射特定信号能力的设备提供，根据感知目标与感知设备的关系，可将感知系统分为两类：设备无关感知系统和设备相关感知系统。

设备无关感知系统：设备无关感知系统是指设备独立于被感知对象，即被感知对象不需要携带任何特定设备，由存在于感知目标周围的感知设备提供作为感知媒介的无线信号。在如图 4-1 所示的 Wi-Fi 感知系统中，发射器（无线路由器）提供 Wi-Fi 信号作为感知媒介，信号在感知目标作用下（如反射等）形成回波信号，接收器接收回波信号并进行相关处理和分析便可达成感知目的，其间不需要感知目标携带任何特定设备。

设备相关感知系统：与设备无关感知系统相对，设备相关感知系统是指在感知系统工作过程中，感知设备与感知目标直接关联，即感知目标需要携带设备，二者的时空信息具有高度一致性。例如，在一个基于 Wi-Fi 信号的感知系统中，发射器为部署于环境中的无线路由器，接收器为感知目标随身携带的智能终端（具有 Wi-Fi 信号接收能力），二者共同完成对目标的感知。

4.2　基于 Wi-Fi 的智能感知技术

随着 Wi-Fi 无线覆盖网络区域的形成，如何利用无线网络覆盖广、带宽高、费率低的优势，构建具有感知能力的物联网系统，成为智能物联网的关键问题之一。特别地，由于已有 Wi-Fi 感知系统多数基于设备无关感知系统的思想构建，因此本节重点关注此类 Wi-Fi 感知技术。

4.2.1　Wi-Fi 感知的基本概念和原理

如前文所述，无线感知的基本原理是：环境中传播的无线信号，会由于感知目标（人或物）的存在和移动而产生反射、衍射、散射等现象，使得接收设备所接收信号（即回波信号）的振幅、相位等特征发生变化，通过检测和分析信号的变化特征，便可推断感知目标的位置、状态等信息，达成感知目的。

对于由一个发射器和若干接收器（一个或多个）构成的 Wi-Fi 感知系统而言，为了刻画移动物体存在情况下接收信号的特征，将信号传播的全部路径分为静态路径与动态路径两类，如图 4-5 所示。

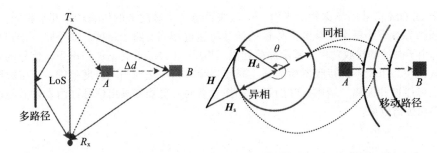

图 4-5　Wi-Fi 信号传播路径示意 [7]

令 $H(f, t)$ 表示接收信号的无线信道频率响应 CFR，表示为

$$H(f,t) = H_s(f) + H_d(f,t) = H_s(f) + a(f,t)e^{-j2\pi d(t)/\lambda} \tag{4-9}$$

在公式（4-9）中，静态向量 $H_s(f)$ 表示静态路径的信号之和，而动态向量 $H_d(f,t)$ 表示运动物体引入的反射路径信号。反射信号 $H_d(f,t)$ 可由向量 $a(f,t)e^{-j2\pi d(t)/\lambda}$ 进一步表示，其中 $a(f,t)$ 为动态路径振幅和初始相位偏移的复数形式，$e^{-j2\pi d(t)/\lambda}$ 为动态路径 $d(t)$ 上的相位偏移。因此，接收信号 $H(f,t)$ 在复平面上具有时变振幅，如公式（4-10）所示，其中 θ 表示静态向量 $|H_s(f)|$ 和动态向量 $|H_d(f)|$ 之间的相位偏移。

$$|H(f,\theta)|^2 = |H_s(f)|^2 + |H_d(f)|^2 + 2|H_s(f)||H_d(f)|\cos\theta \tag{4-10}$$

当物体移动较短距离时，一般可以认为动态路径向量的振幅保持不变，即 $|H_d(f)|$ 为常量。由此，根据上一节中所述的菲涅耳区模型可知，当物体持续移动并穿过数个菲涅耳区时，接收信号的振幅将呈现类似正弦波的变化。具体而言，当静态向量 $|H_s(f)|$ 和动态向量 $|H_d(f)|$ 之间的相位偏移角 $\theta = 2\pi, 4\pi, \cdots, 2n\pi$（$n$ 为整数）时出现波峰，当 $\theta = \pi, 3\pi, 5\pi, \cdots, (2n+1)\pi$ 时出现波谷。

通常，对于 Wi-Fi 感知系统而言，由于感知目标的存在和移动而导致的接收信号变化属于动态分量部分。换言之，为了达成感知目的，需要发现并刻画目标位置、状态等与接收信号动态分量之间的关联关系。然而，由于 Wi-Fi 信号极易受到噪声等因素的干扰，因此需要对接收信号进行降噪等预处理，以获得更加规整的信号，提升感知性能。

4.2.2　Wi-Fi 感知关键技术

1. Wi-Fi 信号预处理

噪声干扰和设备局限是影响 Wi-Fi 无线感知系统性能的重要因素。噪声干扰主要包括环境噪声和软硬件噪声，其中环境噪声是指源自系统附近感知目标之外人或物对无线信号的扰动，而软硬件噪声则是由于信号收发设备采样频率不精确、中心频率偏移、功率控制不确定等因素所导致。设备局限主要指普通 Wi-Fi 设备可用带宽和天线数量有限，限制了其时间和空间分辨率。针对上述问题，目前主流的解决方法是针对噪声干扰的信号优选和针对设备局限的信号增强。因此，本节围绕信号优选与信号增强两个方面介绍 Wi-Fi 信号预处理相关知识。

（1）信号优选

信号优选是指通过滤除原始回波信号中的无用成分或者选取原始回波信号中的有用成分，得到与感知目标或感知任务相关的回波成分，从而提升无线感知的精准度和鲁棒性。根据研究思路的不同，相关方法可划分为三类，即信号降噪、信号提取和信号转换。

信号降噪是利用滤波、离群点检测等方法滤除无线信号中的噪声。针对环境噪声，常见处理方法包括滑动平均、低通滤波、中值滤波、小波变换等。例如，通过小波变换滤除原始 CSI 数据中的噪声，实现更精准的呼吸监测[8]。如图 4-6 所示，左侧为 30 路原始 CSI 信号，右侧为经过小波变换后的结果。针对软硬件误差导致的 CSI 相位偏移，回归分析是滤除偏移、提升性能的有效方法。例如，SpotFi[9] 通过线性回归消除收发设备间的相位偏移，实现了更精准鲁棒的室内定位。

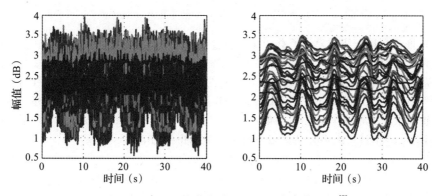

图 4-6　基于小波变换的 Wi-Fi 信号降噪示例[8]

信号提取是利用不同物体所反射信号特性的差异，从回波信号中提取与感知目标或感知任务相关的成分。一类方法是基于目标回波成分的时域或频域特性，通过阈值法或滤波法进行信号提取。例如，根据人的呼吸频率范围，利用带通滤波提取相应频段的回波成分，实现呼吸监测[10]。另一类方法是通过主成分分析、独立成分分析、自相关 / 互相关等方法剔除与感知目标无关或冗余的信号。例如，利用主成分分析重构 CSI 信号，得到与步态相关的主要信号成分[11]。如图 4-7 所示，图 4-7a 为原始 CSI 信号，图 4-7b 为经过 PCA 重构得到的第二主成分。此外，由于不同 Wi-Fi 子载波所受到的扰动存在差异，因此子载波选择同样是实现信号提取的有效方法。

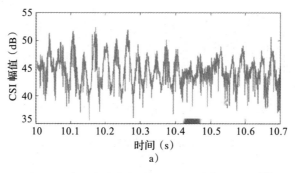

a)

图 4-7　基于小波变换的 Wi-Fi 信号提取示例[11]

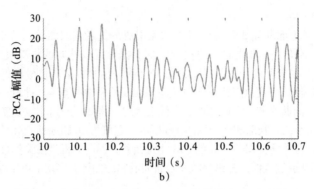

图 4-7 基于小波变换的 Wi-Fi 信号提取示例（续）

　　信号转换是利用无线信号的固有特性，通过一定数学运算对原始信号进行转换，通过构造新的度量标准剔除信号噪声，代表成果包括 CSI 相位差、CSI 商等。其中，CSI 相位差是指 Wi-Fi 设备不同接收天线或不同子载波信号之间的相位差值，CSI 商则是不同天线所接收信号做除法运算。例如，FarSense[12] 利用 CSI 商剔除原始信号的幅值噪声和相位偏移，显著提升了 Wi-Fi 感知系统的有效作用范围，减少了感知盲区。图 4-8a、图 4-8b 分别为两根天线所接收到的 Wi-Fi CSI 信号，图 4-8c 为经过 CSI 商运算后得到的结果。

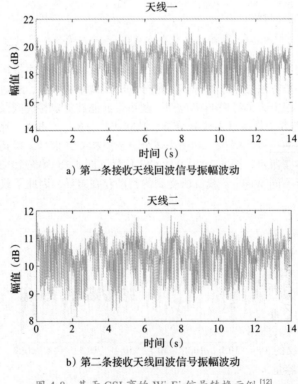

a）第一条接收天线回波信号振幅波动

b）第二条接收天线回波信号振幅波动

图 4-8 基于 CSI 商的 Wi-Fi 信号转换示例 [12]

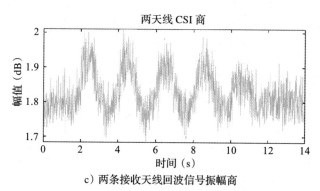

c）两条接收天线回波信号振幅商

图 4-8　基于 CSI 商的 Wi-Fi 信号转换示例（续）

（2）信号增强

信号增强通过利用多个信号源（如不同设备、不同载波频率之间的互补增强特性），提高无线感知的时间和空间分辨率，融合得到更加丰富的感知数据，克服普通 Wi-Fi 设备的能力局限。例如，TinySense[13] 利用多个 Wi-Fi 设备所形成的不同菲涅耳区，实现了多人呼吸检测；SpotFi[9] 融合了多个 Wi-Fi 设备的 CSI 数据，更加精准地估算信号的到达角度和飞行时间，实现了分米级定位；Splicer[14] 通过拼接多个 Wi-Fi 频带的 CSI 数据，获得高分辨功率时延谱，支持更精准鲁棒的行为识别；类似地，Chronos[15] 基于单一 Wi-Fi 设备，通过拼接多个频段的 CSI 信号构造超宽频带（Wi-Fi 可用频段如图 4-9 所示，图中数字为信道编号），有效降低了相位偏移、多径效应等对感知性能的影响。

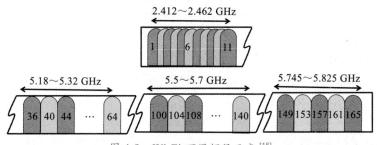

图 4-9　Wi-Fi 可用频段示意[15]

2. Wi-Fi 信道参数估计

感知目标的存在和移动导致无线信号传播信道发生改变，进而影响接收器所接收的回波信号。换言之，信道参数的变化能够在一定程度上刻画感知目标的状态。因此，信道参数估计是实现 Wi-Fi 感知的重要基础。

（1）Wi-Fi 信道建模

随着无线通信技术的发展，Wi-Fi 收发设备开始拥有超过一条反射 / 接收天线。基于 IEEE 802.11 a/g/n 协议的 Wi-Fi 系统通过将多个发射天线上的数据流复用到多个接收天线来增加信道的数据传输容量，这种类型的系统称为多路输入多路输出通信系统（Multiple-Input Multiple-Output，MIMO）。

假设 N_t 表示发射端天线数，N_r 表示接收端天线数，则接收端在任一采样时刻收集到的

CSI 数据是一个 $N_t \times N_r \times 30$ 的矩阵（30 代表 30 个 OFDM 子载波）。假设设备包含 2 个发射天线，3 个接收天线，则接收到的信号中包含 6 个数据流，每个数据流包含 30 个 CSI 子载波。若发射端的发包频率是 100 Hz，则接收端一分钟内可以接收到近 6000 个数据包。

　　目标对象周围的无线信号从发射端传播到接收端通常经过不同信道，体现为每一信道具有不同的参数，包括飞行时间 τ、到达角度 ϕ、离开角度 φ、多普勒频移 γ、衰减系数 α 等，如图 4-10 所示。如果信道数量为 N，则公式（4-9）中 $H(f, t)$ 可表示为

$$H(f, t) = e^{-j2\pi\Delta ft} \sum_{k=1}^{N} a_k(f, t)e^{-j2\pi f\tau_k(t)} \tag{4-11}$$

其中，$a_k(f, t)$ 是复数，表示第 k 条路径的幅度衰减及初始相位偏移；$e^{-j2\pi f\tau_k(t)}$ 表示第 k 条路径的相位偏移，传播时延为 $\tau_k(t)$；$e^{-j2\pi\Delta ft}$ 表示由发射端和接收端之间载波频率差 Δf 造成的相位偏移。

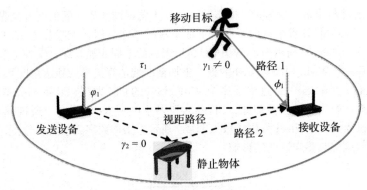

图 4-10　Wi-Fi 信道多维参数示意

　　信号传播路径长度的改变会造成接收端信号的相位发生变化，Wi-Fi 信号的第 k 条路径经目标反射后到达接收端。当目标在时间 0~t 内移动一段距离，第 k 条路径的长度从 $d_k(0)$ 变为 $d_k(t)$，则路径时延 $\tau_k(t)$ 可表示为

$$\tau_k(t) = d_k(t) / c \tag{4-12}$$

其中，c 为光速即信号传播速度。令 f 和 λ 分别表示子载波的频率和波长，则有

$$\lambda = c / f \tag{4-13}$$

　　将公式（4-12）和公式（4-13）代入相位偏移表达式 $e^{-j2\pi f\tau_k(t)}$，得 $e^{-j2\pi d_k(t)/\lambda}$。由此可知，当路径长度变化一个波长时，接收端在对应子载波上会产生大小为 2π 的相位偏移。

　　基于多径信道传播模型可知，量化分析感知目标对 Wi-Fi 信号的作用模式，是实现无线感知的有效途径。

（2）Wi-Fi 信道参数估计

　　基于普通 Wi-Fi 设备的无线感知系统中，从一个传输报文中可提取一个 CSI 数据。根据阵列信号处理相关理论，为了估计信号到达角 AoA 和信号飞行时间 ToF 需要从多个报文中提取一组 CSI 数据。然而，由于普通 Wi-Fi 设备无法实现纳米级时间同步，因此收发设备之间的报文传输存在采样频率偏移 SFO，由此导致同一链路的多次报文传输具有不同的时间延

迟 τ_{SFO}。此外，报文检测延迟 PDD 同样会导致同一链路的多次传输存在不同的随机时间延迟 τ_{PDD}。因此，为了获得可用于信道参数估计的 CSI 数据，需要对不同报文进行时间校准，消除相对时延。

信号飞行时间 τ 导致同一天线第 k 子载波所接收信号相比第 1 子载波存在大小为 $-2\pi(k-1)$ $\Delta f\tau$ 的相位偏移。由于采样频率偏移和报文检测延迟，进一步导致大小为 $-2\pi(k-1)\Delta f\tau_{\text{delay}}$ 的相位偏移，其中 $\tau_{\text{delay}} = \tau_{\text{SFO}} + \tau_{\text{PDD}}$。由于同一 Wi-Fi 芯片的不同天线完全同步，因此同一设备不同天线的同频子载波具有相同的 τ_{delay}，可通过频域线性拟合予以消除。具体地，假设 $\chi_i(m, k)$ 是接收天线 m 上子载波 k 所接收报文 i 的相位响应，其最优线性拟合为

$$\hat{\tau}_{\text{delay},i} = \arg\min_{\xi} \sum_{m,k=1}^{M,K} (\chi_i(m,k) + 2\pi(k-1)\Delta f\xi + \varepsilon)^2 \tag{4-14}$$

通过消除相对时延所导致的相位偏移 $\hat{\tau}_{\text{delay},i}$，可得修正后 CSI 相位 $\hat{\chi}_i(m, k) = \chi_i(m, k) + 2\pi(k-1)\Delta f\hat{\tau}_{\text{delay},i}$。经过上述修正，实现了不同报文相对飞行时间的对齐，进而获得可用于 AoA 和 ToF 估计的 CSI 数据。基于修正的 CSI 数据，任意子载波 $k \in [1, 2, \cdots, K]$ 的信道矩阵可表示为

$$\boldsymbol{H}_k = \begin{bmatrix} h_{1,1,k} & \cdots & h_{1,M,k} \\ \vdots & \ddots & \vdots \\ h_{N,1,k} & \cdots & h_{N,M,k} \end{bmatrix} \tag{4-15}$$

其中 $h_{i,j,k}$ 表示发送天线 $i \in [1, 2, \cdots, N]$ 与接收天线 $j \in [1, 2, \cdots, M]$ 之间第 k 子载波的修正后信道状态信息 CSI。

结合 Wi-Fi 信号多径传播特点与多维信道参数估计需求，给定一段时间 $[0, T]$ 内的回波信号 $Y(t)$，为了对所有传播路径的参数 $\boldsymbol{V} = [v_1, v_2, \cdots, v_L]$ 进行估计，构造如下函数：

$$\Lambda(\boldsymbol{V}; \boldsymbol{Y}) = -\int_T \left\| \boldsymbol{Y}(t) - \sum_{l=1}^{L} \boldsymbol{s}_l(t; v_l) \right\|^2 \mathrm{d}t \tag{4-16}$$

采用最大似然估计，使得 $\Lambda(\boldsymbol{V}; \boldsymbol{Y})$ 取得极大值，即

$$\boldsymbol{V}_{\text{ML}} = \arg\max_{\boldsymbol{V}} \{\Lambda(\boldsymbol{V}; \boldsymbol{Y})\} \tag{4-17}$$

特别地，由于 Wi-Fi 设备可直接获取描述信道状态信息的 CSI 数据，因此上述最大似然估计问题可转换为

$$\Lambda(\boldsymbol{V}; \boldsymbol{U}) = -\int_T \left\| \boldsymbol{H}(t)\boldsymbol{U}(t) - \sum_{l=1}^{L} \alpha_l \mathrm{e}^{j2\pi\gamma_l t} \boldsymbol{c}(\phi_l, \tau_l) \boldsymbol{g}(\varphi_l)^{\mathrm{T}} \boldsymbol{U}(t - \tau_l) \right\|^2 \mathrm{d}t \tag{4-18}$$

即利用信道矩阵 $\boldsymbol{H}$ 对参数 $\boldsymbol{V} = [v_1, v_2, \cdots, v_L]$ 进行估计。

下面以 AoA 估计为例进行说明。基于信道矩阵 $\boldsymbol{H}$ 和接收阵列导向向量 $\boldsymbol{c}(\phi, \tau)$，可对子载波 k 所接收信号的到达角度进行估计。具体地，对子载波 k 有

$$\begin{bmatrix} h'_{1,k}(\phi) \\ \vdots \\ h'_{N,k}(\phi) \end{bmatrix} = \begin{bmatrix} h_{1,1,k} & \cdots & h_{1,N,k} \\ \vdots & \ddots & \vdots \\ h_{M,1,k} & \cdots & h_{M,N,k} \end{bmatrix} \times \boldsymbol{c}(\phi, \tau, k) \tag{4-19}$$

其中 $c(\phi,\tau,k)=[\Omega(\tau)^{k-1},\Phi(\phi)\Omega(\tau)^{k-1},\cdots,\Phi(\phi)^{M-1}\Omega(\tau)^{k-1}]^{T}$ 为阵列拓展后子载波 k 的 M 维导向向量。特别地，$c(\phi,\tau,k)$ 的每一元素都包含系数 $\Omega(\tau)^{k-1}$，其为信号飞行时间 τ 的函数，对于一条传播路径取值相同，因此并不影响 AoA 估计。

进一步地，对于包含所有 K 个子载波的组合信道，基于上式有

$$H'(\phi)=\begin{bmatrix} H'_1(\phi) \\ \vdots \\ H'_N(\phi) \end{bmatrix}=\begin{bmatrix} h'_{1,1}(\phi) & \cdots & h'_{1,K}(\phi) \\ \vdots & \ddots & \vdots \\ h'_{N,1}(\phi) & \cdots & h'_{N,K}(\phi) \end{bmatrix} \qquad (4\text{-}20)$$

接收阵列导向向量随着 AoA 的变化而变化，准确的 AoA 估计值能够校准发送天线与不同接收天线之间多条链路的相位偏移，使接收信号功率最大。因此，AoA 估计值 ϕ^* 对应接收信号功率最大的导向位置，即

$$\phi^* = \arg\max_{\phi} \sum_{i=1}^{N}\sum_{k=1}^{K}\|h'_{i,k}(\phi)\|^2 \qquad (4\text{-}21)$$

4.2.3　Wi-Fi 感知典型应用

1. 室内定位

目前 Wi-Fi 室内定位方法主要有基于传播模型定位和基于位置指纹定位两类，下面对其基本原理进行简介。

（1）传播模型法

基本传播模型的定位原理如下：在特定环境中，通过大量数据建立距离和接收信号强度（RSSI）之间的信号传输模型，将检测到的 RSSI 信号值转换成需要定位的终端移动设备和各个 AP（Access Point）之间的距离（即无线访问节点之间的距离），再利用三个不共线的 AP 估算当前的位置信息，其原理如图 4-11 所示。

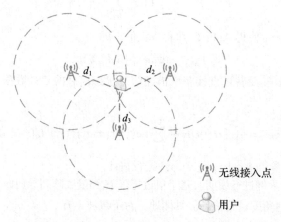

图 4-11　基于信号传播模型的定位原理示意

利用传播模型方法进行室内定位，由于室内环境变化较多，难以建立准确的传播模型。

虽然不需要额外安装其他硬件设备，但必须知道无线收发器确切的位置坐标信息。

1）线性距离路径损耗模型

线性模型假设室内环境中的传输距离和路径损耗为线性分布，是一种统计模型，计算公式如式（4-22）所示。其中，$L(d)$ 为终端移动设备到发射器距离为 d 的信号强度，a 和 l_0 均为参数，而且 l_0 为恒定参数。

$$L(d) = ad + l_0 \tag{4-22}$$

2）对数距离路径损耗模型

对数路径损耗模型是考虑室内复杂环境条件下的无线信号传播模型，即认为室内环境中无线信号随传播距离的增加呈对数关系衰减，计算公式如式（4-23）所示，其中 $P_L(d)$ 为无线信号传播距离为 d 时的路径损耗。

$$P_L(d) = P_L(d_0) + 10\eta \log_{10}\left(\frac{d}{d_0}\right) \tag{4-23}$$

假设信号发射器的发射功率为 P_t，则在距离信号发射节点距离 d 处的接收节点接收到的 RSSI 值为

$$\text{RSSI} = P_t - P_L(d) \tag{4-24}$$

当在距离信号发射节点 d_0 处的信号强度为 R_0 时，可得：

$$P_L(d_0) = P_t - R_0 \tag{4-25}$$

将公式（4-25）代入公式（4-23）有

$$P_L(d) = P_t - R_0 + 10\eta \log_{10}\left(\frac{d}{d_0}\right) \tag{4-26}$$

通常情况下，d_0 为单位距离（例如 1 米），则将公式（4-26）代入公式（4-24）得：

$$\text{RSSI} = R_0 - 10\eta \lg d \tag{4-27}$$

其中，R_0 和 η 都是相关的环境参数，选择的定位环境不同，两个参数会随之变化（η 是无线信号传播的衰减因子）。由公式（4-27）可知对数距离路径损耗模型的建立主要依赖于衰减因子的选择，该类方法定位精度与衰减因子 η 高度相关。

（2）位置指纹法

由上节可知，基于传播模型的方法往往需要额外部署硬件设备，并预先知道 AP 的位置坐标信息。与之相比，位置指纹法 [16] 不需要额外硬件设备且成本较低，因此越来越多的研究人员尝试利用位置指纹法进行室内定位。

所谓的"位置指纹"是指定位环境中所有的参考点与各个 AP 信号强度之间存在着一个唯一对应的映射关系，即每一个参考点有着唯一的 Wi-Fi 信号强度向量，就像人的指纹一样独一无二。通过预先采集各个采样点接收到的 AP 信号的 RSSI 值，将其映射成参考点的物理坐标。

基于位置指纹的方法主要包括离线训练和在线定位两个阶段。其中，离线训练阶段的主要目的是建立一个能够全面表达目标区域各个位置 Wi-Fi 信号 RSSI 特征的位置指纹数据库。具体而言，首先要在需要定位的目标区域内，选择合理的参考点，然后通过终端设备收

集 Wi-Fi 接入点的信号强度 RSSI 值及相关 AP 信息作为该点的位置指纹。通常情况下，为了保证参考点位置指纹的唯一性，在采集过程中将 AP 的 MAC 地址作为隐藏项存入位置指纹向量中。

在线定位阶段的目的是得到移动终端设备的最终位置信息。首先在目标区域内，利用移动终端设备检测该点所接收到的信号强度信息，然后与离线训练阶段所生成的位置指纹数据库进行匹配计算，得出待定位点的位置信息。基于位置指纹法的定位原理如图 4-12 所示。

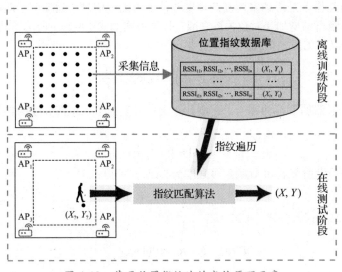

图 4-12   基于位置指纹法的定位原理示意

假设有 m 个指纹参考点，n 个 AP，在每一个参考点处都可以接收到来自 n 个 AP 的信号强度值，第 i 个参考点对应的位置指纹为

$$\{(RSSI_{i1}, RSSI_{i2}, RSSI_{i3}, \cdots, RSSI_{in}), (X_i, Y_i)\} \tag{4-28}$$

其中，$RSSI_{in}$ 表示第 i 个参考点接收到的第 n 个 AP 的信号强度值，(X_i, Y_i) 是第 i 个参考点对应的物理坐标。将每个参考点的位置指纹存入数据库中，然后根据定位点采集到的各个 AP 的 RSSI 值，通过匹配算法从指纹库中匹配出与定位点最相似的位置（可根据余弦相似度、欧式距离等）指纹并确定定位点的坐标。

2. 行为活动识别

日常行为活动（Activities of Daily Living，ADL）感知是智能无线感知工作的重要组成部分，有着重要的现实意义。基于 Wi-Fi 的行为活动识别包括动静检测、动作识别、手势识别、步态识别[17] 等工作。

（1）动静检测

动静检测即检测目标区域内是否有人员活动，在很多行为识别系统中扮演着重要角色。具体而言，行为识别系统一般需要较为复杂的运算，会产生较大的资源和能量消耗。为此，这类系统需要一个启动判别机制，而动静检测正好可以作为启动判别机制的依据，扮演"监听器"的角色。下面以 FreeSense 系统为例[18]，介绍如何构建高准确率、低误警率的动静检测系统。

根据前述理论可知，空间中 Wi-Fi 信号的传播状态会随着人员的出现和移动而改变，使得回波信号发生瞬时变化，通过分析信号变化便可实现动静检测。然而，复杂噪声、多径效应、设备差异等因素的存在，使得基于 Wi-Fi 信号构建高准确率、低误警率的动静检测系统变得困难。针对这一问题，FreeSense 系统选择利用 Wi-Fi 设备多根接收天线上回波信号之间的差异进行动静检测，而不是简单分析单一天线回波信号的波动特性。具体而言，系统构建主要基于下述实验发现：当人员在空间中移动时，Wi-Fi 回波信号振幅会出现类似正弦的波动；由于不同接收天线的位置存在差异，导致不同天线上回波信号的振幅波形之间出现时间延迟。换言之，当目标空间为"动"时，不同接收天线回波信号的振幅波形之间会产生相位差；当目标空间为"静"时，所有接收天线回波信号的振幅波形近似于一条直线，彼此之间不存在相位差，如图 4-13 所示。

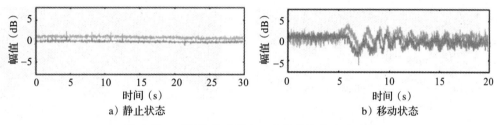

图 4-13　不同接收天线上回波信号振幅波动示意

FreeSense 系统的框架如图 4-14 所示，其工作流程如下：首先，Wi-Fi 信号接收器接收发射器所发出的信号，并从中分离出 CSI 信息；然后，设定合适大小的窗口，并从不同接收天线的 CSI 数据中提取振幅波动信息；最后，估计不同接收天线的回波信号振幅波动之间是否存在相位差，进而判定环境中是否存在人员移动，漏检率和误警率分别为 1.4% 和 0.5%。其中相位差估计基于 MUSIC（Multiple Signal Classification）[19]算法实现。特别地，不同于传统工作利用 MUSIC 算法进行信号入射角估计，FreeSense 利用算法的数据分析能力实现对不同天线间是否存在相位差的估计。

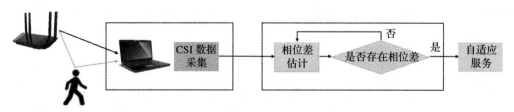

图 4-14　FreeSense 系统框架示意

（2）动作识别

基于 Wi-Fi 的感知系统一般通过建立信号变化与动作模式之间的对应关系实现行为识别。下面以基于 Wi-Fi CSI 的人体行为分析和监控系统 CARM[20]为例，介绍动作识别系统的一般架构。CARM 系统的核心思想是基于多普勒频移建立 CSI 变化与人体各部位运动速度之间的对应关系模型 CSI-Speed 和各部位运动速度与动作类型之间的关系模型 CSI-Activity，进而通过从 CSI 信号中提取人体各部位的运动速度实现动作识别。如图 4-15 所示为人体完成不同动作时的原始 CSI 信号以及相应时频图。其中，时频图的频率大小（纵轴）反映了运动速度，颜色反映了相应时刻（横轴）对应频率的功率差异。

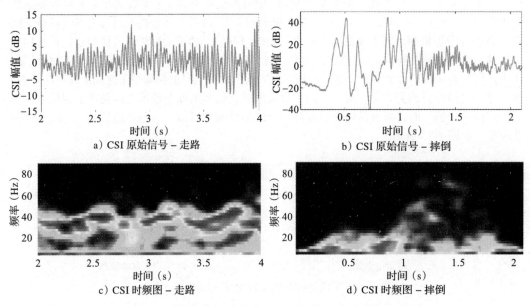

图 4-15　不同动作所对应原始 CSI 信号和 CSI 时频图示例

　　CARM 系统首先将多径分为静态路径（即由墙体、天花板等静态物体反射的无线信号）和动态路径（即由运动人体反射的信号）。通过分析发现，无线信道频率响应是一个恒定偏移量和一组正弦波的总和，其中正弦波的频率是路径长度变化速度的函数，通过测量正弦信号的频率并与载波波长相乘，便可得到路径变化长度，从而将 CSI 功率与运动速度联系起来。在验证子载波之间相关性的基础上，CARM 使用主成分分析方法整合多个子载波的信息，以跟踪 CSI 序列的时变性；之后进一步通过离散小波变换将主成分分析结果分解为 12 个频率范围并提取每一层的能量；最后使用隐马尔可夫模型实现对跑步、走路、坐下等 9 种动作的识别，精度达 96%。

（3）手势识别

　　手势识别是人机交互的重要手段，传统的识别方法包括计算机视觉、红外识别、专用传感器等。相比而言，基于视觉的方法易受光照条件限制，红外识别系统部署复杂、携带不方便，因而基于无线感知的手势识别具有广阔的应用前景。相比全身动作，手势的尺度更小，所引发的无线信号波动更加微弱。为此，基于 Wi-Fi 感知系统实现手势识别的关键在于如何精准地刻画和区分由细微动作所导致的信号波动。

　　WiFinger[21] 是较早基于 Wi-Fi 感知实现手势识别的系统之一（如图 4-16 所示），基本思想是用户完成某一手势时会以一种独特的方式和方向移动手指，从而产生独特的 CSI 时序信号。具体地，在数据准备阶段，为了剔除异常数据点，首先对 CSI 信号进行降噪和滤波，之后通过端点检测（手势起始点和终止点）发现手势对应的信号片段，进而获得手势表征（Gesture Profile），即大小为 $N_c \times L$ 的矩阵（其中 N_c 为子载波数量，使用 Intel 5300 网卡时为 30；L 取决于手势持续时间和信号采样率）。在特征提取阶段，为了更充分地利用 CSI 序列所蕴含的信息，WiFinger 系统对 30 个子载波进行两阶段融合处理，首先以 6 个子载波为一组通过求均值方式获得 5 组特征，之后通过特征拼接构造一个更高维度的特征向量。在手势识别阶段，为了降低计算开销，利用离散小波变换（Discrete Wavelet Transform，DWT）对高维特征向量进行降维处理；之后，将得到的低维向量输入以动态时间规整（Dynamic Time Warping，DTW）为相似度计算依据的 k- 近邻（k Nearest Neighbor，kNN）分类器，实现手势类型识别，准确率达到 90% 以上。

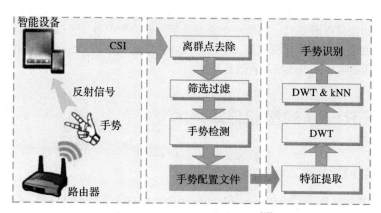

图 4-16　WiFinger 体系架构[17]

3. 健康感知

基于 Wi-Fi 的健康感知工作主要聚焦呼吸、心跳等生命体征。这些体征直接反映了人体的健康状况，其准确监测与分析对于及时了解目标身体状况、指导就医等具有重要意义。然而，呼吸灯体征引发的信号波动往往非常微弱，很容易被淹没在背景噪声中。

北京大学张大庆教授团队基于菲涅耳区模型，在接收信号波形和人体呼吸行为之间建立了精确的关联关系[3, 7]。具体而言，由于正常呼吸引发的胸脯平均起伏仅为 1 厘米左右，因此人体呼吸导致的反射路径长度变化小于一个波长。换言之，呼吸引起的接收信号波形仅为一个类似正弦信号完整周期的部分片段，如图 4-17 所示。

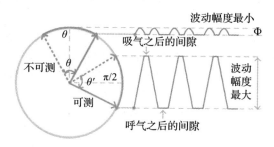

图 4-17　基于 Wi-Fi 菲涅耳区模型的呼吸感知[5]

　　一个完整的呼吸周期包括吸气、暂停、呼气、暂停，如图 4-17 所示，呼吸信号的波形应由四个小片段组成：一个吸气波形、一条暂停直线、一个呼气波形、一条暂停直线。考虑到动态向量扫过的最大相位变化角度为 63°，为了使呼吸波形获得最大辨识度，应使得 θ 角尽可能大且落在类似正弦波形的单调变化区间内。特别地，当 θ 正好围绕 $\pi/2$ 或 $3\pi/2$ 时，人体胸脯位于菲涅耳区的中间部分，信号辨识度最佳。图 4-17 展示了在菲涅耳区中的好（中间）、坏（边界）位置接收到的真实呼吸波形。不失一般性地，在每个菲涅耳区中，微小位移的最佳检测位置位于菲涅耳区中间，最差位置则位于菲涅耳区边界。

　　商用 Intel 5300 Wi-Fi 网卡有 30 个工作在不同频率的子载波。对于距离 LoS 较近的内层菲涅耳区而言，不同子载波所对应菲涅耳区的边界几乎彼此重合，即如果一个载波由于人体位置原因无法检测到呼吸，则其他载波同样无法做到。然而，随着距离 LoS 越来越远，不同载波菲涅耳区的差异逐渐变大，如果一个载波处于最差检测位置（接近菲涅耳区边界），往往能够找到另一载波处于较优检测位置（接近菲涅耳区中间）。换言之，Wi-Fi 不同子载波的频率多样性在外侧菲涅耳区表现出显著的互补性。

4.3　基于 RFID 的智能感知技术

4.3.1　RFID 技术基本概念与感知原理

　　射频识别技术（Radio Frequency Identification，RFID）是自动识别技术的一种，其通过无线射频方式进行非接触双向数据通信，阅读器（Reader）利用无线射频方式对电子标签（Tag）进行读写，从而达到识别目标和数据交换的目的，被认为是 21 世纪最具发展潜力的信息技术之一[22]。

1. RFID 技术简介

　　一个典型的 RFID 系统一般由读写器、标签和应用系统三个部分组成，如图 4-18 所示。其中，应用系统通常包含 RFID 中间件和应用软件两个模块。

　　根据电子标签与阅读器之间通信及能量感应方式的不同，RFID 系统一般可以分成两类，即电感耦合系统和电磁反向散射耦合系统。如图 4-19 所示，前者通过空间高频交变磁场实现耦合，依据是电磁感应定律，一般适合中、低频工作的近距离 RFID 系统。后者通过接收所发出电磁波经过目标反射之后的回波信号实现耦合，依据是电磁波空间传播规律，一般适合超高频、高频工作的远距离 RFID 系统。

　　RFID 系统工作原理为：电子标签进入天线磁场后，若接收到阅读器发出的特殊射频信号，则凭借感应电流所获得的能量发送出存储在芯片中的产品信息（Passive Tag，无源标签或被动标签），或者主动发送某一频率的信号（Active Tag，有源标签或主动标签），阅读器读取信息并解码后，送至应用系统进一步数据处理，如图 4-20 所示。

　　RFID 技术能够识别高速运动物体并可同时识别多个电子标签，操作快捷方便。短距离电子标签不怕油渍、灰尘污染等恶劣的环境，可在流水线上替代条码实现物体跟踪；长距离电子标签识别距离可达几十米，一般用于交通系统，例如实现车辆身份识别。

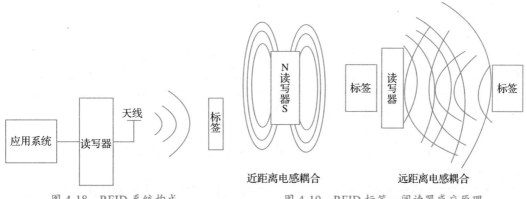

图 4-18　RFID 系统构成　　　　　图 4-19　RFID 标签－阅读器感应原理

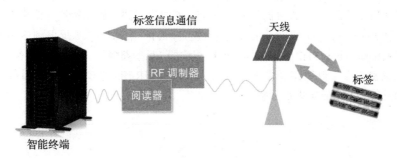

图 4-20　RFID 系统工作原理示意

2. RFID 感知原理

RFID 阅读器与标签通信过程中，通过对标签信号进行测量，能够得到反向散射信号的接收信号强度、相位等参数。与 Wi-Fi 感知系统类似，当感知目标出现在 RFID 系统附近时，会对射频信号传播带来扰动，影响阅读器接收到的信号参数。换言之，通过解析回波信号的参数变化，便可能实现对目标的感知。

（1）RFID 信号参数

接收信号强度：RFID 系统中 RSSI 为阅读器天线接收到反射信号的功率。根据弗林斯传输方程，有如下公式：

$$P_{Rx} = \frac{G_T^2 \cdot \lambda^2 \cdot \sigma}{(4\pi)^3 \cdot R^4} \cdot P_T \tag{4-29}$$

其中，G_T 为阅读器天线增益，λ 为载波波长（单位：米），σ 为标签天线的有效截面积（单位：平方米），P_T 为发送天线上阅读器传输能量，R 为阅读器与天线之间距离（单位：米）。

信号相位：即阅读器接收到的反射信号与发射信号之间的相位差。假设标签与阅读器天线的距离为 d，阅读器所发射信号从天线到标签，然后被标签反射后被阅读器接收，传播路径长度为 $2d$。此外，在信号的传播和处理过程中，处理电路和标签反射特性会引入其他相位差。当标签与阅读器天线间的距离为 d 时，RFID 阅读器发射的射频信号经过反射后的相位差为

$$\Delta\varphi = 2\pi\left(\frac{2d}{\lambda}\right) + \varphi_t + \varphi_r + \varphi_{tag} \tag{4-30}$$

其中，d 为标签距阅读器的距离，φ_t、φ_r、φ_{tag} 分别为发射电路相位差、接收电路相位差和标签反射特性引入的相位差。

多普勒频移： 多普勒频移是由于阅读器和标签间的相对运动而引起的阅读器接收信号在频率上的偏移。与前文所述内容相同，此处不再赘述。

（2）RFID 感知系统工作模式

如 4.1.3 节所述，无线感知系统依据工作模式可分为设备无关和设备相关两类，RFID 感知系统同样如此。

设备无关 RFID 感知系统无须将电子标签与感知目标绑定，而是将标签视为一个单独的通信设备，如图 4-21 所示，其中阅读器为信号发射端，电子标签为信号接收端（接收信号然后将信号反射回阅读器）。一部分阅读器发射信号经过直射路径到达标签，然后由标签反射返回阅读器（直射路径）；另一部分多径信号经过感知目标（图中行人）反射到达标签，然后由标签反射回被感知目标，再由感知目标反射回阅读器（反射路径）。显然，人体作为感知目标，与之相关的信息包含于反射路径之中。因此，设备无关 RFID 感知系统主要通过分离提取叠加信号中的反射路径信号实现目标感知。

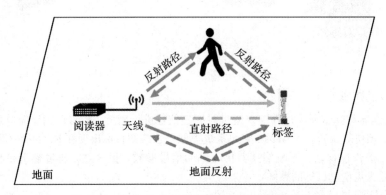

图 4-21　设备无关 RFID 感知系统信号传播示意

相比设备无关 RFID 感知系统，设备相关 RFID 感知系统需要将电子标签与感知目标进行绑定，如图 4-22 所示，其中阅读器为信号发射端，电子标签为信号的接收端，感知目标为标签载体。类似地，信号路径同样分为两部分：一部分阅读器发射信号经过直射路径到达标签，然后由标签反射返回阅读器；另一部分多径信号经过反射体（家具、地面等）反射后到达标签，然后由标签反射回反射体，再由反射体反射回阅读器。分析可知，不同于设备无关 RFID 感知系统，在设备相关 RFID 感知系统中与感知目标相关的信息主要包含于直射路径之中。因此，反射路径信号成为影响感知性能的干扰信号。如何排除反射路径信号干扰，提取叠加信号中的直射路径信号并从中分析感知目标相关信息，成为设备无关 RFID 感知工作的主要挑战。

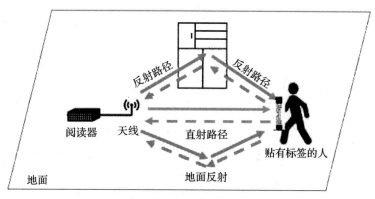

图 4-22　设备相关 RFID 感知系统信号传播示意

4.3.2　RFID 感知关键技术与应用

1. 基于 RFID 的定位技术

基于 RFID 的定位是指利用已知位置的读写器 / 电子标签对未知位置的感知目标进行定位的技术。依据定位原理不同，相关技术可分为测距和非测距两类。

（1）测距 RFID 定位技术

测距定位是指对感知目标与各标签之间的实际距离进行估计，进而通过几何方式推算目标位置。常用方法有基于信号到达时间（Time of Arrival，TOA）定位、基于信号到达时间差（Time Difference of Arrival，TDOA）定位、基于信号到达角（Angle of Arrival，AOA）定位[23]等。

TOA 定位算法以信号到达时间估计（即时延估计）为基础，首先基于信号传播时间相关参数对待测目标距离相关参数进行估计，之后结合多个参考节点所得参数信息计算得到待测目标的位置信息，如图 4-23 所示。假设存在 A、B、C 共三个参考节点，各自坐标已知，则基于目标节点与不同参考节点之间的距离信息即可完成对待测节点坐标的估计。

实际定位应用环境通常存在多径传播效应，一般基于多径信号中的 LoS（即直射路径）进行时延估计。具体地，针对接收信号的处理方式可以分为两种：基于本地模版信号匹配滤波（Matched Filter，MF）的相干检测和基于能量检测（Energy Detector，ED）的非相干检测，如图 4-24 所示。其中，BPF（Band-Pass Filter）表示理想带通滤波，相干形式匹配滤波包括本地模板信号与平方律器件，非相干能量检测过程由平方律器件和积分单元组成。两种方式体现了实现复杂度和估计精度的折中。对于密集多径场景而言，在数量巨大的多径分量汇总检测直射路径的复杂度较高且准确性不易保证，此时可以通过阈值搜索或参数估计（如最大似然）等方法进行直射路径检测，进而完成时延估计。

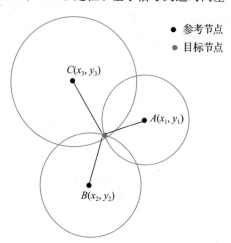

图 4-23　TOA 定位原理

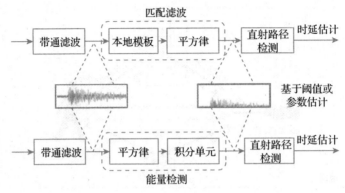

图 4-24　TOA 估计示意[23]

通常情况下，基于经典测距技术难以实现较高精度的 RFID 定位，其主要原因是 RFID 硬件的能力（采样率、工作带宽、天线数量等）相对有限，所以需要对相关技术进行优化改进。以 TOA 为例，其定位性能在很大程度上取决于精准测量时间的能力，为此需要支持高采样率或大工作带宽（GHz 量级）的硬件。然而，无源 RFID 标签的通信频率为 kHz 量级，远远低于所需带宽，导致基于 TOF 的 RFID 定位误差在千米量级。解决这一问题的一种思路是带宽扩充，如图 4-25 所示。例如，RFind 系统[24]利用现有 RFID 通信机制生成虚拟定位带宽，可以超过 RFID 通信带宽数个量级。在此基础上，RFind 通过采用多个频率发送信号实现通信频率（如图 4-25 中 915 MHz 高功率信号）与定位频率的分离（如图 4-25 中 960 MHz 低功率信号），即在 ISM 频段（Industrial Scientific Medical Band）进行通信，在 ISM 频段之外以极低功率进行定位。其中，控制门用于生成门控信号，控制是否反射信号。利用这一方法，虽然 RFID 系统仍然在原有带宽内通信，但却可以利用传输功率极低但带宽极高的定位带宽对标签进行定位。

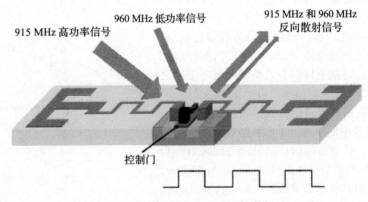

图 4-25　带宽扩充原理示意[24]

（2）非测距 RFID 定位技术

非测距定位是指通过预先收集目标场景的信息，然后将实时获取的目标信息与场景信息进行匹配，基于匹配结果对目标进行位置估计。典型实现方式包括指纹定位法和参考标签法。

其中，指纹定位法与前述 Wi-Fi 位置指纹法基本相同，此处不再赘述；参考标签法常用质心定位算法，其原理如图 4-26 所示，空心圆表示锚节点（例如位置已定的 RFID 阅读器），实心圆表示定位目标（如贴敷电子标签的人或物体）。

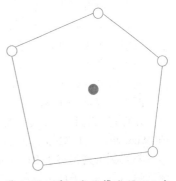

图 4-26　质心定位算法原理示意

质心定位算法是一种基于系统连通性的定位算法，RFID 系统通过在场景空间中布置若干锚节点（如位置已知的阅读器）并周期地向周围发出信号，当位置未知节点（即定位目标）接收到来自不同锚节点的位置信息后，即通过计算锚节点所组成多边形的质心确定自身位置。首先，假设锚节点在相同的时间间隔 T 内只向周围发送一次信标信号，保证未知节点接收多个锚节点发送的信标信号不会相互冲突；然后，在时间 t 内，锚节点 R_i 发送的信标次数为 $N_{\text{sent}}(i, t)$，未知节点接收到锚节点 R_i 发送的信标次数为 $N_{\text{recv}}(i, t)$，则连通度为

$$CM_i = \frac{N_{\text{recv}}(i, t)}{N_{\text{sent}}(i, t)} \times 100 \tag{4-31}$$

为了保证连通度的准确度，一般需要保证锚节点能够发送 S 个信标节点，因此邻居节点采样时间 t 为

$$t = (S + 1 - \varepsilon) \times T(1 \gg \varepsilon > 0) \tag{4-32}$$

未知节点通过解析所接收的信标节点信息，如果其中某些锚节点（$R_{i1}, R_{i2}, \cdots, R_{ik}$）的连通度超过了预定义的阈值，则未知节点的坐标可以近似估计为这些锚节点所构成多边形的质心。即

$$(X_{\text{est}}, Y_{\text{est}}) = \left(\frac{X_{i1} + X_{i2} + \cdots + X_{ik}}{k}, \frac{Y_{i1} + Y_{i2} + \cdots + Y_{ik}}{k} \right) \tag{4-33}$$

由上可知，质心法的定位精度直接取决于锚节点的密度。当锚节点密度较低时，质心法无法满足较高的精度要求；当锚节点密度较高时，节点过多可能导致通信混乱，同样无法保证定位精度。总体而言，质心法虽然定位精度不高，但是实现步骤简单、易操作，一般用于对定位精度要求不高且硬件设备有限的场景。

为了提升定位精度，一种思路是引入参考标签，如 LANDMARC 定位算法[25]。核心思想是建立在 RSSI 之上的质心权重算法，即在锚节点之外进一步部署若干位置已知的参考标签，通过实时获取参考标签的 RSSI 值，消除邻近位置环境因素对参考标签和待测标签信号传播的共同干扰，从而提高定位精度。

2. 基于 RFID 的活动识别技术

正如前文所述的无线感知基本原理，基于 RFID 技术的设备无关活动识别同样是利用人体活动会对 RFID 信号产生影响这一物理现象，即不同活动会对信号产生不同影响，通过提取受影响信号的特征便可识别用户活动。根据感知目标是否贴敷电子标签，可将基于 RFID 的活动识别分为设备相关与设备无关两类。

（1）设备相关活动识别

基于 RFID 的设备相关活动识别是指在活动识别过程中需要为感知目标或者活动相关的

物品贴敷电子标签。前者比如在用户腿部贴敷标签，实现步态感知；后者比如在商品上贴敷标签，实现购物活动感知。

单人活动识别系统 RF-Wear：RF-Wear[26] 是一个利用嵌入在衣物中无源 RFID 标签实现活动识别的系统，其核心思想是将标签组视为一系列天线阵列，通过计算阅读器信号到各个天线阵列的角度，获得人体各个部位之间的夹角，最终重建感知目标整个身体的实时姿势。具体地，RF-Wear 并不计算单个 RFID 标签到阅读器天线阵列的信号到达方向，如图 4-27a 所示，而是计算从一个 RFID 标签阵列到阅读器天线的信号到达方向，如图 4-27b 所示。换言之，计算得到的到达方向只是 RFID 标签阵列相对于阅读器天线的方向。如图 4-27c 所示为 RF-Wear 跟踪用户腿部二维运动的原理：首先，RF-Wear 基于 MUSIC 算法和贴敷在大腿上的标签阵列测量其相对于 RFID 阅读器的信号到达角 θ_1；然后，基于贴敷在小腿上的标签阵列测量到达角 θ_2，进而求得膝盖处角度 $\theta_2-\theta_1$。特别地，上述方法不需要知道 RFID 阅读器的精确位置，因此 RF-Wear 可与用户随身携带（如口袋中）的 RFID 阅读器一起使用。RF-Wear 系统的这一设计非常巧妙，不仅便于日常使用，而且不依赖外界感知设备。实验结果表明，RF-Wear 对一个自由度关节的夹角估计误差为 8～12 度，对两个自由度关节的方位角和仰角估计误差分别为 21 度和 8 度。

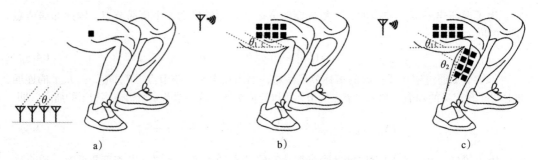

图 4-27   RF-Wear 系统动作识别原理示意

多人定位系统 ShopSense[27]：当多人同时存在于目标感知空间时，不同人员的活动彼此互为干扰信息，对感知系统提出了更高的要求。此处介绍一个基于 RFID 的多人定位系统 ShopSense，其不仅能够实现多人准确定位，而且可以区分不同目标。

ShopSense 系统主要面向超市场景，其核心设计思想是基于人员位置与其购物车位置高度相关这一观察。换言之，通常情况下在超市中购物的人员与其购物车之间的距离非常小甚至彼此重叠。进一步地，ShopSense 将人体在货架上的“投影”与购物车位置进行关联，实现多人区分，如图 4-28 所示。其中，“投影”的计算依赖于货架上贴敷 RFID 标签的商品。由此，ShopSense 将多人定位分解为两个子问题：首先确定购物车位置，然后获取身体“投影”作为人员位置的标记。在此基础上，将每一“投影”与最近的购物车进行匹配，“投影”位置即为正在使用该购物车的人员位置。

ShopSense 系统框架如图 4-29 所示。首先，为了确定购物车位置，提出 Dynamic-Antenna 算法；然后，为了获得人员“投影”，提出 RF-HD 算法；最后，对不同“投影”和购物车进行配对，实现多人定位并为进一步识别购物行为等提供支撑。

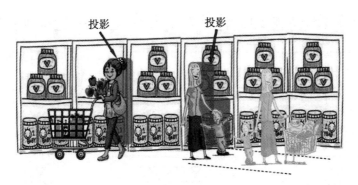

图 4-28　人体在 RFID 标签上"投影"示意

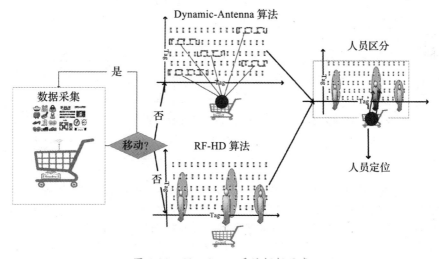

图 4-29　ShopSense 系统框架示意

其中，数据收集模块通过部署在购物车上的 RFID 阅读器连续收集反向散射信号的相位和 RSSI 值；购物车定位模块基于相位信息确定购物车是否停止，如果停止则采用 Dynamic-Antenna 算法估算每个标签的 AoA 进而确定阅读器位置；顾客定位模块根据信号的相位和 RSSI 波动情况，利用 RF-HD 算法识别被遮挡的标签（一般而言发送标签遮挡的地方一定存在购物人员），进而基于被遮挡标签区域区分货架前不同人员的位置；人员区分模块利用人员位置和购物车位置之间的对应关系实现人员区分。实验结果表明，ShopSense 定位购物车的中值误差为 20 cm，定位人员的中值误差为 25 cm。

（2）设备无关活动识别

设备相关活动识别通常会给感知目标带来不便，因此如何实现设备无关的非干预活动识别成为近年无线感知领域的研究热点。本节重点介绍人体活动识别系统 TagFree[28]。

RFID 感知系统一般将多径信号视为无用干扰信息。与之相反，TagFree 将多径信号看作有用信息，并利用其实现细粒度活动识别，工作原理如图 4-30 所示。基于反向散射信号的功率和角度都与目标活动相关，这一实验发现，TagFree 通过分析多径信号从多个标签中收集大量角度信息作为光谱帧,在预处理的基础上提取关键特征,然后利用深度学习发掘活动模式。

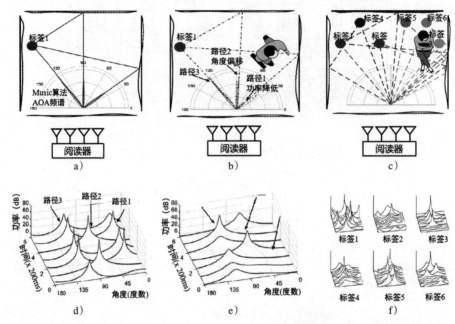

图 4-30　TagFree 工作原理示意

在图 4-30a 中,频谱显示固定标签 1 与阅读器之间存在三条传播路径(分别对应 40 度、90 度和 125 度),以相同角度和功率连续反射信号。如图 4-30b 所示为一种简单情况,即当感知目标出现在 40 度路径时,不仅会导致该路径所对应信号的峰值减小,同样会影响另外两条路径的信号幅度和角度。图 4-30c 进一步展示了当区域中存在多个标签时的情况,可以发现信号传播路径数量随着标签数量的增加而迅速增加,这些丰富的多径信号信息为利用 RFID 标签进行高精度活动识别提供了机会。图 4-30d、图 4-30e、图 4-30f 表明了角位移和功率降低与感知目标的活动高度相关:①在图 4-30d 中,将一个标签沿 125° 方向放置在阅读器附近,在一段时间内可以观察到 3 个幅度的峰值,与“无活动”情况相符。②在图 4-30e 中,将标签放置在同一位置,但是感知目标阻止了信号沿路径 1 的传播(如图 4-30b 所示);可以发现路径 1 的信号峰值出现明显下降,同时路径 2 的角度发生变化。③在图 4-30f 中,在阅读器天线阵列前面放置 6 个标签(如图 4-30c 所示),大量信号相互缠绕,导致难以直观发现其与目标活动之间的关联模式。具体而言,多径信号到达阅读器天线阵列的角度会随着目标的活动而持续剧烈变化,而且每个单独的频谱只能构成目标活动的一小部分,即不完整信息。为了实现利用多径信号到达角进行活动识别的目的,需要充分利用不同频谱之间的互补信息。因此,TagFree 采用带有长短期记忆单元的递归神经网络捕捉大量频谱序列中蕴含的变化模式,最终实现高精度活动识别。

4.4　总结与展望

除了本章介绍的 Wi-Fi 感知和 RFID 感知,目前该领域关注较多的无线感知方式还包括毫米波感知[⊖]、超声波感知[⊜]等，其工作原理和关键技术基本相近，因此不再赘述。本节重点介绍不同无线感知方式的主要差别，以及本领域面临的挑战和未来发展趋势。

4.4.1　常见无线感知方式对比

本节主要从感知精度、感知范围、多目标支持、系统成本、适用场景等方面对 Wi-Fi 感知、RFID 感知、毫米波感知 [29]、超声波感知 [30] 等进行对比分析，如表 4-1 所示。

表 4-1　不同无线感知方式对比

感知方式	感知精度	感知范围	多目标支持	系统成本	适用场景
Wi-Fi（2.4 GHz）	厘米级	>10m	差	低	居家、办公等
RFID（900 MHz）	厘米级	<10m	差	低	商店、仓库等
毫米波（77 GHz）	亚毫米级	>100m	优	高	交通、制造等
超声波（48 kHz）	亚厘米级	<10m	差	低	居家、交通等

感知精度方面，根据本章所述无线感知基本原理可知，不同无线感知方式的差别很大程度上取决于相应感知设备的特性，主要包括信号收发设备的天线数量（影响信号到达角度等参数估计精度）、工作频段和频带宽度（影响信号传播时间等参数估计精度）。普通商用 Wi-Fi设备一般具有 2～3 根天线，可用频带宽度为 20 MHz（2.4GHz 频段），可支持厘米级位移感知；RFID 系统具有不同工作频段，以 900 MHz 超高频为例，工作带宽约 5～20 MHz，阅读器天线数量为 1～4 根，配合一定数量的标签可支持厘米级感知；77GHz 频段的毫米波雷达具有更大带宽（5 GHz，即 76～81 GHz）和更多天线（一般为 2 发 4 收或者 4 发 6 收），因此可以提供毫米级甚至亚毫米级的感知精度；相比上述三种电磁信号，普通音频收发设备能够支持的信号采样率一般较低（如 48 kHz），但由于声波传播速度远小于电磁波，因此可以实现亚厘米级感知。

感知范围方面，由于受到设备功率、目标大小等因素的影响，本文不给出准确的估计，如表 4-1 所示为相关文献提及无线感知系统的有效感知范围。其中，配备天线阵列的毫米波雷达可以支持 100 米以上的感知范围，最高可达 300 米左右，而且不易受到雨、雪、雾、灰尘等环境条件影响。与之相比，其他三种感知方式的工作范围较小，一般在 10 米左右。

多目标支持方面，毫米波雷达由于具有更大带宽和更多天线，配合以信号处理技术可以有效支持多目标感知。与之相比，其他三种感知方式由于工作带宽等因素的制约，多目标感知能力较弱。为了支持多目标感知，Wi-Fi 感知系统和超声感知系统一般采用多设备协同的方式，即一发多收或多发多收；RFID 感知系统则可以采用多阅读器协同或密集部署标签等方式。

⊖　毫米波一般指波长为毫米量级的电磁波（频率范围为 26.5～300 GHz）。相比 Wi-Fi 信号，其波长较　　短且带宽较高，因而具有更高的感知精度。

⊜　人耳可以听到的声波频率一般在 20 Hz 至 20 kHz 之间，低于 20 Hz 称为次声波，高于 20 kHz 称为超　　声波。由于声波传播速度远小于电磁波，因此超声波相比 Wi-Fi 具有更高的感知精度，但是感知范围　　较小（机械波更易衰减）。

系统成本方面，目前商用的普通 Wi-Fi 收发设备、RFID 阅读器、超声波收发设备的价格相对较低，一般在 500 元以下；毫米波雷达的价格相对较高，单价一般在数千元到上万元之间。

适用场景方面，不同无线感知方式同样存在一些差异。Wi-Fi 感知目前主要应用于室内场景的用户行为感知，如智能家居、智慧办公等；RFID 感知主要用于存在大量贴敷电子标签物品的场景，如商店、仓库等；毫米波雷达由于其感知能力方面的优势，适用场景相对较多，目前主要应用集中在自动驾驶、智能制造等领域；超声波雷达具有波长短、穿透能力强等特点，除了和毫米波雷达配合应用于自动驾驶外，同样广泛应用于产品检测、智慧家电等方面。

4.4.2　无线感知研究挑战和发展趋势

1.高鲁棒无线感知

鲁棒性是感知系统的共性需求和关键问题，对无线感知系统尤其如此。正如摄像头在不同位置和朝向对同一目标进行拍照会得到不同的观察一样，无线回波信号蕴含的行为感知数据同样具有场景依赖性。因此，无线感知性能往往由于场景的改变而显著下降。具体来说，感知目标在不同场景（位置改变、朝向改变等[31]）下完成同样活动所对应的信号变化模式往往存在差异，而完成不同活动时所对应的信号变化模式却可能相似。换言之，场景依赖性会导致无线信号变化模式与目标活动之间不再存在一一对应关系。因此，如何提升无线感知系统的场景适应能力，以实现更加鲁棒的目标感知是领域面临的研究挑战和未来发展趋势之一。

2.多目标无线感知

如表 4-1 所示，由于工作带宽、天线数量等因素的制约，多数现有无线感知系统只能支持单一目标感知。在多目标场景下，新增目标数量、目标与目标 / 目标与设备间相互位置等不确定因素，感知场景与行为感知数据之间的耦合关系更加复杂，同时不同目标对信号的作用彼此混叠且互为干扰信息，导致无线感知的难度急剧上升。因此，如何基于相对受限的感知资源有效分离多目标共同作用下的复合回波信号，以更好支持多目标感知是领域面临的另一研究挑战和未来发展趋势。

3.可扩展无线感知

为了实现高鲁棒或多目标感知，一种可行思路是基于协同感知构建由多个节点组成的无线感知系统，通过多节点能力互补提升感知性能。然而，节点数量的增加不只会带来感知能力的提升，同样会导致系统复杂性上升、可用性下降，特别是当存在感知节点动态加入或离开现象时。此外，随着万物互联时代的到来，在同一场景下或系统中同时存在多种无线感知设备将成为现实（如自动驾驶汽车同时装备毫米波雷达、超声波雷达等）。因此，如何有机协同多节点、多模态无线感知资源，通过灵活动态组网实现易扩展的智能无线感知是该领域面临的一大研究挑战[32]。

4.5 习题

1. 请简述无线感知的基本原理。
2. 无线感知的理论模型有哪些？各自的基本思想是什么？
3. 基于 Wi-Fi 的室内定位方法有哪些？各自的原理是什么？
4. 基于 Wi-Fi 感知能否实现多人呼吸检测？请谈谈你的看法和思路。
5. RFID 系统的基本组成是什么？阅读器和标签各自扮演怎样的角色？
6. 基于 RFID 的定位技术有哪些？各自的基本思想是什么？
7. 设备相关和设备无关无线感知的区别是什么？请结合典型 RFID 感知系统谈谈你的认识。
8. 结合无线感知技术，畅想一下未来智能家居系统将具有怎样的功能？如何利用本章所学知识设计这样的系统？

参考文献

[1] WOYACH K, PUCCINELLI D, HAENGGI M. Sensorless Sensing in Wireless Networks: Implementation and Measurements[J]. Proc of the 2nd International Workshop on Wireless Network Measurements and Experimentation (WiNMee'06), 2006.

[2] YOUSSEF M, MAH M, AGRAWALA A. Challenges: Device-free passive localization for wireless environments[J]. Proc of the 13th Annual International Conference on Mobile Computing and Networking (MobiCom'07), 2007.

[3] ZHANG D, WANG H, WU D. Toward Centimeter-Scale Human Activity Sensing with Wi-Fi Signals[J]. IEEE Computer, 2017, 50(1): 48-57.

[4] 杨铮, 郑月, 吴陈沭. AIoT 时代的智能无线感知：特征、算法、数据集[J]. 中国计算机学会通讯, 2020, 16(2): 50-56.

[5] HALPERIN D, HU W, SHETH A, et al. Tool release: Gathering 802.11n traces with channel state information[J]. ACM SIGCOMM CCR, 2011, 41(1): 53.

[6] WANG Z, GUO B, YU Z, et al. Wi-Fi CSI-based behavior recognition: From signals and actions to activities[J]. IEEE Communications Magazine, 2018, 56 (5): 109-115.

[7] WANG H, ZHANG D, MA J, et al. Human respiration detection with commodity WiFi devices: Do user location and body orientation matter[C]//Proc of the ACM International Joint Conference on Pervasive and Ubiquitous Computing (UbiComp'16). 2016.

[8] LIU X, CAO J, TANG S, et al. Contactless Respiration Monitoring Via Off-the-Shelf WiFi Devices[J]. IEEE Transactions on Mobile Computing, 2016, 15(10): 2466-2479.

[9] KOTARU M, JOSHI K, BHARADIA D, et al. SpotFi: Decimeter Level Localization Using WiFi[C]//Proc of the ACM Conference on Special Interest Group on Data Communication (SIGCOMM'15). 2015: 269-282.

[10] ABDELNASSER H, HARRAS K A, YOUSSEF M. UbiBreathe: A Ubiquitous Non-Invasive WiFi-based Breathing Estimator[C]//Proc of the 16th ACM International Symposium on Mobile Ad Hoc Networking and Computing (MobiHoc'15). 2015: 277-286.

[11] WANG W, LIU A X, SHAHZAD M. Gait recognition using Wi-Fi signals[C]//Proc of the ACM International Joint Conference on Pervasive and Ubiquitous Computing (UbiComp'16). 2016.

[12] ZENG Y, WU D, XIONG J, et al. FarSense: Pushing the Range Limit of WiFi-based Respiration Sensing with CSI Ratio of Two Antennas[J]. Proc ACM Interact. Mob. Wearable Ubiquitous Technol, 2019, 3(3): 26.

[13] WANG P, GUO B, XIN T, et al. TinySense: Multi-User Respiration Detection Using Wi-Fi CSI Signals[C]//Proc of the 19th IEEE International Conference on e-Health Networking, Applications and Services (HealthCom'17). 2017: 1-6.

[14] XIE Y, LI Z, LI M. Precise Power Delay Profiling with Commodity Wi-Fi[J]. IEEE Transactions on Mobile Computing, 2019, 18(6): 1342-1355.

[15] VASISHT D, KUMAR S, KATABI D. Decimeter-level Localization with a Single WiFi Access Point[C]// Proc of the 13th USENIX Conference on Networked Systems Design and Implementation (NSDI'16). 2016: 165-178.

[16] YIU S, DASHTI M, CLAUSSEN H, et al. Wireless RSSI fingerprinting localization[J]. Signal Processing, 2017, 131: 235-255.

[17] 李晟洁, 李翔, 张越, 等. 基于 Wi-Fi 信道状态信息的行走识别与行走参数估计 [J]. 软件学报, 2021, 32(10): 3122-3138.

[18] XIN T, GUO B, WANG Z, et al. FreeSense: A Robust Approach for Indoor Human Detection Using Wi-Fi Signals[J]. Proc ACM Interact 2018: 23.

[19] LI X, LI S, ZHANG D, et al. Dynamic-MUSIC: accurate device-free indoor localization[C]// In Proceedings of the 2016 ACM International Joint Conference on Pervasive and Ubiquitous Computing (UbiComp'16). NY: Association for Computing Machinery, 2016: 196-207.

[20] WANG W, LIU A X, SHAHZAD M, et al. Understanding and Modeling of WiFi Signal Based Human Activity Recognition[C]//In Proceedings of the 21st Annual International Conference on Mobile Computing and Networking (MobiCom'15). NY: Association for Computing Machinery, 2015: 65-76.

[21] LI H, YANG W, WANG J, et al. WiFinger: talk to your smart devices with finger-grained gesture[C]//In Proceedings of the 2016 ACM International Joint Conference on Pervasive and Ubiquitous Computing (UbiComp'16). NY: Association for Computing Machinery, 2016: 250-261.

[22] 王楚豫, 谢磊, 赵彦超, 等. 基于 RFID 的无源感知机制研究综述 [J]. 软件学报, 2022, 33(1): 297-323.

[23] 肖竹, 王东, 李仁发, 等. 物联网定位与位置感知研究 [J]. 中国科学: 信息科学, 2013, 43(10): 1265-1287.

[24] MA Y, SELBY N, ADIB F. Minding the Billions: Ultra-wideband Localization for Deployed RFID Tags[C]//In Proceedings of the 23rd Annual International Conference on Mobile Computing and Networking (MobiCom'17). NY: Association for Computing Machinery, 2017: 248-260.

[25] NI L M, LIU Y, LAU Y C, et al. LANDMARC: Indoor Location Sensing using Active RFID[C]// Proceedings of the First IEEE International Conference on Pervasive Computing and

Communications. 2003: 407-415.

[26]　JIN H, YANG Z, KUMAR S, et al. Towards Wearable Everyday Body-Frame Tracking using Passive RFIDs[J]. Proc ACM Interact, 2017: 23.

[27]　WANG P, GUO B, WANG Z , et al. ShopSense:Customer Localization in Multi-Person Scenario With Passive RFID Tags[J]. IEEE Transactions on Mobile Computing, 2022, 21(5): 1812-1828.

[28]　Fan X, GONG W, LIU J. TagFree Activity Identification with RFIDs[J]. Proc ACM Interact, 2018: 23.

[29]　WEI T, ZHANG X. mtrack: High-precision passive tracking using millimeter wave radios[C]//in Proceedings of the 21st Annual International Conference on Mobile Computing and Networking. ACM, 2015: 117-129.

[30]　XU W, YU Z W, WANG Z, et al. AcousticID: Gait-based Human Identification Using Acoustic Signal[J]. Proc. ACM Interact, 2019: 25.

[31]　WANG X, NIU K, XIONG J, et al. Placement Matters: Understanding the Effects of Device Placement for WiFi Sensing[J]. Proc ACM Interact, 2022: 25.

[32]　ZHANG J A, WU K, HUANG X, et al. Integration of Radar Sensing into Communications with Asynchronous Transceivers[J]. IEEE Communications Magazine, DOI: 10.1109/MCOM. 003.2200096.

CHAPTER 5

第 5 章

群 智 感 知

    群智感知以大量普通用户的智能设备作为基本感知单元,利用用户的广泛分布性、灵活移动性和机会连接性进行感知。与基于传统传感器网络的感知方式不同,群智感知强调利用群体的行为、知识和能力完成大规模复杂的感知任务,旨在为城市及社会管理提供智能辅助支持。

    本章首先从群智感知基本概念出发,介绍群智感知定义及其系统框架。任务分配是群智感知中必不可少的模块,用来选择参与者完成感知任务,本章接下来定义任务分配模型,并介绍典型的任务分配方法及其如何有效协调参与者执行复杂感知任务。借助群体力量虽然可以获取大规模感知数据,但同时会带来数据冗余的问题,本章进一步介绍群智感知中的数据优选模块,通过数据选择机制、数据质量评估标准以及冗余数据优选方法来提高感知数据集的质量。最后,本章介绍群智感知激励机制,通过适当激励方式鼓励和刺激参与者参与到感知任务中,提高任务完成率。

5.1 群智感知基本概念

    感知物理空间中的各类数据(如环境数据、设备数据等)是物联网领域中的一个基本任务。基于传感器采集到的感知数据,通过相关的数据分析和处理技术,不同的物联网系统可提供相应的服务,如目标识别、智能决策、预测预警等。传感器网络是一种获取感知数据的常用方式,其利用特定区域部署的专业传感器设备(如温度、流量、激光雷达等)采集数据。与传统传感网络依赖固定部署的感知设备不同,群智感知作为一种新的感知方式,通过大量普通用户所携带的感知设备(如智能手机、可穿戴设备等)收集数据(如图片、文本、位置等),以解决传感器网络存在的覆盖范围受限、设备位置固定、部署成本高、维护难等问题。

5.1.1　群智感知定义

首先给出群智感知的一般性定义：群智感知将普通用户所携带的移动设备作为基本感知单元，通过移动互联网进行有意识或无意识的协作，利用参与者的广泛分布性、灵活移动性和即时连接性，实现感知任务分发与感知数据收集，进而完成大规模、复杂的社会感知任务[1]。

群智感知是一种分布式、移动的、自主参与的服务模式，主要包含三个主体：任务发布者、感知平台和参与者，如图 5-1 所示。**任务发布者**通过感知平台发布任务，**感知平台**通过任务分配算法将任务按照一定的规律分配给任务参与者，**任务参与者**通过移动传感器收集相关的感知数据并上传到服务器，服务器可以对这些感知数据进行分析处理，得到任务发布者所需要的感知结果。

- **任务发布者**：当任务发布者需要一些感知数据，他们会把相应的任务要求以及收集数据的预算发送给感知平台，这些要求一般包括感知数据的类型、精度、粒度、时间和数量等。
- **参与者（或工作者）**：参与者根据任务需求，通过内嵌多种传感器的智能移动设备，随时随地感知并获取城市中的多种信息，如温度、湿度、噪声、交通状况等，参与者将这些数据信息上传到群智感知平台。
- **感知平台**：任务发布者与参与者之间的连通枢纽。感知平台招募任务实际需要的参与者去收集数据，并且根据一定的方案给参与者回报，参与者把数据传给感知平台。

图 5-1　群智感知主体

"以人为中心"的群智感知作为一种易于实现、快速便捷的感知方式，被广泛应用到多种场景中收集感知数据[2]。依据用户参与感知任务的方式，群智感知可分为机会式感知和参与式感知两种方式，如图 5-2 所示。

- **机会式感知**：用户无意识地完成感知任务的被动式感知，利用遍布在城市各个角落的感知设备，如移动基站、刷卡闸机、Wi-Fi 等，通过直接或间接方式采集并分析用户的行为数据。例如，通过用户智能手机与通信基站的连接情况，机会式感知可获取不同区域的人数信息。

- **参与式感知**：用户专门完成感知任务的主动式感知，强调用户出于个人爱好、经济、兴趣等原因有意识地主动响应感知需求，利用移动设备等采集、分析和分享本地感知信息。例如，通过招募参与者并要求其在给定的时间和地点拍摄和上传公共设施照片，参与式感知可获取相应设施的破损信息。

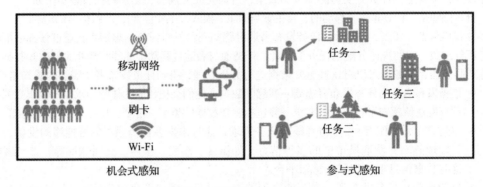

图 5-2　群智协作方式示意图

　　机会式感知和参与式感知各有优势，互为补充。机会式感知主要通过收集用户无意识贡献的数据来完成感知任务，数据收集成本较低，且对用户的干扰较小。但在很多情况下，用户间接提供的数据难以满足特定任务的需求。针对一些不常被大众关注的感知目标，必须通过参与式感知方式才能获得所需数据。虽然通过用户主动参与的方式可以获取更加多样和精确的数据，但参与式感知容易受用户主观意识干扰。

　　下面以参与式感知方式为例来说明群智感知平台上的数据收集过程，如图 5-3 所示。其中任务发布者也称为数据需求者，完成数据采集任务的用户为参与者（或工作者）。群智感知平台上的参与式感知方式主要包括四个阶段：**发布任务**、**执行任务**、**数据汇聚**和**结果移交**。

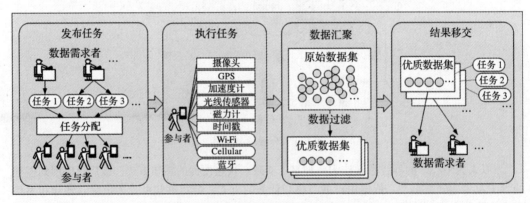

图 5-3　参与式群智感知数据收集过程

- **发布任务**：数据需求者在平台上发布任务，任务可以描述为 4W1H，即何时（When）、何地（Where）、以何种方式（How）、针对哪个感知目标（What）采集数据，哪些数据（Which）应该被上传。任务分配方式包括用户认领和系统推送。用户认领指参与者从平台上浏览或检索任务，并主动注册成为某任务的参与者。系统推送指平台根据任务对时空和感知能力的限制，从所有参与者中寻找合适的人选，并推送任务。无论采用哪种任务分配方式，当参与者接受任务后，即成为该任务的一名参与者。

- **执行任务**：参与者按照任务要求，到达指定地点完成相关数据采集。对于实时感知任务，参与者必须立即上传数据；如果是非实时感知任务，则参与者允许在任务截止时间之前选择经济的通信方式上传数据。
- **数据汇聚**：受分布式感知方式影响，群智感知原始数据集存在大量冗余（即低质或重复）数据。在数据汇聚阶段，平台根据任务要求对数据进行过滤和优选，挑选出满足任务要求的高质量数据集。
- **结果移交**：数据需求者可在任务结束前或结束后从平台下载数据汇聚结果。多数群智感知任务很难在一开始就准确定义任务的数据采集约束，所以平台允许数据需求者在任务结束前看到数据汇聚结果，使数据需求者有机会在任务结束前调整任务要求。

5.1.2　群智感知体系架构

典型的群智感知系统由以"人＋移动设备"组成的数据感知层、网络传输层以及群智应用层组成，其通用的体系架构如图 5-4 所示。群智感知系统的服务模式大多是基于端 – 云网络的集中式计算，其优点是体系架构简单直接，易于部署。

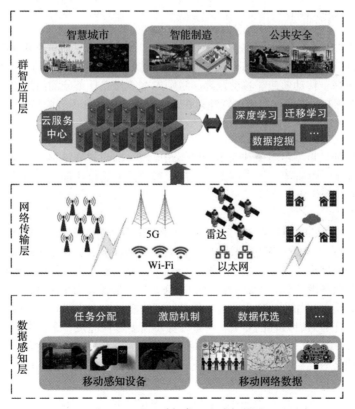

图 5-4　通用群智感知体系架构图

- **数据感知层**：该层主要负责感知数据的采集，在群智感知系统中，感知平台考虑任务分配、激励机制、数据隐私等因素招募参与者，参与者利用其携带的移动设备采集感知数据。该层采集数据主要包括以移动手机、可穿戴设备为主的移动感知设备感知数据，以及通过移动社交网络作为感知源收集情境感知、位置签到等相关数据。
- **网络传输层**：该层通过多种移动网络技术传输感知数据，包括机会网络（如蓝牙、Wi-Fi）和基于基础设施的网络（如4G/5G）等。群智感知网络应该使数据上传对参与者透明，并且能够包容不可避免的网络中断。
- **群智应用层**：该层主要包括各类由群智大数据驱动的可视化应用和服务，如社会情境感知、城市感知、环境污染监测等，并允许用户通过移动群智系统发布相关应用任务。

5.2　群智感知任务分配

群智感知任务分配是指根据感知任务对参与者感知能力和人数的需求，从多个具有感知能力的用户中选择合适的参与者，并有效协调各个参与者完成复杂的感知任务。感知任务分配对于数据采集的全面性、任务完成率和数据采集质量等都具有重要影响。

5.2.1　任务分配模型

群智感知中的任务分配主要包含三个要素：感知任务、参与者和任务分配。群智感知任务具有需求多样、多点并发、动态变化等特征，因此，需要根据任务的时空特征、技能需求及用户的个人偏好、移动轨迹、移动距离、激励成本等建立任务分配的优化模型。本节首先介绍群智感知中感知任务和参与者的特性，在此基础上，引入任务分配的优化模型。

1. 感知任务

群智感知任务是指可由多个独立用户协作完成的一系列物理过程，如环境监测、人群交互等。一般情况下，可基于多个不同方面对群智感知任务进行建模，包括任务类型、时空情境、任务完成方式和任务定价等。

（1）任务类型

基于物理空间中的时间信息和空间信息，可将感知任务类型分为以下几种。

根据时间信息，感知任务可被分为紧急任务和一般任务，如图5-5所示。对于一些需要在一段较短时间内完成的任务（紧急任务），感知平台要求参与者尽快移动到任务地点完成感知任务以及时获取有用的信息（如一小时内）。例如当一场暴风雨来临时，很多相关任务会在短时间内被发布出来，如收集积水街道的信息、观测重要路口交通状况、报告交通事故信息等。不同于紧急任务对时效性的要求，一般任务不需要尽快完成，参与者可在未来一段较长时间内完成（如一周内）。这类任务大多针对稳定的、变化缓慢的感知对象，如对某个区域内的植物进行拍照来研究植物生长与气候变化之间的关系，收集一个商业街最近的打折销售信息等。

图 5-5　感知任务类型：紧急任务和一般任务

根据**空间信息**，感知任务可被分**点任务**、**区域任务**和**复杂任务**，如图 5-6 所示。点任务是指位置明确的任务，如收集某个十字路口的人流量情况，需要在给定的具体位置完成感知任务。不同于点任务中的精确位置，区域任务是指可在一个区域范围内完成的感知任务，不局限于具体的位置，如测量一个城市 / 县城的空气质量。点任务和区域任务主要针对一些简单任务，每个参与者只需要执行相同的操作即可完成感知任务。然而，一些复杂任务包括多个不同的子任务，即一个复杂任务可以根据不同的要求被分割成多个不同的子任务以选择具有不同感知能力的参与者协作完成。例如，对于一个要获取某个大型建筑物全方位图的感知任务来说，可将其分为多个不同的子任务，一个子任务可以是俯视拍全景图，另一个子任务可以是从不同角度拍局部近景图。

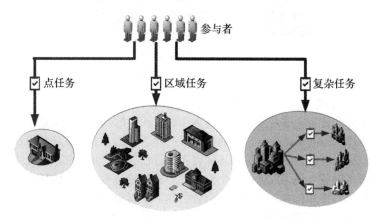

图 5-6　感知任务类型：点任务、区域任务和复杂任务

根据时间信息和空间信息（**时空信息**），感知任务可被分为**静态任务**和**动态任务**。静态任务的空间信息由固定的位置组成，即任务的位置不会随着时间变化，如空气质量监控、噪声

情况检测等。而动态任务的空间信息包括一系列随时间变化的位置信息，如共享乘车、车辆追踪等。

（2）时空情境

时空情境是群智感知任务的一个重要因素，影响参与者完成任务的情况，如图 5-7 所示。任务发布者在感知平台上发布感知任务时需要提供任务的时间信息和空间信息，基于感知任务的时间和空间信息，参与者可以在给定的时间和地点准确地执行感知任务，如监控某段时间某条道路的交通情况或共享乘车的用户位置。

点位置和区域位置一般被用于描述感知任务的空间信息，点位置是指参与者需要在某个精确的位置执行任务，区域位置是指参与者只需在给定的范围内执行任务，如记录车站的乘车人数和测量某个城市的空气质量等。任务的时间信息主要是指完成任务的起始时间和结束时间，如某感知任务必须在一个时间段内完成。

图 5-7　感知任务时空情境

（3）任务完成方式

感知任务主要的任务完成方式包括通过多个相互独立的参与者完成的**个体任务**、基于一个相互协作的团体执行的**团体任务**以及通过共享一些服务的方式完成的**共享任务**。对于个体任务来说，每个参与者可以利用自身的感知设备执行任务和收集感知信息，不需要协作其他参与者。对于团体任务来说，团体中每个参与者的感知能力不同，因此不同参与者需要相互合作完成一个复杂的感知任务，即不同参与者会在一定程度上影响其他参与者。对于共享任务来说，多个任务可以通过同样的参与者来完成，如共享乘车中多个乘客共享同一辆车。

（4）任务定价

由于群智感知任务的开放性，一些潜在的因素会影响参与者完成任务的积极性，如参与者设备的能源消耗、通信费用消耗等。为了提高用户参与任务的积极性，需要在任务分配中考虑任务的定价，通过一定的奖励方式补偿参与者的消耗和损失，如可利用任务规模、热度、难易程度等属性来计算任务价值，以向需求者和参与者提供客观的参考依据。

2. 参与者

携带智能设备的用户主动或被动地在激励作用下完成感知平台中发布的任务。由于不同用户的感知能力不同，为了选择合适的参与者完成不同的任务，需要在任务分配过程中考虑参与者的多个重要属性，包括时空属性、用户技能、用户偏好和用户信用等。基于这些属性可对参与者进行更为精确和完整的刻画和表示，为选择最合适的参与者提供支持。

（1）时空属性

参与者的时空属性是指用户所处情境的时间信息和空间信息，根据这些信息可选择合适的参与者以有效地完成群智感知平台中的任务。对于时间信息，平台需要确认参与者的可用时间，如上班族只能在下班后完成群智感知平台任务。对于空间信息，可以通过定位技术获取，包括室内定位和室外定位技术，用于标识当前位置。用户的空间信息不仅包含当前位置，同时包含用户的移动轨迹。通过研究用户的历史运动模式，可以挖掘和获取更多信息以进行有效的任务分配，如未来运动的路径、兴趣点等。

（2）用户技能

参与感知任务的用户技能对应于特定技能领域的知识，比如翻译任务中参与用户的翻译水平、平台开发中用户的编码能力、拍照任务中用户的摄像水平等。用户的技能可以用连续量表（例如量表 $[0, 1]$）进行量化，以表明工作人员对某个主题的专业水平。例如，技能的值为 0 表示该用户在相应领域中没有专门知识，只有技能水平不低于任务最低知识要求的用户才有机会完成任务。

（3）用户偏好

在群智感知平台中，用户对完成任务的偏好通常体现在三个方面：任务类型、位置和时间。对于任务类型来说，一些用户愿意执行正常的任务而没有额外的移动负担，但是一些用户倾向于完成紧急任务以获得更多激励；对于位置和时间来说，不同的人在相应的时间有各种喜欢的地方。例如，年轻人可能更喜欢晚上在购物中心获取信息，而老年人可能更愿意早晨在公园里执行任务。

（4）用户信用

用户信用反映了用户正确完成任务的可能性。由于设备、时间、地点等因素的影响，平台无法保证每个参与者都可以有效地完成感知任务。从参与者完成任务的质量方面考虑，可通过参与者的信任度来评估执行任务的质量，如信誉值高的用户完成任务的质量较高。通常，可以基于完成不同任务类型的历史数据来计算用户的信用度。例如，参与者已经完成了 10 次任务，其中八次任务能按时完成。因此，可以得出结论，参与者具有按时完成任务的概率为 80%，信任值为 0.8。

3. 分配模型

面向群智感知的任务分配是以物理空间位置为基础，选择一组合适的参与者完成多个感知任务，同时满足一定的约束条件，如时间限制（任务须在指定时间内完成）、空间位置限制、预算限制、操作复杂性、任务数量、参与者人数、用户偏好等，如图 5-8 所示。

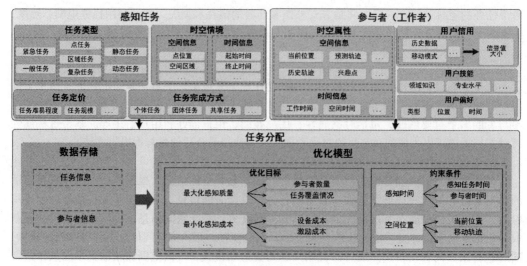

图 5-8　任务分配模型

已知需要分配的群智感知任务集合 $T = \{t_1, t_2, t_3\cdots\}$，可以完成任务的参与者集合 $U = \{u_1, u_2, u_3\cdots\}$。感知任务是群智感知的核心要素之一，在群智感知系统中，由于各个任务的需求不同，每个感知任务的形式也各异。基于任务属性，可将每个感知任务定义为 $t_i = \{type_i,$ $comtext_i, completion_i, price_i\cdots\}$，其中属性包括任务类型、时空情境、任务完成方式和任务定价等。同样的，将每个参与者定义为 $u_j = \{context_j, skill_j, preference_j, trust_j\cdots\}$，其中参与者的属性分别表示时空属性、用户技能、用户偏好和用户信用。需要注意的是，任务和参与者的属性不局限于本节提到的属性，根据不同的情景可分别定义需要的合适属性。

任务分配的优化模型的定义：通过某种任务分配方式，在满足约束条件集 $C(x)$ 的情况下，达到感知平台或参与者的目标函数 $F(x)$ 最大化或最小化。

任务分配模型中往往涉及多个不同的优化目标，例如，在保证任务质量的前提下，通过最小化任务参与者的数量，可以有效节省群智感知的数据采集成本；在给定用户激励成本的约束下，最大化移动群智感知的时空覆盖率，可以有效改善群智感知任务的完成质量；在给定需要完成的任务总量前提下，通过最小化参与者完成任务移动的总距离，可以降低群智感知数据采集的用户成本等。因此任务分配问题可定义为**单目标优化问题**或者**多目标优化问题**。某些任务分配需要满足给定的约束条件，如每个任务至少由几个参与者完成、任务的覆盖率大于某个阈值等。其中，x_{ij} 表示参与者 u_j 完成任务 t_i 的情况，如 "1" 代表参与者 u_j 完成任务 t_i，而 "0" 表示参与者 u_j 不执行任务 t_i。则群智感知任务分配问题简单的形式化可表示为

目标函数：

$$\max / \min\{f_1(x_{ij}), f_2(x_{ij})\cdots\} \qquad (5\text{-}1)$$

约束条件：

$$C: \{c_1(x_{ij}), c_2(x_{ij})\cdots\} \qquad (5\text{-}2)$$

以紧急任务和一般任务为例，本节针对这两类任务介绍两种通用的任务分配模型，其应用场景如图 5-9 所示。

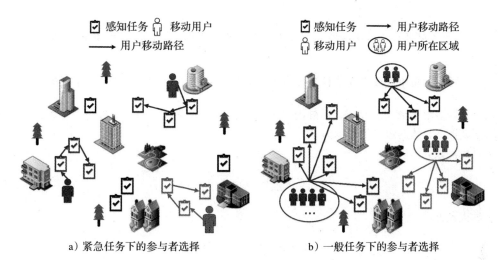

a）紧急任务下的参与者选择   b）一般任务下的参与者选择

图 5-9　任务分配的应用场景

紧急任务分配：已知移动群智感知平台上有 m 个参与者，参与者集合表示为 $U = \{u_1, u_2, \cdots,$ $u_i, \cdots, u_m\}$。同时，有 n 个感知任务需要完成，任务集合为 $T = \{t_1, t_2, \cdots, t_j, \cdots, t_n\}$。由于任务的紧急性，为了尽可能完成多个任务，平台要求每个参与者完成 q 个任务。用 $TU_i\{t_{i1}, t_{i2}\cdots\}$ 表示参与者 u_i 完成的任务集合，$D(TU_i)$ 为参与者 u_i 完成任务集合 TU_i 的总移动距离。同时，为了避免获得冗余的数据，每个任务 t_j 最多由 p_j 用户完成。其中 $UT_j = \{u_{j1}, u_{j2}\cdots\}$ 表示完成任务 t_j 的参与者集合。

紧急任务分配模型优化目标是：最大化完成任务的个数以提高任务完成率，由于任务的紧急性，需要最小化参与者完成任务所移动的总距离以减少完成任务的时间。同时需要满足两个约束条件：$|TU_i| = q$ 表示参与者 u_i 只能完成 q 个任务，$|UT_j| \leqslant p_j$ 表示任务 t_j 最多由 p_j 参与者完成。具体的形式化表示为

目标函数：

$$\max \sum_{i=1}^{m} |TU_i|, \quad \min \sum_{i=1}^{m} D(TU_i) \qquad (5\text{-}3)$$

约束条件：

$$|TU_i| = q(1 \leqslant i \leqslant m), \ |UT_j| \leqslant p_j(1 \leqslant j \leqslant n) \qquad (5\text{-}4)$$

一般任务分配：已知移动群智感知平台上的参与者所注册的区域集合为 $A = \{A_1, A_2, \cdots, A_i, \cdots,$ $A_m\}$，每个区域中有多个参与者 $A_i = \{u_1, u_2, u_3\cdots\}$。任务发布者在平台上发布了 n 个任务，$T =$ $\{t_1, t_2, \cdots, t_j, \cdots, t_n\}$，每个任务需要 p_j 个参与者完成。用 D_{ij} 代表区域 A_i 中的参与者与任务 t_j 之间的距离，C_i 表示区域中每个参与者的激励成本，假设参与者的激励成本与参与者所在区域的参与者数目成反比。另外，用 x_{ij} 表示区域 A_i 中完成任务 t_j 的参与者个数。

一般任务分配模型的优化目标是：最小化参与者的激励成本，其中 $\sum_{i=1}^{m} C_i \times \sum_{j=1}^{n} x_{ij}$ 表示参与者完成任务的总激励成本，同时，最小化参与者完成任务所移动的总距离以减少参与者

的负担，$\sum_{i=1}^{m}\sum_{j=1}^{n}D_{ij}\times x_{ij}$ 表示参与者完成任务的总的移动距离。另外，需要满足三个约束条件：

$\sum_{j=1}^{n}x_{ij}\leqslant|A_i|$ 表示每个区域中完成任务的参与者人数不能超过目前现有的总人数，$\sum_{i=1}^{m}x_{ij}=p_j$ 表示任务 t_j 最多由 p_j 参与者完成，另外由于 x_{ij} 表示区域 A_i 中完成任务 t_j 的参与者个数，所以必须为正整数。具体的形式化表示为

目标函数：

$$\min\sum_{i=1}^{m}C_i\times\sum_{j=1}^{n}x_{ij},\ \min\sum_{i=1}^{m}\sum_{j=1}^{n}D_{ij}\times x_{ij} \tag{5-5}$$

约束条件：

$$\sum_{j=1}^{n}x_{ij}\leqslant|A_i|(1\leqslant i\leqslant m),\ \sum_{i=1}^{m}x_{ij}=p_j(1\leqslant j\leqslant n),\ x_{ij}\in Z^n \tag{5-6}$$

5.2.2　任务分配方法

基于感知任务的不同需求，本节将群智感知中的任务分配方法分为四种类型，包括单任务分配、多任务分配、低成本任务分配和高质量任务分配。

1. 单任务分配

单任务分配选择一部分最优的参与者集合完成一个给定的感知任务，同时满足优化目标和约束条件，包括优化能源的消耗、降低激励成本、提高感知质量等。例如，感知平台选择多个参与者收集城市中某些道路的交通状况，那么这些参与者需要在特定的时间和位置收集相关的数据信息。根据参与者的移动模式和任务的完成时间，可将单任务分配方法分为以下几个方面。

（1）有意识/无意识移动

机会式感知主要通过参与者在日常移动轨迹中顺便完成一些感知任务，也称**无意识移动完成任务**。而参与式感知要求参与者有意识地前往特定的任务位置完成感知任务，也称**有意识移动完成任务**，如图 5-10 所示。

对于**无意识移动**来说，通常需要挖掘用户的历史移动轨迹以获取用户的日常移动模式，在此基础上选择合适的任务参与者以确保任务分配的高效性。在理想情况下，可将感知任务分配给未来将会路过该任务位置的用户，即被选择的参与者可以在正常移动轨迹上适时地完成任务。但是，由于用户的移动方式具有一定的不确定性，因此，机会式感知的优化目标一般为最大化完成任务的效用，如最大化完成任务的空间覆盖率、感知数据质量等。Zhang 等人 [3] 提出了一个用户选择框架 CrowdRecruiter，其目标是保证选择的参与者可以最小化激励成本，同时满足影响的概率覆盖约束。如图 5-11 所示，CrowdRecruiter 首先预测每个用户的移动轨迹，然后基于预测的位置选择参与者无意识地完成其轨迹上的感知任务。

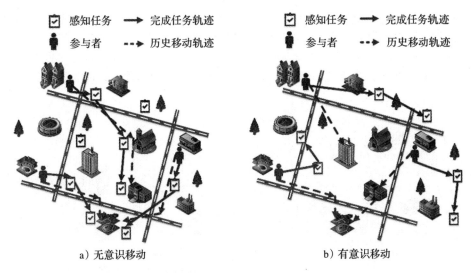

图 5-10 参与者完成任务的示意图

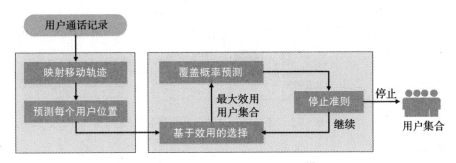

图 5-11 CrowdRecruiter 框架 [3]

对于**有意识移动**来说，通常假设参与者可以主动移动到任务所在位置完成相应的感知任务以获取更多的奖励。在这种情况下，参与者为完成任务专门移动的距离或者时间成为主要考虑因素，因为参与者通常不愿意偏离日常移动轨迹很长的距离完成某些感知任务。Cheung等人 [4] 提出了一种分布式的任务分配方法，该方法考虑任务时间、移动成本、用户信誉等因素，以实现相对于集中式方法的较优性能。如图 5-12 所示，假设服务提供商在参与者的帮助下收集了位置相关的时间敏感信息。通过移动应用程序界面，服务提供商向参与者提供每个任务的奖励、位置和执行时间。然后，每个参与者决定在接下来的时间中如何移动以及要处理哪些任务。

（2）离线 / 在线分配

考虑任务分配策略中的时间因素，可将分配方法分为两种类型：离线分配方法和在线分配方法。对于**离线分配方法**来说，任务分配策略是在任务开始之前确定的。在离线分配方法中，通常可以提前获取任务的时空信息，同时也可以通过相关的预测方法获取参与者的未来位置。因此，在这样的分配策略中，位置预测是影响任务分配的关键因素，其预测误差可能影响最终任务分配的性能。例如 Zhang 等人 [3] 通过基于泊松分布的算法预测用户经过某个位置的概率，然后基于预测的位置选择用户完成相应的感知任务。但是，离线任务分配的性能通常会随着预测出的用户移动轨迹误差的积累而降低。不同于离线分配，**在线分配**方法可以根据任务和用户的实时情况进行相应的调整，其优点是可以处理任务和用户动态产生的群智场景。例如，Pu 等人[5]通过 GPS 定位获取用户当前时刻的位置，实时地进行感知任务的分配。

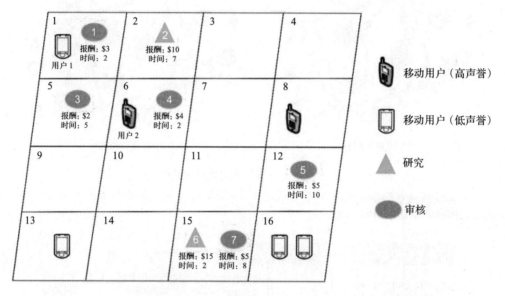

图 5-12　用户有意识完成感知任务[4]

2. 多任务分配

对于一个大型的群智感知平台来说（如 TaskRabbit⊖、SeeClickFix⊖等），通常存在多个并发的感知任务，不同的感知任务之间不再是独立的，多个任务之间可能存在相互依存的关系，因此需要同时针对多个感知任务进行任务分配，如收集城市的环境信息和公共设施的损坏情况等。与单任务分配不同的是，多个任务同时分配可以充分利用平台中的用户资源，优化平台的整体性能，同时完成多个任务可以提高参与者的积极性。

多任务分配方法主要面向两种类型的多任务情况：同构任务和异构任务。由于不同任务的位置通常不同，因此同构 - 异构的分类在很大程度上取决于感知任务是否还有其他要求。**同构的多个任务**可能仅具有不同的任务位置，而**异构的多个任务**可以具有多个不同的要求，如时间（不同的任务需要不同的完成时间段）或感知（不同的任务需要不同的传感器）要求。

同构任务分配面向多个同一类型任务选择合适的参与者。例如，在移动社交网络中，可将其中一个移动用户称为请求者，该请求者需要寻求网络中的其他用户来帮助其同时完成多个同种类型的任务，如利用手机拍照。在该情况下，请求者可将任务分配给附近的用户来协作完成收集数据的任务，如通过 Wi-Fi 或蓝牙确定附近可用的用户。不同于同构多任务分配，

⊖　www.taskrabbit.com/

⊖　https://seeclickfix.com/

异构多任务分配通常需要考虑每个任务的差异化需求。例如,一种类型的感知任务要求参与者利用相机拍摄周围环境的照片,另一种类型的感知任务要求参与者利用麦克风采集城市的噪声信息。这两种类型的感知任务需要的传感器不同,采集的数据类型不同,因此在任务分配过程中可以考虑利用不同参与者传感器协作完成任务的可用性。在该异构多任务分配过程中,需要考虑每个参与者允许的最大传感任务数量以及每个移动设备的传感器可用性,以使包含多个任务的系统的整体实用性最大化。

Liu 等人[6]考虑群智感知中参与者数量的问题,将感知任务分为两种情况:用户资源匮乏情况下的任务分配和用户资源充足情况下的任务分配。首先是用户资源匮乏情况下的任务分配,由于紧急任务需要尽快完成,对用户的感知及时性要求较高,所以需要用户专门移动到任务所在位置完成感知任务。在用户资源匮乏的情况下,该问题的优化目标是最大化完成任务的个数以提高任务完成率,同时最小化完成任务所移动的总距离以减少完成任务的时间。因此提出改进的最小费用最大流模型(Minimum Cost Maximum Flow,MCMF)求解该问题(如图 5-13 所示),并且基于一个真实的数据集分析不同因素对用户选择的影响。其次是用户资源充足情况下的任务分配,由于用户资源充足,所以需要在多个可用的用户中选择一部分合适的参与者完成任务。该问题的优化目标是最小化参与者的激励成本以减少任务的总成本,同时最小化完成任务所移动的总距离以减少参与者的负担。该文基于双目标优化理论,提出线性加权法和约束法求解该问题。

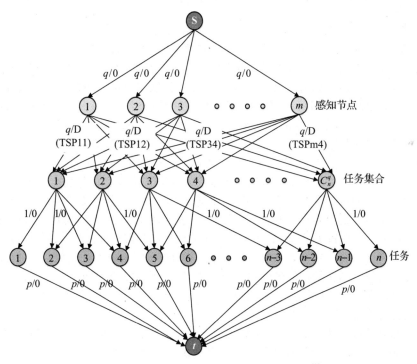

图 5-13　多任务分配的改进 MCMF 模型[6]

Wang 等人[7]考虑了利用不同参与者传感器协作完成任务的可用性。该文提出了一个两阶段的离线多任务分配框架 PSAllocator，如图 5-14 所示。不同于其他任务分配方法，PSAllocator 在任务分配过程中考虑了每个用户允许的最大传感任务数量以及每个移动设备的传感器可用性，以使包含多个任务的系统的整体实用性最大化。具体来讲，PSAllocator 首先根据用户的历史通话数据预测每个用户的移动轨迹和与不同信号塔的连接情况。然后，将多任务分配问题转换为二部图的表示形式，并采用一个迭代贪婪算法来解决该异构任务分配问题。

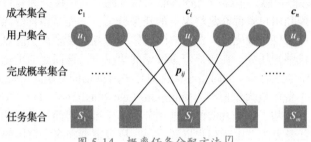

图 5-14　概率任务分配方法[7]

3. 低成本任务分配

低成本任务分配的主要目标是降低完成感知任务的成本，如能源消耗、数据收集传输成本和激励预算等。

（1）背负式群智感知

一般而言，在参与者的感知设备上（如智能手机），如果将群智任务与其他正在运行的移动应用程序一起搭载执行，可以减少群智任务本身所需的能耗。例如，参与者在与基站通信的过程中（如打电话、蜂窝网络等），可以顺便上传感知数据以降低专门传输数据消耗的能量。相关实验证明，与利用 3G 网络专门传输感知数据相比，基于参与者 3G 通话并行上传感知数据可以减少大约 75% 的数据传输能耗。因此，分配给参与者任务并让他们在其感知设备中的移动应用程序运行时上传收集到的数据，可以显著节省所有参与者感知设备的总体能源消耗。

Xiong 等人[8] 提出了一个接近最优任务分配的框架 iCrowd，以权衡参与者的整体能耗、激励成本以及任务的感知覆盖质量，如图 5-15 所示。其中，背负式感知任务应用程序在每个分配的感知周期内，通过参与者在新区域进行 3G 通话时感知和上传数据。具体来讲，该方法首先根据用户的历史轨迹记录预测移动用户的呼叫情况和移动性，然后在每个传感周期中，选择一组参与者通过背负式方式完成感知任务，从而使最终解决方法实现两个最优的群智数据收集目标。目标一是在给定的激励预算内实现接近最大的 k 深度覆盖范围。目标二是在满足给定的 k 深度覆盖约束下实现最小的激励成本。

（2）压缩群智感知

压缩感知对稀疏或可压缩信号可通过远低于奈奎斯特采样定理标准的方式进行数据采样，仍然可以实现信号的精确重构和恢复，其特点是在采样过程中同时完成数据的压缩。目前，压缩感知已经被广泛应用到群智感知中，用于根据收集到的感知数据来推断未感知到的数据，从而显著减少所需收集的数据。

我们以城市温度监控的感知任务为例，介绍压缩群智感知方法[9]，该方法的目标是利用压缩感知推断到的缺失数据的质量实时量化，进而获取缺失的感知数据，如图 5-16 所示。针对缺失数据推断，将温度监控任务中的数据推断转化为矩阵完成问题（一个维度表示子区域，另一个维度表示周期），然后使用时空压缩感知来推断所有未感知单元的值，最后将任务分配给在这些推荐值上具有最大方差的单元。针对数据质量评估，首先获得多个推断错误的样本（每个感知单元格作为一个样本），然后基于这些样本，使用贝叶斯推理来估计推理准确性的概率密度函数。

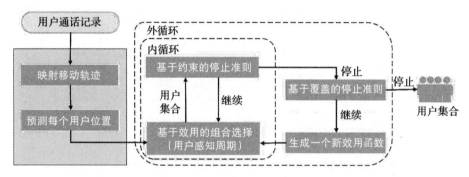

图 5-15 iCrowd 方法框架[8]

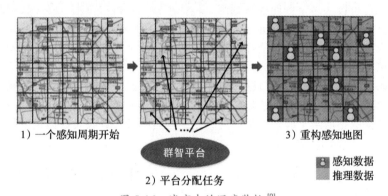

图 5-16 城市中的温度监控[9]

（3）机会式群智感知

在大多数群智任务中，参与者可以使用 4G 或 5G 网络上传感知数据。但是，在感知数据量很大的情况下，数据的通信成本很高。为了降低数据的传输成本，可以将短距离无线传输技术（如蓝牙和 Wi-Fi）引入群智任务分配中。Wang 等人[10]提出了一种群智感知数据上传机制 EcoSense，以帮助降低所有参与者上传感知数据带来的额外数据传输成本，如图 5-17 所示。EcoSense 包含两种类型的参与者，网络流量不限量参与者和网络流量计费参与者，并将这两类参与者分为相应两组完成感知任务，以最大程度减少总体数据上传的能源消耗和通信成本。具体来讲，在数据上传周期内，如果两类参与者可通过机会网络进行数据传输，那么流量计费参与者将通过短距离无线传输方式直接把感知数据传输给流量不限量参与者，然后由流量不限量参与者将所有感知数据上传到服务器，以减小数据上传的成本。

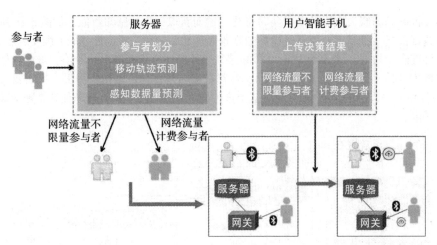

图 5-17   群智感知数据上传机制 [10]

4. 高质量任务分配

高质量任务分配的主要目标是在任务总成本约束下最大化任务完成的质量。群智感知任务的完成质量可以从多个侧面进行刻画，包括感知时空覆盖范围、感知数据粒度、数据质量、数据有效性等。图 5-18 展示了高质量任务分配的一般流程 [9]，平台首先需要根据任务情境和需求定义感知数据质量的评价指标，在此基础上，从具有不同感知能力、初始位置、激励要求的所有用户集合中选择最优的用户子集，以此保证任务完成的质量。对于一个感知周期来说，首先选择一个目标感知区域，然后将感知任务分配给该区域内的参与者来收集相应的感知数据。基于预定义的质量评估指标，可实时动态地评估感知数据的质量，如果收集的感知数据质量不满足约束条件，则继续选择参与者收集数据直到数据质量满足要求。

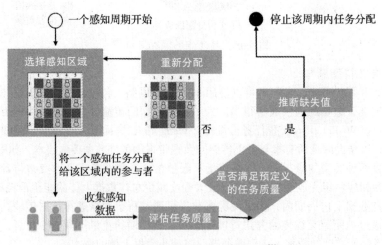

图 5-18   高质量任务分配流程 [9]

5.3 群智感知数据优选

在群智感知中，由于任务参与者的时空不确定性、可信任度等问题，参与者贡献的数据质量和可靠性良莠不齐。群智感知数据质量受多方面因素的影响，主要包括以下几个方面。

- **参与者所使用的感知设备类型与属性**：例如，高端手机所配置的传感器种类一般多于低端手机所配置的传感器，同时传感器精度也更高。
- **参与者采集数据的环境和方式**：例如，手持移动设备采集环境噪声的数据质量要高于将移动设备放置在衣服口袋或手提包里采集环境噪声的数据质量。
- **参与者的认知/技能水平**：例如，基于移动群智感知的图像搜索应用依赖参与者对图像的识别能力，而不同参与者对同一图像的认知可能存在偏差。
- **参与者的主观参与意愿**：例如，有些参与者会严格按照任务要求来采集数据，而有些参与者会比较随意，甚至存在参与者恶意上传虚假伪造数据以骗取奖励的情况。

数据质量的好坏是衡量感知系统优劣的直接指标，是提升群智感知性能和应用服务的基础与保障。因此，感知数据优选旨在通过对所收集的可靠性差、代表性低的数据进行有针对性的评估，并根据评估结果采取相应的措施与方法来选择高质量数据以提高数据集的质量。

5.3.1 数据选择机制

群智感知中的数据优选汇聚可分为前置选择和后置选择，其选择过程如图 5-19 所示。

- **前置选择**：数据在上传之前对其效用进行评估，然后选择高可用数据上传至服务器。
- **后置选择**：数据上传至数据服务器或交付给任务发布者之后再进行数据选择操作。

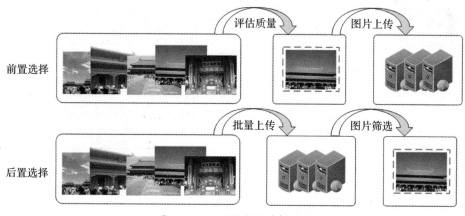

图 5-19　不同的数据选择方法

前置选择适用于网络带宽有限或网络流量费用较高的情况。通过前置选择，在数据上传前，过滤掉一些低质、低效用和冗余的数据，有助于节省带宽和流量。Photonet[11] 研究灾难现场照片在 DTN 中的传输。灾难现场的网络通信设施通常会遭到损坏，为了快速上报灾难现场的情况，幸存者携带的照片需要通过 DTN 传至救援车辆，再由救援车辆上传至救援中心。为了减少移动设备的电量消耗，Photonet 采用前置选择滤除重复照片。后置选择适用于对数据时效不敏感的应用，原始数据可通过免费或低收费的网络全部上传至服务器，优点是数据传输成本低，而且由于服务器可以针对完整的数据集进行去噪和去重，其数据选择的精度和召回率理论上要高于前置选择的方式。对于参与式感知，参与者允许在接入免费网络后上传数据，任务发布者收集到所有数据以后，对数据进行过滤和筛选，如 GarbageWatch[12] 招募校园志愿者以一定的时间间隔拍摄校园内垃圾桶里的垃圾，然后通过这些照片发现不同位置的垃圾种类和数量，从而决定在哪些位置部署再生垃圾装置。GarbageWatch 的照片只需要在任务截止之前上传即可，研究人员在收集到所有照片以后，通过人工观察的方式进行去噪、去重和统计分析。

在大部分情况下，由于不同感知参与者在时空范围上的重叠现象以及部分未经训练的参与者在任务执行阶段的不熟练，所收集的感知数据不准确且冗余，为了避免大量低质量数据上传对系统和服务器工作效率的影响，通常利用前置选择在数据传输之前过滤掉冗余数据。因此，本节重点介绍基于前置选择的感知数据优选汇聚。

群智感知受分布式采集模式的影响，冗余数据常常是在参与者不知情的情况下产生的，通过参与者与平台之间的交互，可以达到对数据集进行前置选择的目的，从而降低感知成本。采用基于前置选择方式的数据交互流程如图 5-20 所示。客户端首先向感知平台的服务器发送感知数据的基本项、情境项和缩略图；然后，服务器根据这些数据判断该感知数据是否与数据中心的其他数据相似；如果相似，则拒绝上传感知数据的完整图片；如果不相似，则请求客户端发送完整图片。此外，服务器计算应该为收集感知数据的参与者支付相应的报酬。

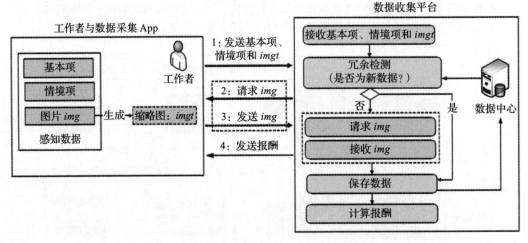

图 5-20　群智感知中基于前置数据选择工作流程图

5.3.2　感知数据质量评估

为了利用前置选择机制，群智感知平台需要实时对拟上传的数据进行质量评估，即判断获取的感知数据是否值得上传到服务器。因此，感知数据质量评估旨在对感知数据在传输之前对其效用 / 质量进行评估，进而选择高可用的数据上传至服务器。本节结合感知数据的时效性、完整性和准确度以及参与者的信用等特点，从两方面介绍感知数据的质量评价指标，包括数据客观相关性和数据主观相关性。数据主观相关性是指需求者根据参与者信用和提交的数据，主观上比较其与任务需求的相关性，从而对参与者提交的数据进行打分评定。数据客观相关性主要根据感知数据的相关信息进行评估，包括时间相关性、空间相关性和数据内容。

1. 打分评定值

感知平台可以采用记分制对参与者采集的感知数据进行主观评价。假设需求者对胜出者采集的数据评价的分值区间为 [0, 1]，该值表示参与者采集的数据和需求者提出的任务之间的相符程度。如果该值为 1，则说明参与者提交的数据完全符合需求者对数据的要求；如果为 0，则说明参与者提交的数据与需求者的任务完全不相符。由于该值为需求者对胜出者提交数据的评定；因此对于胜出者，主观相关性的分值可由需求者对本次采集数据的相关程度进行评定；而对于失败者，主观相关性的分值由其历史采集数据的主观分值的平均值得到，对于初次采集任务的用户，我们假设用户主观分数的初始值为 0.5。

最大期望法是一种常用的更准确的方法，它以迭代的方式首先根据用户的感知数据来估计用户的可靠性，然后根据用户的可靠性来估计最终的任务结果，并不断重复上述过程。Wang 等人 [13] 基于真实的污染源监控场景实际需求，依靠参与者上传的不完整数据采用最大期望算法准确识别污染源。Wang 等人 [14] 针对群智感知网络中参与者上传数据的不完整问题，提出一种基于动态规划与信誉反馈的参与者选择方法，解决在参与者人数不确定的情况下，如何选择参与者从而提高感知数据质量的问题。

2. 时间相关度

时间相关性由感知数据采集的时间 t 和任务所要求的时间（包括任务开始时间 st 和任务截止时间 et）所决定。如果采集数据在任务的规定时间内完成，即 st$\leq t\leq$et，那么时间相关性则根据任务完成的及时性来决定。例如，如果任务要求数据采集的开始时间为 st = 7，截止时间为 et = 12；那么，如果两个用户采集数据的时间分别为 $t_1 = 8$，$t_2 = 11$，那么 t_1 用户的时间相关性比 t_2 用户的时间相关性高。

Guo 等人 [15] 采用 Sigmoid 曲线来描述参与者采集数据的时间和任务要求时间之间的相关性。如果参与者采集数据的时间早于任务要求的开始时间，也就是 $t<$st（由于任务的发布时间和任务开始执行的时间有一定的时间间隔，因此会存在 $t<$st 的情况），那么参与者采集数据的时间相关性随着采集数据的时间距离任务要求开始执行时间的间隔的增大而降低。也就是说，参与者采集数据的时间比要求的开始时间越早，其任务的时间相关性也就越低。其时间与时间相关性的关系用图 5-21 表示，在时间轴上 $t<$st 部分为 arctan 反正切函数，st$\leq t\leq$et 部分为 Sigmoid 曲线。

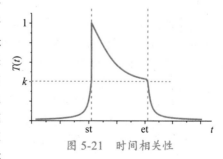

图 5-21　时间相关性

3. 空间相关度

空间相关性表示参与者采集数据的地点与任务目标区域的相关程度，从而判断其对数据质量的影响程度。假设参与者采集数据的区域距离任务目标区域越远，空间位置这一客观因素对数据质量的负向影响也就越大。图 5-22 展示了空间相关性的示意图，其中矩形区域为需求者期望的数据采集区域，即任务目标区域，而其他则为任务目标区域的相邻区域。在这些区域中，三角形图案覆盖的区域为步长为 1 的相邻区域，五角星图案覆盖的区域为步长为 2 的相邻区域，此处，步长 r 表示采集数据区域距离任务目标区域最短路径的格子数。南文倩等人[16]采用 Sigmoid 曲线来描述地点相关性与步长之间的关系，该关系可通过公式（5-7）表示。例如，如果参与者采集数据的地点在任务目标区域内，则步长 $r=0$，地点相关性为 1；如果参与者采集数据的地点距离任务目标区域步长 $r>0$，那么随着步长 r 的增大，地点相关性降低。

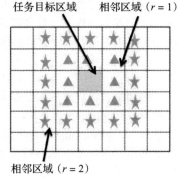

图 5-22   空间相关性

$$SC(r) = \begin{cases} 2 - \dfrac{2}{1+e^{-r}} & r>0 \\ 1 & r=0 \end{cases} \qquad (5\text{-}7)$$

4. 数据内容

数据内容关注感知数据本身的质量，进而确定内容准确且语义清晰的高质量群智数据，为后续的数据优选与汇聚提供保障。针对多媒体感知数据，可基于内容分析方法进行数据质量判断，如图片的清晰度、语音的噪声等，同时可以综合利用感知中获取的光照、抖动、目标距离、拍摄角度等交互情境信息进行数据的质量评估。例如，对于图片类型的数据，平台更希望从质量角度选择高质量的感知数据，筛除掉抖动、光线暗等不清晰的图片。而在图片内容方面，由于一些恶意参与者的存在，有可能在固定的时间、地点、角度却拍摄了任务要求外的数据，那么这种情况下，则需要利用一定的图像匹配算法对簇中的数据进行处理以选择符合规定内容的数据集。

5.3.3   冗余数据优选

由于群智感知系统通常采用分布式、自发式的数据采集策略，所以当多个参与者协同采集数据时，同时面临数据冗余和不一致等问题。因此，对感知数据质量完成评估后，感知平台需要筛选冗余数据，提高分析效率。

海量人群所携带的移动智能设备可以被看作是物理空间的传感器，能够实时感知物理空间中发生的事件，而海量的终端设备则会在与环境交互的过程中产生大量的交互数据以及本身的状态数据，如图片、语音、视频、文本等类型。考虑感知数据特性，本节从两个方面评价数据的冗余性，包括内容信息和语义信息。

以拍摄图片的感知任务为例，本节说明了冗余数据优选的方法。图像内容（即内容信息）重复的数据可以通过图像处理技术识别，但是语义信息重复的数据需要根据任务要求进行判断。例如，在相同时间相同地点从不同角度拍摄的两幅照片，它们的图像内容是不同的，对于感知任务一（收集建筑物照片用于城市 3D 建模）来说，它们是不相似的；但对于感知任务二（收集灾后建筑物照片用于救援）来说，它们是相似的。所以，群智感知必须同时采用内容和语义相似度度量数据的冗余性。

1. 内容信息

以图像数据采集任务为例，图像内容的多样性是群智感知任务评价图像数据质量的重要方面。为了挑选更加多样化的数据，一般采用的图像数据冗余识别方法包括基于图像相似度的方法。图像相似度指采用传统的图像相似度计算方法计算图像之间的相似程度，从而判定两张图片是否相似。提取图像特征的方法很多，如加速健壮特征（Speed-Up Robust Features，SURF）、尺度不变特征变换（Scale-Invariant Feature Transformation，SIFT）、颜色直方图、边界检测，然后计算特征之间的距离，如欧氏距离和 KL 距离（Kullback-Leibler Divergence，相对熵）。图片特征之间的距离越小，说明图片越相似，则感知数据的冗余性越高。

2. 语义信息

群智感知数据类型（如照片、视频等）除数据内容信息外，还具有丰富的语义信息，如两张照片虽拍摄内容类似，但如果拍摄时间、角度或距离不同则可以代表感知对象不同侧面的语义信息（如白天 / 晚上、正面 / 侧面、远景 / 近景）。因此，针对具体感知任务，除了考虑内容上的冗余，还需要考虑语义层面的冗余。而不同感知任务具有不同的数据冗余定义，可以通过时间、地点、角度、距离等任务约束或特征来刻画和度量。针对某感知任务，可采用布尔函数融合其多维特征来表示两个感知数据间的语义相似度：

$$S(P_i, P_j) = \bigwedge_{k=1}^{n} (\text{dist}_k(p_{i,k}, p_{j,k}) \leq \text{cth}_k) \tag{5-8}$$

其中，P_i 代表感知数据，有 n 个特征；$p_{i,k}$ 表示感知数据 P_i 的第 k 个特征；dist_k 表示第 k 个特征的距离计算函数；cth_k 表示任务中定义的针对第 k 个特征设定的相似度阈值。当函数值 $\text{dist}_k(p_{i,k}, p_{j,k}) \leq \text{cth}_k$ 时，表示两个数据的第 i 个特征是相似的。当所有的特征计算得到的结果都为"真"时，两个数据相似关系成立。函数 dist_k 具体代表什么计算公式是由第 k 个特征决定的，如果第 k 个特征是定位，那么 dist 计算地理距离；如果第 k 个特征是图像，那么 dist 计算的就是图像相似度。

当采用参与式感知方式时，智能设备的传感器数据可以参与群智感知数据相似度的评价。以图片为例，我们列举了典型的移动群智感知应用及它们使用的数据相似度评价方法：

- PhotoNet[11] 选择拍照位置相距较远且图像颜色直方图相差较大的多张照片。PhotoNet 以照片之间的图像距离和地理距离的加权和作为数据的相似度，图像距离使用基于颜色直方图的计算方法，地理距离采用欧氏距离。
- FlierMeet[17] 提取图像的 SIFT 特征，并根据两幅图像数据的 SIFT 特征匹配点计算图像的相似度，再结合时间差和地理距离，采用判定树方法判定图像是否重复。
- SmartPhoto[18] 根据拍照方向的差别评价照片数据的相似度，并基于贪心思想选择多张拍照角度差别大的照片。
- GarbageWatch[12] 采用人工方式挑选不重复的照片，通过对照片内容的分析，剔除针对同一拍摄对象在相近时间内拍摄的重复照片。
- MediaScope[19] 根据照片的时间和空间特征挑选不重复的照片。

- iMoon[20] 根据拍照位置和拍照方向挑选不同的照片。
- CooperSense[21] 根据时间、位置和拍照方向评价照片的相似度。

3. 基于树融合的数据优选

群智感知研究主要结合时空特征、内容特征、数值分布等进行群智数据的优选[22]。大部分研究工作集中在图片类型的群智数据优选，如 PhotoCity[23] 通过群智感知收集建筑物照片用于城市 3D 建模，它通过向数据提供者实时可视化呈现已收集到的数据来促进数据提供者对感知对象的多角度覆盖。除图像数据，其他类型的群智数据同样需要进行数据优选。例如，MoVieUp[24] 提出一系列摄影采集规则来实现对群智视频数据的融合和集成。Travi-Navi[25] 利用群体轨迹数据来构建室内地图，通过挖掘用户访问模式来过滤异常数据，如图 5-23 所示。

图 5-23　基于群体智能的室内地图构建[25]

针对群智感知数据的异构特征、动态数据流和任务多样化等问题，本节介绍一种通用的基于树融合的数据优选方法。将参与者收集的感知数据采用"分层约束树"结构进行结构化表示。其基本构造如图 5-24 所示，树的每一层非叶子节点代表任务特征约束（如时间、地点等），叶子节点表示数据。每一层根据不同的约束阈值可以形成不同分支。某层分支涵盖的数据代表该层以上汇聚的结果，不同的分层特征选择策略对树的计算效率会有影响，形成优化的树生成策略以提高冗余发现效率。

在对每个感知设备的数据进行结构化表示后，可以进行冗余发现与数据优选。如图 5-24 所示，当终端设备（如 N_1 和 N_2）相遇时，不直接交换数据，而是先移交双方的树结构并进行自顶向下的融合（嫁接、剪枝和替换），在语义层面发现双方冗余或缺失的数据。针对语义缺失数据（如 N_1 有而 N_2 没有的分支）进行分支"嫁接"；针对语义冗余数据则根据质量评估标准判别双方数据质量，可从可信度、准确性、清晰度等不同方面进行评估，利用高质量数据来替换对方低质量数据。针对多媒体感知数据，采用内容分析方法评估数据质量，综合利用感知中获取的光照、抖动、目标距离、拍摄角度等交互情境信息进行数据选择。

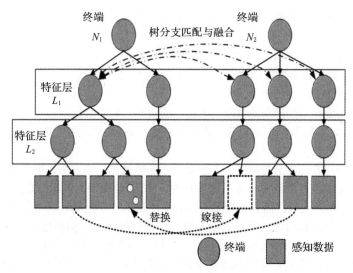

图 5-24　基于分层约束树融合的节点间数据移交

5.4　群智感知激励机制

群智感知以"人"为中心进行数据的收集，是在大量用户具有参与意愿的基础上建立的。在感知数据的过程中，由于电量消耗、计算消耗、存储消耗和流量消耗等资源方面的消耗会降低用户参与感知任务的积极性，只有用户得到其认为合理的报酬时才有可能提高其参与任务的积极性。因此，群智感知系统通过采用适当的激励方式（如报酬激励、虚拟积分激励等），鼓励和刺激参与者参与到感知任务中，提高任务的分配率和完成率，并提供高质可信的感知数据。

5.4.1　群智感知激励模型

在群智感知中，移动用户的普遍参与使得激励的客体具有移动属性，包括地理位置和任务覆盖率的影响，使其区别于传统网络中的激励机制，如社交网络关系的影响等。群智感知激励机制研究的主要目标是在感知平台的管理下激励具有感知设备的参与者加入感知平台，并积极参与感知任务，提交高质可靠的感知数据。考虑到群智感知中的感知平台和参与者两个主体，可将激励机制表示为

$$I : M \to \max(U(S), U(P))$$

该模型表示，群智感知激励机制（Incentive，I）即通过某种激励方式（Mechanism，M）达到服务器感知平台（Server，S）和参与者（Participant，P）的效用（Utility，U）最大。

群智感知受限于参与者数量不足的原因主要来自下几个方面。

- **参与者行为数据隐私泄露风险**：部分移动群智感知系统需要参与者通过摄像头、麦克风、加速度传感器、GPS 位置传感器等内置式传感器采集数据。
- **设备存储、计算以及电量开销**：部分群智感知应用要求参与者在提交数据前在用户端

进行数据预处理，包括数据压缩、特征提取等本地化计算。

- **数据传输网络流量开销**：在没有无线网络覆盖的环境中，参与者需要通过运营商收取费用的蜂窝网络上传数据，会引起参与者移动数据流量的额外开销。

在群智感知中，参与者是被激励的对象，可能具有以下特性。

- **自私性**：不愿无偿使用感知设备资源。
- **个体理性**：希望得到的回报的效用高于付出的时间、资源、行动等代价。
- **不诚实性**：为了以最小代价获得更多报酬，参与者会故意提交低质量或虚假的感知信息。
- **不确定性**：参与者的感知能力取决于感知设备的能力和主观的个人感受等。

对于感知平台来说，考虑到参与者的这些特性，平台希望在付出最小代价或者代价可控的情况下，招募更多的参与者，而且是高质可信数据的提供者。例如，对于位置敏感的数据，感知数据的来源越广泛、越均匀，数据质量越高。对于这种情况，偏僻地区的数据就会更加有价值。服务器平台的激励机制要能激励参与者提供高质量的数据而不仅仅考虑支付代价。此外，参与者会为获取更多的支付回报而谎报数据信息或者个人信息，因此激励机制还需要对参与者的可信性进行控制。

5.4.2　用户激励方法

针对不同的情况，不同的激励方式具有不同的激励作用。对于参与群智感知任务的参与者来说，从回报方式上可以将激励机制分为物质激励和非物质激励，如图 5-25 所示。

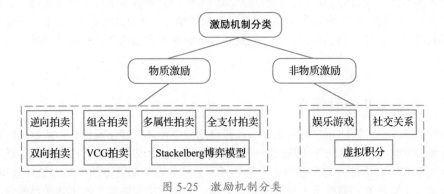

图 5-25　激励机制分类

1. 物质激励

物质激励主要通过报酬支付来激励参与者参与，根据关注点的不同，可以将物质类激励分为以系统平台为中心的方式和以参与者为中心的方式。

以系统平台为中心的方式没有参与者报价的环节，在已知所有参与者信息（任务价格、数据质量）的条件下，由系统平台决定对参与者的具体激励金额。以参与者为中心的方式具有参与者报价竞争的环节，服务器平台直接根据每个参与者个人完成任务的价格或者完成质量的高低进行选择支付，参与者在这种方式中一般具有更多的主动性。以参与者为中心的激励方式由于存在参与者的竞价环节，因此相应的机制设计更为复杂，一般采取博弈论中的拍卖模型，包括逆向拍卖、组合拍卖、多属性拍卖等激励方法。

一般情况下，基于拍卖模型的激励机制需要考虑以下四点：①个体理性，即每个参与者希望得到非负的收益；②真诚可信，对于参与者而言，以真实估计竞标是占优策略，即参与者不能从虚假的报价中获得更多的效用；③社会福利，所有赢标者的收益要最大化来提高整体社会福利；④计算效率，竞价的结果（即赢标者的选择过程）要在多项式时间内计算出来。

（1）逆向拍卖

逆向拍卖（Reverse Auction，RA）有别于传统正向拍卖中一位卖方、多位买方的形式，逆向拍卖是具有多位潜在卖方和一位买方的拍卖形式。在群智感知系统中，平台方是买方，所有的任务参与者是卖方。平台方提供任务以供参与者出价，潜在的可能参与者提出自己完成该任务所需要的报酬作为自身的报价，最终，平台方选出报价最低的用户来完成任务并支付报酬。一旦选定，任务即交付，不存在反向确认或更改的过程。逆向拍卖激励方式本质上是一个子集选择问题，即服务器平台在最大化效用的前提下选择支付代价最小的参与者子集。

Lee 等人[26] 首次将经济领域中的逆向拍卖应用在群智感知激励机制研究中来提高用户的参与率，并提出了逆向拍卖动态价格 – 虚拟参与积分机制 RADP-VPC，如图 5-26 所示。RADP-VPC 模型采用逆向拍卖机制选取出价最低的参与者作为任务执行者并支付，相对于常用的固定价格随机支付的方式，这种动态价格的方法避免了在竞价中屡次失败的参与者退出的情况，在保证参与率的同时最小化支付代价。Wen 等人[27] 考虑位置敏感的群智感知任务，采用逆向拍卖模型来实现高质量数据反馈的激励机制。逆向拍卖适用于易失性物品的拍卖，在群智感知中，对于时间要求高的感知任务可采用逆向拍卖的方式，用户可获得比固定价格更多的期望利润，以加快任务的完成效率。

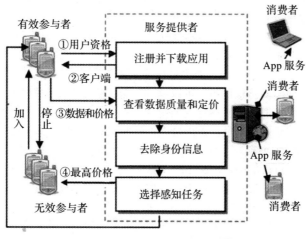

图 5-26　RADP-VPC 模型[26]

（2）组合拍卖

组合拍卖（Combinatorial Auction，CA）是一种竞价人可以对多种商品的组合进行竞价的拍卖方式，与传统拍卖方式相比，组合拍卖在分配多种商品时效率更高。在群智感知中，平台方可以发布多个任务，每个参与者也可以选择多个任务进行竞价，这样，每个参与者可以赢得多个任务的支付。组合拍卖的方式是一种一对多的逆向拍卖模型，属于多物品拍卖的一种方式。这种拍卖方式的目标为多个任务，允许竞标者对不同物品的组合提交投标。由买方写下多种任务的组合以及对该组合所出的价格，或由卖方提供不同的任务组合，由买方对卖方提供的组合进行出价。Feng 等人[28] 引入了一个反向拍卖框架 TRAC 来模拟平台和参与者之间的交互，实现组合拍卖模式，如图 5-27 所示。在这个框架中，每个任务都是具有位置属性的感知任务，并且参与者可以对在其服务覆盖范围内的一组任务进行竞价，最终由平台决定中标集合。

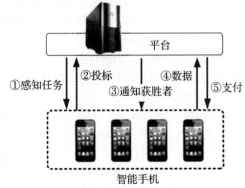

图 5-27　组合拍卖 [28]

（3）多属性拍卖

多属性拍卖（Multi-Attribute Auction，MAA）是指卖方与买方在价格及其他属性上进行多重谈判的一种拍卖方式。拍卖双方的非价格属性同样对拍卖结果产生重要影响。与单一价格逆向拍卖方式不同，价格不再是决定中标人的唯一标准，平台方需要同时结合多个属性进行博弈。这样极大地拓展了平台方的投标空间，使其在选择参与者时能更加充分地考虑和利用其竞争优势，从而达到买卖双方互赢的目的。Krontiris 等人[29] 引入了多属性拍卖作为参与式感知的动态定价方案，利用拍卖过程控制数据质量，完成任务后通过参与者的反馈意见改进感知数据的质量，并提高竞标价格，吸引更加专业的参与者。该文通过蒙特卡罗仿真模型进行实验，证明了多属性拍卖机制相对于单一属性的逆向拍卖机制能够获得更高的实际效用。

（4）全支付拍卖

在全支付拍卖（All-pay Auction，AA）中，所有的投标人都要支付他们投标的费用或者代价，无论最后谁赢，最后投标最高的人赢得拍卖。在群智感知中，平台方并不是对每个参与者都给予激励报酬，而只是给参与者中做出最大贡献的进行激励，但是其他参与者虽然没有得到报酬也要完成他们的感知任务。可以说，全支付拍卖最大的本质在于"竞争"，主要适用于不完全信息、风险规避和随机群体的情况。在 Chow 等人[30] 的研究中，平台方为所有参与者分配一个单一的奖品以供竞争，做出最高贡献的 top-k 个参与者将赢得奖金，其他参与者无法获得报酬，但同样需要参与完成感知任务。支付的奖金并不是一个固定的数值，而是一个关于所有参与者最大贡献的函数。Bamba 等人[31] 将全支付拍卖理论和比例份额分配规则相结合，以激励参与者产生高质量感知和充分的覆盖约束，具体将问题建模为序贯全支付拍卖，感知数据按顺序提交后选择提交高质量感知数据的用户作为中标者。针对具有预算约束的群智感知应用，给出了影响用户参与和感知数据提交质量的用户最佳响应竞标函数。

（5）双向拍卖

双向拍卖是"多对多"（many-to-many，M:N）的买卖双方结构。即买卖双方都不止一个，买卖双方同时失去了各自在单向拍卖中的相对优势，他们之间的关系变为一种供给和需求的平等关系。只要一方有人接受另一方的叫价，两者便可以达成交易，每一次交易一个商品。然后再开始新一轮的叫价，可以有多个交易期，交易价格总是介于初始出价和初始要价之间。

在整个交易过程中，价格信息是公开的。Yang 等人 [32] 设计了一种基于双向拍卖的 K 匿名位置隐私保护的激励机制，参与者通过参与拍卖获得非负效用，服务器通过双向拍卖的方式激励位置隐私不敏感者加入位置隐私敏感者的激励行动中，以实现 K 匿名位置隐私保护，提高数据真实性，并在多项式时间内确定报酬额度和中标参与者。

（6）VCG 拍卖

VCG 拍卖是一种对多种物品进行密封投标的拍卖方式。投标人在不知道其他投标人投标的情况下，提交自己对这些项目的估价。拍卖系统会以一种社会最优的方式分配物品，在 VCG 机制下，拍卖人要求竞拍人报告其关于每个物品的估价，并按照使得总价值最大化的原则分配物品，胜出竞拍人的付费（即 VCG 付费）是该竞拍人给其他竞拍人带来的外部效应之和。VCG 机制是激励相容的显示机制，"说真话"是每个竞拍人的占优策略，因此 VCG 结果也是一个占优均衡。典型的 VCG 拍卖包括分配规则（即赢标者选择规则）和支付规则两部分。例如，可采用 VCG 拍卖计算工人付款的机制，在遵守请求者时间和质量约束的同时，将任务分配给工人，以使得社会福利最大化。即使有数百名工人和数千个任务，也可以在几秒内计算出任务分配和 VCG 付款方式。Gao 等人 [33] 采用 VCG 拍卖机制，针对在线的群智感知激励机制，另外引入更新规则。分配规则在每个时间段内最大化社会福利效益来选择中标者，支付规则对每个中标者按照对其他参与者造成的损害值来进行支付回报，更新规则根据用户的可信度来调整更新分配规则。

（7）Stackelberg 博弈模型

Stackelberg 博弈模型是一种经济学战略博弈，它是以德国经济学家海因里希·冯·斯塔克尔伯格的名字命名的。在 Stackelberg 博弈模型中，最主要的两个角色是领导者和跟随者。Yang 等人 [34] 提出了移动电话传感系统平台来招募智能手机用户以提供传感服务，而现有的移动电话传感应用和系统缺乏可以吸引更多用户参与的良好激励机制。为了解决这个问题，该文设计了手机传感的激励机制，以平台为中心的系统模型提供参与者共享的奖励。对于以平台为中心的模型，文章使用 Stackelberg 游戏设计激励机制，其中平台是领导者，而参与者是追随者，通过计算 Stackelberg 均衡，将平台的效用最大化，同时针对以服务器为中心的激励模型采用 SG 来最大化服务器效用。首先，服务器作为带头人公布支付报酬；然后，参与者作为跟随者调整自己的感知时间来最大化个人收益。

2. 非物质激励

非物质激励机制通常由个体对任务本身的内在兴趣或享受所驱动，而非依赖于外部压力或对奖励的渴望，它能够在特定的环境下与特定的数据相结合从而提高参与水平和数据质量。

（1）娱乐游戏

娱乐游戏激励指将游戏策略引入群智感知任务中，利用游戏的参与性和娱乐性来激励参与者完成感知任务。此类机制的研究重点在于通过设置适合于感知任务的娱乐游戏来丰富参与者体验。娱乐游戏激励机制通常将一系列的游戏方式设计和人物奖赏回报策略融合参与者的使用习惯和心理作用，有机地结合到群智感知激励机制中，以游戏的趣味性吸引用户参与，从而达到激励用户参与的目的。

Kawajiri 等人 [35] 采用游戏激励的方式来鼓励参与者完成面向数据质量的位置相关的感知任务，如图 5-28 所示。该机制首先将数据收集的回报转换成游戏积分，然后参与者决定是否参与到任务执行中。在该系统中，游戏积分是根据质量指标确定的。在不同的位置根据当前数据采集质量，制定出不同的游戏积分，以此来激励参与者进行数据收集，并通过不同的游戏积分激励参与者到不同的地点收集数据。

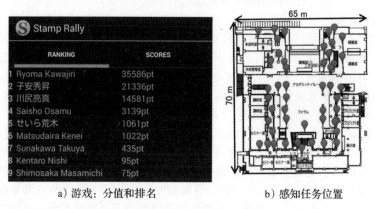

a）游戏：分值和排名　　　　　　　　b）感知任务位置

图 5-28　感知任务执行流程 [35]

（2）社交关系

社交关系激励指利用参与者对某一种社交关系的归属感来吸引参与者不断完成感知任务。参与者通过执行感知任务得到一定的信誉值等社交奖励，使参与者可以从中获得满足感（社会地位等），平台也可以根据参与者的社交关系或社会地位来选取质量高的参与者执行感知任务。此类机制侧重于通过参与者为维护自身的社会地位、利益等而带来的参与感知任务的积极性，利用参与者在社交网络中的相互影响来激励参与者，以提高感知任务的质量。在通过实名认证的可信社交网络中，参与者会在意自己在社会关系中的地位、成就、认可等，因此在社会关系中形成的激励作用激励参与者积极地、高质量地完成感知任务。

Bigwood 等人 [36] 通过引入现有的社交网络信息来检测不诚实的自私参与者并对其惩罚来激励参与者。针对群智感知中一类特殊的感知网络——机会感知网络：该文通过现有社交网络来建立参与者之间的信任体系，以改善现有的激励机制。由于没有固定的感知网络基础结构，感知数据有时需要通过感知节点传递到服务器。考虑到感知节点的自私性，为了减少不必要的能量和存储消耗，自私的感知节点不会为其他节点传递数据。文章针对这种情况，利用已经存在的社交网络信息，建立感知节点（用户）之间的信任关系模型，该方法能够及时检测出自私节点，提高网络信息传递率。

（3）虚拟积分

虚拟积分激励类似于报酬支付激励，它通过向参与感知任务的参与者提供虚拟积分或虚拟货币作为回报，由虚拟积分或货币转换成真实货币或带来的回报感来促进参与者参与到感知系统中。虚拟积分激励不同于物质激励，参与者不能直接获得支付报酬，但是虚拟积分能够满足参与者自我价值实现、虚荣方面的心理需求，对参与者起到导向性作用。Lan 等人 [37] 采用虚拟积分来解决车辆通信的移动监控问题，通过移动车辆自带的摄像头采集交通事故的现场，来帮助警方定位肇事者或者犯罪嫌疑人。该激励机制通过虚拟积分鼓励参与者使用自己的数据流量上传数据或者分享自己的宽带资源帮助其他参与者上传数据。文章根据不同的数据产生的效用赋予不同的虚拟积分，如不同的视频分辨率，高分辨率的视频可以获得高的虚拟积分。

5.5 群智感知发展趋势

传统群智感知主要是"以人为中心"的感知，感知主体是人类群体及其所携带的智能设备。随着群智感知应用规模和复杂度的不断扩大，以人为中心的传统群智感知面临着一系列问题与挑战，例如数据采集节点单一、感知覆盖范围受限、感知数据汇聚成本高以及感知信息不完整等。针对以上挑战，本节介绍群智感知领域的未来研究趋势。

1. 人－机－物协作的群智感知

群智感知利用参与者所携带的移动终端来执行感知任务，数据的来源和覆盖面较为有限，如有些区域可能因为较少有人访问而导致任务无法完成。除了通过社会空间中的人（如智能手机、可穿戴设备等）完成感知任务，还可以利用信息空间的机（如云设备 / 边缘设备）以及物理空间中的物（如具备感知计算能力的物理实体）执行感知任务和收集感知数据，实现三元空间的有机融合，并从感知数据中获取可靠、有效的感知信息，即人－机－物协作的群智感知 [38]。作为新一代的群智感知模式，人－机－物协作的群智感知不同于以人为中心的传统群智感知模式，它指的是通过人、机、物异构群智能体的有机融合，利用异构智能体感知能力的差异性、感知设备的协作性、计算资源的互补性实现更加全面深度的感知，以提供可靠和有效的感知数据，最终为用户提供高质量的群智服务。

2. 云－边－端融合的群智感知

群智感知系统的服务模式大多是基于端－云网络的集中式计算，体系架构简单直接，便于应用和部署。近些年，随着感知设备呈指数级增长，感知数据急剧扩增，将大量终端设备感知到的数据传输到云端服务器存在高传输成本、高延迟等挑战。随着群智感知系统的规模越来越大、计算越来越复杂、实时性任务越来越多，使得大规模集中式群智感知系统面临的问题愈加严峻。例如，移动无线网络负载过重，运行群智感知系统的云服务器流量巨大，传输效率直线下降；在实时使用场景下，设备间频繁交换信息，信息传播延迟增加，计算代价昂贵；数据采集和处理痕迹都被集中式收集，用户隐私受到威胁等。为适应大规模和复杂的群智感知任务需求，可构建以云－边－端融合计算为核心要素的新型群智感知体系架构。在传统云计算的基础上通过引入边缘计算来设计未来的群智感知服务，把中心云、边缘计算以及物联网终端进行连接和算力协同，发挥云中心规模化、边缘计算本地化、物联网终端隐私性等各方面的优势，利用云－边－端融合的计算模式实现大规模数据传输、优选与汇聚任务，从而达到提高计算效能、降低数据传输延迟与设备能耗的目的，为大规模复杂的群智感知任务提供高效便捷的计算模式。

3. 人工智能增强的群智感知

群智感知参与式数据采集通常存在数据冗余、质量良莠不齐等问题，针对个体用户或设备收集的数据不能全面反映环境和行为模式，并且具有较低的可信度，使得难以从这些杂乱的数据中分析和挖掘出有用的知识。为了提高感知数据质量以获取有价值知识，传统群智感知数据优选方法主要基于内容进行质量评估，以及基于规则对数据进行优选，算法性能差，计算效率低。近年来，随着深度学习技术的迅速发展，使得机器对数据处理和分析的能力大大提高，深度学习凭借其强大的计算能力在各个领域取得了突飞猛进的发展。随着群智感知系统规模的不断扩大，以及各项群智感知服务对高质量数据需求的不断提高，人工智能增强的群智感知是未来的研究趋势。一方面，人工智能有助于提升现有群智感知架构中多个环节的性能，包括复杂任务分配、感知数据优选、群智知识发现等。另一方面，人工智能有助于提升群智感知计算服务的自动化和智能化水平，形成群用户连接 – 群数据获取 – 群知识挖掘 – 群智体协作 – 群应用决策的智能化和自动化的完整技术链条。

4. 通用的群智感知平台

早期群智感知平台，如 Common Sense[39]、Ear-Phone[40]、Chimera[41] 等，主要针对特定任务设计相应感知框架和系统，进而应用于环境监测、公共设施监测等领域。这些平台大多为给定感知任务服务，复用性较差，不易迁移到其他任务上。随着群智感知的发展、新型传感器的出现、感知需求的多样化、数据汇聚规模的增长等，构建通用的群智感知系统平台是提供大规模且可扩展群智感知应用的基础。CrowdOS⊖作为国际上第一个通用的群智感知平台，解决了现有平台多面向特定任务设计、任务分配模式单一等问题，目前已被广泛应用到多种感知场景中。该平台通过对群智任务的复杂环境和多样化特征的深入分析，进而基于操作系统框架设计了一套综合处理机制和核心功能组件。为进一步促进人机物融合群智计算生态的发展，作者团队构建了人机物融合群智计算开放系统平台 CrowdHMT⊖，通过"太易"分布式人机物链中间件为上层应用载体提供支持异构设备的分布式协同计算与协同演化工具。该平台适配群智计算应用至多种终端形态、支持多种终端设备，为上层应用载体完成资源的调配及管控，实现人机物异构群智能体间的分布式资源共享、通信连接、协同感知、协同计算、分布式学习以及隐私保护等。

5.6 习题

1. 请简述群智感知相对传统传感器网络的特点和优势。
2. 试分别列举几个参与式感知和机会式感知的应用场景。
3. 请总结群智感知系统框架中不同模块的功能和作用，并结合具体应用场景阐述感知系统完成感知任务的流程。
4. 基于本文的群智感知通用任务分配模型，结合具体研究问题定义合理的任务分配方法。
5. 针对不同类型的群智感知数据，结合自己的理解如何对其质量进行有效评估？移动感知技术如何辅助数据优选？
6. 试解释基于树融合的数据优选方法的原理并进行实现。
7. 常用的群智感知激励方法有哪些？试解释逆向拍卖激励方法的工作原理。
8. 你所了解的群智感知系统或平台有哪些？请指出其各自的系统功能及优缺点。

⊖ https://www.crowdos.cn/
⊖ http://crowdhmt.com/

9. 根据自己的理解分析人机物融合和云边端协同给群智感知带来哪些优势和新挑战？

10. 基于 CrowdOS 和 CrowdHMT 开放资源，面向智慧城市实现一个群智感知应用，设计相应的任务分配方法和激励机制，并编程实现相关算法。

参考文献

[1] 於志文，郭斌，王亮. 群智感知计算 [M]. 北京：清华大学出版社，2021.

[2] GUO B, WANG Z, YU Z, et al. Mobile crowd sensing and computing: The review of an emerging human-powered sensing paradigm[J]. ACM computing surveys (CSUR), 2015, 48(1): 1-31.

[3] ZHANG D, XIONG H, WANG L, et al. CrowdRecruiter: Selecting participants for piggyback crowdsensing under probabilistic coverage constraint[C]//In Proceedings of the 2014 ACM International Joint Conference on Pervasive and Ubiquitous Computing. 2014: 703-714.

[4] CHEUNG M H, SOUTHWELL R, HOU F, et al. Distributed time-sensitive task selection in mobile crowdsensing[C]//In Proceedings of the 16th ACM International Symposium on Mobile Ad Hoc Networking and Computing. 2015: 157-166.

[5] PU L, CHEN X, XU J, et al. Crowdlet: Optimal worker recruitment for self-organized mobile crowdsourcing[C]//In IEEE INFOCOM 2016-The 35th Annual IEEE International Conference on Computer Communications. 2016: 1-9.

[6] LIU Y, GUO B, WANG Y, et al. TaskMe: Multi-task allocation in mobile crowd sensing[C]//In Proceedings of the 2016 ACM international joint conference on pervasive and ubiquitous computing. 2016: 403-414.

[7] WANG J, WANG Y, ZHANG D, et al. PSAllocator: Multi-task allocation for participatory sensing with sensing capability constraints[C]//In Proceedings of the 2017 ACM Conference on Computer Supported Cooperative Work and Social Computing. 2017: 1139-1151.

[8] XIONG H, ZHANG D, CHEN G, et al. iCrowd: Near-optimal task allocation for piggyback crowdsensing [J]. IEEE Transactions on Mobile Computing, 2015, 15(8): 2010-2022.

[9] WANG L, ZHANG D, PATHAK A, et al. CCS-TA: Quality-guaranteed online task allocation in compressive crowdsensing[C]//In Proceedings of the 2015 ACM international joint conference on pervasive and ubiquitous computing. 2015: 683-694.

[10] WANG L, ZHANG D, XIONG H, et al. ecoSense: Minimize participants' total 3G data cost in mobile crowdsensing using opportunistic relays[J]. IEEE Transactions on Systems, Man, and Cybernetics: Systems, 2016, 47(6): 965-978.

[11] UDDIN M, WANG H, SAREMI F, et al. Photonet: a similarity-aware picture delivery service for situation awareness[J]. In 2011 IEEE 32nd Real-Time Systems Symposium, 2011: 317-326.

[12] REDDY S, ESTRIN D, HANSEN M, et al. Examining micro-payments for participatory sensing data collections[C]//In Proceedings of the 12th ACM international conference on Ubiquitous computing, 2010: 33-36.

[13] WANG D, ABDELZAHER T, KAPLAN L, et al. On quantifying the accuracy of maximum likelihood estimation of participant reliability in social sensing[J]. In DMSN11: 8th international

workshop on data management for sensor networks. 2011.

[14] WANG D, KAPLAN L, ABDELZAHER T, et al. On scalability and robustness limitations of real and asymptotic confidence bounds in social sensing[C]//In 2012 9th Annual IEEE Communications Society Conference on Sensor, Mesh and Ad Hoc Communications and Networks (SECON). 2012: 506-514.

[15] GUO B, NAN W, YU Z, et al. TaskMe: a cross-community, quality-enhanced incentive mechanism for mobile crowd sensing[C]//In Adjunct Proceedings of the 2015 ACM International Joint Conference on Pervasive and Ubiquitous Computing and Proceedings of the 2015 ACM International Symposium on Wearable Computers. 2015: 49-52.

[16] 南文倩，郭斌，陈荟慧，等. 基于跨空间多元交互的群智感知动态激励模型. 计算机学报，2015，38(12): 2412-2425.

[17] GUO B, CHEN H, YU, Z, et al. FlierMeet: a mobile crowdsensing system for cross-space public information reposting, tagging, and sharing[J]. IEEE Transactions on Mobile Computing, 2014, 14(10): 2020-2033.

[18] WU Y, WANG Y, HU W, et al. Smartphoto: a resource-aware crowdsourcing approach for image sensing with smartphones[J]. IEEE Transactions on Mobile Computing, 2015, 15(5): 1249-1263.

[19] JIANG Y, XU X, TERLECKY P, et al. Mediascope: selective on-demand media retrieval from mobile devices[C]//In Proceedings of the 12th international conference on Information processing in sensor networks. 2013: 289-300.

[20] DONG J, XIAO Y, NOREIKIS M, et al. iMoon: Using smartphones for image-based indoor navigation[C]//In Proceedings of the 13th ACM Conference on Embedded Networked Sensor Systems. 2015, 85-97.

[21] CHEN H, GUO B, YU Z. Coopersense: A cooperative and selective picture forwarding framework based on tree fusion[J]. International Journal of Distributed Sensor Networks, 2016, 12(4): 6968014.

[22] VAN L, GARCIA L, OLIVAREs X, et al. Visual diversification of image search results[C]//In Proceedings of the 18th international conference on World wide web. 2009: 341-350.

[23] TUITE K, SNAVELY N, HSIAO D Y, et al. Photocity: training experts at large-scale image acquisition through a competitive game[C]//In Proceedings of the SIGCHI Conference on Human Factors in Computing Systems. 2011: 1383-1392.

[24] WU Y, MEI T, XU Y Q, et al. MoVieUp: Automatic mobile video mashup[J]. IEEE Transactions on Circuits and Systems for Video Technology, 2015, 25(12): 1941-1954.

[25] ZHENG Y, SHEN G, LI L, et al. Travi-navi: Self-deployable indoor navigation system[J]. IEEE/ACM transactions on networking, 2017, 25(5): 2655-2669.

[26] LEE J, HOH B. Sell your experiences: a market mechanism based incentive for participatory sensing[C]//In 2010 IEEE International Conference on Pervasive Computing and Communications (PerCom). 2010: 60-68.

[27] WEN Y, SHI J, ZHANG Q, et al. Quality-driven auction-based incentive mechanism for mobile crowd sensing[J]. IEEE transactions on vehicular technology, 2014, 64(9): 4203-4214.

[28] FENG Z, ZHU, Y, ZHANG Q, et al. TRAC: Truthful auction for location-aware collaborative sensing in mobile crowdsourcing[C]//In IEEE INFOCOM 2014-IEEE Conference on Computer Communications. 2014: 1231-1239.

[29] KRONTIRIS I, ALBERS A. Monetary incentives in participatory sensing using multi-attributive auctions[J]. International Journal of Parallel, Emergent and Distributed Systems, 2012, 27(4): 317-336.

[30] CHOW C, MOKBEL M F, LIU X. A peer-to-peer spatial cloaking algorithm for anonymous location-based service[J]. In Proceedings of the 14th annual ACM international symposium on Advances in geographic information systems, 2006: 171-178.

[31] BAMBA B, LIU L, PESTI P, et al. Supporting anonymous location queries in mobile environments with privacygrid[C]//In Proceedings of the 17th international conference on World Wide Web, 2008: 237-246.

[32] YANG D, FANG X, XUE G. Truthful incentive mechanisms for k-anonymity location privacy[C]//In 2013 Proceedings IEEE INFOCOM. 2013: 2994-3002.

[33] GAO L, HOU F, HUANG J. Providing long-term participation incentive in participatory sensing[C]//In 2015 IEEE Conference on Computer Communications (INFOCOM), 2015: 2803-2811.

[34] YANG D, XUE G, FANG X, et al. Crowdsourcing to smartphones: Incentive mechanism design for mobile phone sensing[C]//In Proceedings of the 18th annual international conference on Mobile computing and networking, 2012: 173-184.

[35] KAWAJIRI R, SHIMOSAKA M, KASHIMA H. Steered crowdsensing: Incentive design towards quality-oriented place-centric crowdsensing[C]//In Proceedings of the 2014 ACM International Joint Conference on Pervasive and Ubiquitous Computing. 2014: 691-701.

[36] BIGWOOD G, HENDERSON T. Ironman: Using social networks to add incentives and reputation to opportunistic networks[C]//In 2011 IEEE Third International Conference on Privacy, Security, Risk and Trust and 2011 IEEE Third International Conference on Social Computing. 2011: 65-72.

[37] LAN K, CHOU C M, WANG H. An incentive-based framework for vehicle-based mobile sensing[J]. Procedia Computer Science, 2012: 1152-1157.

[38] 郭斌, 刘思聪, 於志文. 人机物融合群智计算 [M]. 北京: 机械工业出版社, 2022.

[39] DUTTA P, AOKI P M, KUMAR N, et al. Common sense: participatory urban sensing using a network of handheld air quality monitors[C]//In Proceedings of the 7th ACM conference on embedded networked sensor systems. 2009: 349-350.

[40] RANA R K, CHOU C T, KANHERE S S, et al. Ear-phone: an end-to-end participatory urban noise mapping system[C]//In Proceedings of the 9th ACM/IEEE international conference on information processing in sensor networks. 2010: 105-116.

[41] PU L, CHEN X, MAO G, et al. Chimera: An energy-efficient and deadline-aware hybrid edge computing framework for vehicular crowdsensing applications[J]. IEEE Internet of Things Journal, 2018, 6(1). 84-99.

CHAPTER 6

第 6 章

智能物联网络

　　物联网通信系统由边缘网络和核心网（互联网）组成，随着物联网技术的发展，物联网通信系统（以边缘网为主）初步形成以无线为主，无线/有线相结合的完整生态环境，有效支撑物联网系统的开发。

　　海量的物联网设备和巨大的系统规模，决定了未来智能物联网系统的终极形态是完全自主化的。传统物联网应用大多都是状态监测、远程控制等具有单一功能的形式，应用范围受限，智能程度低；而未来智能物联网的应用形式应是多功能集成，智能程度高。智能物联网可对整个系统进行实时监测，能够在开放的环境中持续学习、演化，从而不断满足用户个性化的需求，提升服务质量。

　　本章将首先介绍由边缘网和核心网组成的物联网通信体系架构，然后在 6.2 节介绍物联网智能接入控制协议，包括认知 MAC 协议、强化学习在无线信道冲突消解中的应用等方面。6.3 节将介绍人工智能技术在物联网路由方面的应用，网络拥塞的智能控制方法将在 6.4 节阐述。

6.1　物联网通信体系架构

　　图 6-1 展示了典型物联网应用的网络结构，由边缘网和核心网（互联网）组成，各自具有不同的目标和标准。物理环境中相互连接的"物"，如家居、建筑物、工厂和开放环境（如城市或农田）相互连接的各种物体，构成了边缘网络。

　　为了方便连接各种物体，边缘网络通常采用无线方式，其服务质量参数与应用需求和约束密切相关。物体状态的数据采集通常允许较高和可变的延迟，仅需要较低的数据率（视频监控摄像头等例外），但对于工程环境中的闭环控制应用和报警通知，通信延迟应该较小且恒定。

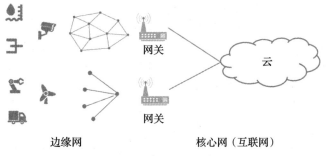

边缘网   核心网（互联网）

图 6-1 物联网通信系统

边缘网络通过网关连接到 Internet，互联网将数据传输到用户计算机（如数据可视化）和数据中心进行存储和处理（如使用机器学习算法）。在如图 6.1 所示的物联网场景中，网关扮演着重要的角色，其基本功能是在边缘网络协议和 Internet 协议之间进行数据转换，还可执行数据处理，从而将"智能"从云移到更接近物的位置。

6.1.1 物联网通信参考模型

网络中两个或多个终端节点之间的数据传输非常复杂，通常的解决方法是将其分解成更小、更简单的问题。在网络设计时，将数据传输分解为从用户到物理介质的若干层次，通过分层的方法降低设计的复杂度。如图 6-2 所示，ISO/OSI 参考模型将网络通信分解为 7 层，在最常用的 Internet 通信模型中将网络简化为 5 层。

随着物联网系统的发展与演化，目前普遍认为物联网是互联网向物理世界的延伸，因此在物联网通信系统的设计中，也采用了如图 6-2 右侧所示的互联网 5 层通信模型，并在各层根据物联网系统的特点和应用需求形成了相应的标准与规范。

层	ISO/OSI模型	简化的ISO/OSI模型
7	应用层	应用层
6	表示层	应用层
5	会话层	应用层
4	传输层	传输层
3	网络层	网络层
2	数据链路层	数据链路层
1	物理层	物理层

图 6-2 ISO/OSI 参考模型与简化模型对比

6.1.2 物联网通信标准

1. 物理层

物理层位于物联网通信模型最底层，物联网系统通常使用电磁频谱的特定频率进行无线电传输。电磁波信号特性取决于频率值，低于 1 GHz 的频段称为亚千兆赫兹频段，其波长较长，信号容易绕过建筑或障碍物传播到更远的距离，但由于带宽较小，传输的数据信息量相对较少，数据速率低。高于 1 GHz 的电磁波，信号衰减快，但带宽高，通常数据速率也比较高。物联网系统通常根据应用需求使用不同的频段，例如，考虑到所需的比特率较低，用于农业监测和智能抄表的网络结构使用亚千兆赫兹频段，因为它们具有出色的传播能力。反之

2.4/5 GHz 频段在所需数据速率较高时使用。

物联网通信通常使用 ISM（工业科学医学）频段进行通信，如 IEEE 802.15.4 使用 868/915 MHz 和 2.4 GHz 的 ISM 频段进行通信，Wi-Fi 使用 2.4 GHz/5.8 GHz ISM 频段通信。广域物联网通信方式（如 LoRa、NB-IOT）通常采用 Sub-1 GHz 通信，如我国给 LoRa 分配的频段为 470 MHz～510 MHz、779 MHz～787 MHz。表 6-1 给出了 Sub-1 GHz 与 2.4 GHz 通信方式的对比参数。

表 6-1　Sub-1 GHz 与 2.4 GHz 对比

	Sub-1 GHz	2.4 GHz
距离	传输距离远，可达几千米甚至几十千米	传输距离近
天线尺寸	较大	较小
干扰	干扰少	干扰多
穿透力	障碍物穿透力强	障碍物穿透力弱
数据速率	较低	较高
功耗	较低	较高
网络部署成本	较低	较高

2. 数据链路层

数据链路层定义了在共享的物理介质上如何传输数据，其识别节点接口，调节对介质的访问，并对差错进行控制。由于在同一物理介质上同时传输多个消息会形成冲突，从而破坏所有消息，因此应采取某种仲裁策略，使多个节点共享物理介质。目前在物联网领域主要有载波侦听多路访问（CSMA）和时分多址（TDMA）。

CSMA 协议中，节点有消息发送首先检查介质是否空闲，如空闲则发送数据，否则等待当前传输结束后再发送数据。无线网络中由于很难检测到冲突，所以大多采用冲突避免的方案（CSMA/CA），即带有冲突检测的载波侦听多路访问，通过优先级和随机退避机制尽量避免冲突发生。由于物联网节点通常使用电池供电，能量有限，为了有效节省能量，物联网数据链路层协议通常采用 duty-cycle 的方式工作，即节点收发器周期性睡眠和唤醒，在收发器唤醒期间，使用 CSMA/CA 的方式竞争信道进行通信，睡眠期间则关闭收发器以节省能量。

TDMA 协议中，主节点通过发送周期性广播消息（通常表示为信标）来保持所有其他节点的同步，并定义一个被称为超帧的周期时间间隔，该时间间隔被划分为时隙，每个节点只能在特定的时隙中传输，以避免碰撞。TDMA 协议通常用于确定性通信领域，如工业控制，通过 TDMA 时隙的分配，使节点消息以确定的行为传输。

3. 网络层

网络层负责在网络拓扑中路由数据包。物联网通常有星形、树状、网状三种拓扑结构。由于物联网是互联网向物理世界延伸概念的普及，物联网的网络层普遍采用的是 Internet 网络层 IP 协议，且由于物联网节点众多，因此采用了 IPv6 版本。由于物联网协议中物理层帧普遍较小，如 IEEE802.15.4 物理帧载荷部分最大为 127 字节，IPv6 数据包在较小的物理帧上传输效率不高，IETF 制定了 6LoWPAN 协议，对 IPv6 数据包进行压缩，以有效适配物联网较小的物理帧。

路由是网络层核心功能之一，IETF ROLL 工作组（Routing Protocol for Low Power and Lossy Network）为物联网制定了 RPL 路由协议，其遵循 IP 架构，基于距离向量和源路由，可工作在多种链路层协议上，以适应低带宽、高损耗、低功耗物联网的路由需求。

4. 传输层

由于 Internet 端到端的架构设计，因此传输层成为网络体系架构中的关键层次之一，其主要负责向 Internet 上两个主机中进程之间的通信提供服务。由于一个主机同时运行多个进程，因此运输层具有复用和分用功能。传输层在终端用户之间提供透明的数据传输，向上层提供可靠的数据传输服务。传输层在给定的链路上通过流量控制、分段 / 重组和差错控制来保证数据传输的可靠性。

在 TCP/IP 体系架构的传输层中，有两种替代协议，即传输控制协议（TCP）和用户数据报协议（UDP）。TCP 是一种面向连接的协议，提供了一种可靠的、面向字节的传输服务。属于 TCP 流的 IP PDU 中，约 80% 不提供实际数据，而是专门用于连接管理和确认。另外，丢失 PDU 的连接建立和重传需要时间，不适合实时通信。UDP 只提供将应用程序数据封装到 IP PDU 中，而不需要任何有效的错误控制。因此在物联网应用程序中，UDP 通常是最好的选择：

- 设备通常传输不需要分段、重新组装和确认的小消息（例如温度样本）。
- 低功耗无线传输无法忍受 TCP 连接开销。
- 由于能量限制，设备可能经常进入睡眠模式，因此无法维护长期的 TCP 连接。
- 某些应用程序可能具有低延迟要求，可能无法容忍 TCP 连接建立所造成的延迟。

然而当利用 Web 服务时，TCP 仍然在物联网应用程序中使用，通常使用 HTTP/HTTPS 应用协议传输，使用 TCP 连接交付。

5. 应用层

它负责定义应用程序数据如何在终端节点之间交换、实现应用逻辑的消息类型（例如用于传递温度的消息格式）和应用数据的语义（例如湿度值的温度值）。在物联网中，典型的应用层协议包括 COAP 和 MQTT 等协议。

6.1.3　智能物联网络

随着物联网系统的发展、应用数量及范围的扩大，已有的物联网通信协议如何适应新系统和新环境成为一个具有挑战性的任务。传统的物联网协议设计，通常由基于前提条件的数学模型驱动，即针对特定网络场景，建立数学模型，生成求解算法，从而开发相应的协议软件，如 MAC、路由、拥塞控制等。这种设计方式导致现有物联网通信协议在所假设的网络场景下性能优良，一旦环境或网络状态发生变化，协议不再适应，导致网络性能下降。这种情况下通常需要对协议进行修改或设计新的协议来解决问题，导致开销较大。

通过引入机器学习或 AI 技术，设计智能物联网通信协议，可以使协议具有较好的环境自适应能力，有效减少协议重新设计的开销。如在物联网通信协议设计中引入强化学习、神经网络等 AI 方法，能够使通信协议自适应复杂多变的应用环境，在环境变化、节点移动、通信故障等情况下提供较好的性能。目前，基于机器学习的数据驱动网络协议已经展示出了巨大的潜力，将成为智能物联网的重要组成部分。智能物联网协议具有如下优点：

- AI 使得物联网协议具有动态性和智能性，在快速变化的网络环境下，监控并自适应这些变化以保持网络高效运行。
- 在新应用和新环境下，智能物联网系统能够根据获得的新知识进行自我调整，保证系统鲁棒性。
- AI 提高了物联网系统的自主控制能力，改善了物联网系统的智能决策能力。

尽管具有上述优点，智能物联网协议设计过程中需要考虑其他一些问题。如物联网设备通常资源有限，使用 AI 提升了协议性能，但 AI 计算过程大大消耗了物联网设备的能量，需要在 AI 算法的计算复杂性和学习准确性之间进行权衡。

6.2　物联网智能接入控制

MAC 层协议设计过程通常遵循提高吞吐量、降低延迟及能源有效等目标。物联网传统 MAC 层协议，如 S-MAC、X-MAC 等，通过 duty-cycle 方式实现能源有效性；T-MAC 通过引入未来请求发送（FRTS）降低延迟，而 802.11n/ac 在 MAC 层通过帧聚合和块确认等技术来提高吞吐量；TSCH 通过时隙信道跳变的方式提高传输的可靠性。

在 MAC 协议中，机器学习（Machine Learning，ML）为优化 IoT 网络的性能提供了很好的解决方案。如图 6-3 所示，可以把物联网设备想象成一个能够借助机器学习访问信道资源的智能设备[1]，通过机器学习，物联网设备能够观察和学习不同环境状态对网络性能的影响，然后利用这些学习到的经验来可靠地提升网络性能，同时生成后续的执行动作。

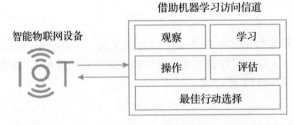

图 6-3　基于机器学习的物联网智能接入控制

6.2.1　认知 MAC 协议

在智能物联网系统中，一个可靠的 MAC 协议应根据观测到的网络通信状况，动态地选择最合适的 MAC 访问控制算法，以适应当前的网络条件并满足通信质量需求，这样的 MAC 协议称为认知 MAC（Cognitive MAC）。从网络的角度来看，可靠的无线通信质量最直观的体现是数据包传输性能。因此，可以使用机器学习为数据包的传输设计数据驱动模型[2]，在运行 CSMA/CA 协议时实时观测数据包的传输性能，从而进行网络性能预测。数据驱动模型是认知 MAC 的重要组成部分，但也可以作为一个独立的可重用的性能预测组件，集成到需要性能预测的其他系统中。

1. 认知 MAC 设计

认知 MAC[3] 体系架构如图 6-4 所示，系统由全局控制器（Global Controller）和无线传感器网络（WSN）两个主要组件组成，并在二者之间完成一个认知循环，其中 WSN 是一组无线节点（Wireless Node）的集合，它能够生成感知信息并能够在运行时重新配置传输参数。

全局控制器是实现 MAC 层性能预测的中心实体，其核心是一个 ML 模型，通过从无线节点收集信息来实现预测，进而动态地决定如何配置 MAC 层，并将新的配置广播到各个节点，以提高整体网络性能。比如，全局控制器为应对跨技术（Cross-Technology）干扰，可以配置像 TSCH 这样更抗干扰的 MAC 协议。

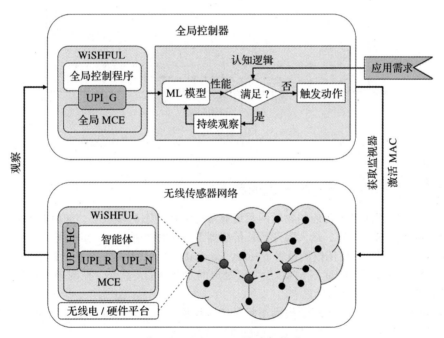

图 6-4　认知 MAC 体系架构图

2. 机器学习模型

在认知 MAC 系统实例中，对传感器节点通信数据进行连续采样，提取了预测 MAC 性能的最相关特征，包括检测节点数（d）、分组间隔（IPI）、接收数据包数量（rP）、错误数据包 / 帧数（errP），形成特征向量 $x(i) = [d, \text{IPI}, \text{rP}, \text{errP}]^T$ 和相应通信可靠性 $y(i) = \text{plr}$（丢包率）。

在特征提取基础上，使用二元组 $(x(i), y(i))$ 训练了回归树、线性回归和神经网络三种机器学习模型，并使用 10 倍交叉验证算法验证了每个模型的性能，如图 6-5 所示为具有调谐超参数的每个模型的均方根误差（RMSE）。实验结果表明，一个具有 10 个隐藏层（HL）的神经网络，在 $\alpha = 0.1$ 的学习速率下，经过 2000 次训练迭代，能够获得最好的数据分布。在实验基础上，选择 30 秒作为观测间隔，并确定新的 MAC 层。

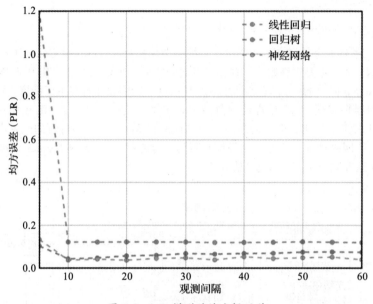

图 6-5　ML 模型的均方根误差

6.2.2　基于模糊逻辑的接入延迟改善

　　以无线传感器网络为代表的物联网系统通常运行在动态的环境下，如何在 MAC 层保持消息的延迟和传输可靠性，最大限度延长传感器节点（电池驱动）工作时间是一个挑战性问题。针对这一问题，可使用模糊逻辑（Fuzzy Logical）算法优化能量消耗，最小化丢包数量。通过将模糊逻辑应用于物联网 MAC 层协议经典的 CSMA/CA 算法，控制每个节点的队列长度和通信速率，以改善网络延迟 [4]。

　　图 6-6 为传感器节点运行的模糊逻辑系统工作原理框图，模糊输入包括队列长度（Queue Length）和流量速率（Traffic Rate）两部分，它们被模糊为语言变量（Linguistic Variable）。因此，模糊系统的输入值在特定范围内具有一定的不确定性，这一特性使得模糊算法非常适合动态变化的场景。

　　模糊算法将通信速率测量和动态队列管理相结合，使用动态调度方法控制每个节点的队列长度来确保信道内的通信，以提高能源效率和 QoS，最大限度地减少数据包丢失。通过实时监控每一个超帧的队列占用率和流量速率，

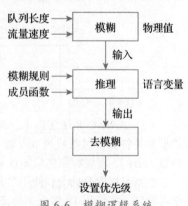

图 6-6　模糊逻辑系统

所有的语言变量都具有一个随机数，该随机数由一个隶属函数表征。模糊函数输入为三角形式，输出隶属函数为单态函数，如图 6-7a 所示。

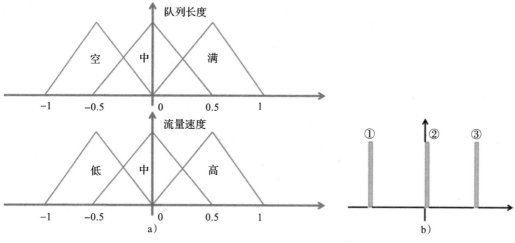

图 6-7 语言参数的隶属函数

关于输出变量，赋予给予优先级的操作可以根据三个变化级别进行更改，即低优先级①、中优先级②和高优先级③。图 6-7b 给出了使用单例函数的输出语言变量的变化。

为了执行模糊化过程，在模糊规则中映射如下两组集合：

$$Q_n \in \{Empty, Medium, Full\}$$
$$T_n \in \{Low, Medium, High\}$$

这些状态对的排列组合数为 9，面向对每个状态对，为输出模糊变量建立一个适当的状态，即优先级：

$$P_n \in \{Low, Medium, High\}$$

使用决策表定义所有基本规则，如表 6-2 所示，决策表由 9 条规则组成，使用最大最小的方法构建。

表 6-2 模糊决策表

Q	T		
	Low	Medium	High
Empty	Low	Low	Medium
Medium	Low	Medium	High
Full	Medium	High	High

在归一化阶段，系统中的每个测量值都将被修改以提供一个属于简单语音的值。为了规范化语言变量，如果入口变量"y"的变化域是 $[a, b]$，则可以使用 $v = \dfrac{2y - b - a}{b - a}$ 这一线性关系将其转换为 $[-1, 1]$ 的值。

对变量进行归一化后，设其隶属函数为 $(\mu_K(Q_n), \mu_K(T_n))$。基于模糊逻辑调度器，对CSMA/CA 算法进行修改，并应用于参与网络流量的所有节点，具体工作流程如图 6-8 所示。

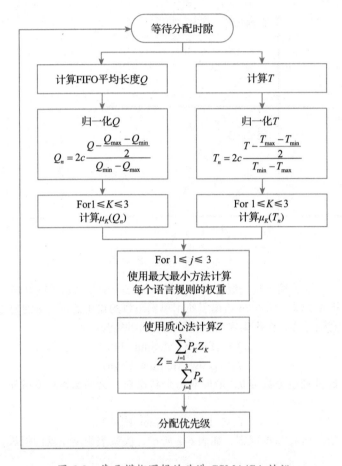

图 6-8　基于模糊逻辑的改进 CSMA/CA 协议

模糊逻辑尽量减少了数据包之间的冲突，实验结果表示，标准 CSMA/CA 在应用该模糊逻辑后，能够实现能耗降低 20%，吞吐量降低 18.75%，延迟降低 90.91%。

6.2.3　应用强化学习缓解无线信道冲突

强化学习（Reinforcement Learning，RL）是机器学习技术的子领域，它尝试使用计算机程序从大型数据集中生成模式或规则，以决定应在特定环境中采取何种行动才能最大化长期奖励。代理通过积极探索环境来获取知识，然后它会根据所获取的信息决定下一步行动。因为代理事先不知道最佳行为，因此必须尝试许多不同的动作并从其经验中学习。对于特定状态，它会选择一些可能的动作并从环境中接收奖励。

一个强化学习任务被描述为一个马尔可夫决策过程，其中 S 是可能的状态集，A 是可能的动作集，P 表示状态转移概率，R 表示行动对应的环境奖励。此外，策略 $(\pi_t: S \rightarrow A)$ 是从状态到动作的映射。这样的策略定义了代理在时间步长 t 下的行为。函数 $V\pi(s)$ 定义了代理在策略 π 下的状态下可以收到的预期总奖励。解决 MDP（Markov Decision Process）的目标是找到一个最优策略 $\pi*$，在该策略下可以累积奖励最大化。

物联网系统中节点的数量、位置和流量特征动态变化，而强化学习可以分布式方式适应不断变化的环境，不需要任何控制消息开销，这使得强化学习成为物联网 MAC 协议的合适解决方案。

在典型的物联网系统中，多个 IoT 设备感知、采集并转发数据，减少 IoT 设备之间的通信冲突是物联网 MAC 协议设计的基本要求。CoRL 是一种基于强化学习的低复杂度 MAC 协议 [5]，在时隙 ALOHA 协议基础上有效缓解了信道冲突，实现了高吞吐量。CoRL 提出了一种协同预测 Q 值的方法，节点利用其他节点的通信试验信息更新其价值函数，通过使用共享信道观察获得的协作 Q 函数来寻找合适的传输时间。具体而言，使用基于争用的时隙帧协议和 Q-Learning 来减少资源分配时间，采用奖励过程来避免碰撞，引入无状态 Q 值来降低物联网设备的计算复杂度。

CoRL 使用时隙 ALOHA 协议，将 IoT 物联网设备作为强化学习框架中的一个代理，由此一个物联网络由多个代理组成。首先，代理在一个帧中以随机方式选择其初始时隙。在一个帧中的所有传输结束后，代理通过强化学习选择下一个时隙，以确定适当的传输时间。

在物联网网络中使用协作 Q-Learning 进行时隙分配的步骤如下：

①用随机值 $Q_0(m, a) \in (0, 1)$ 初始化每个代理的 Q-table。$Q_f(m, a)$ 为代理 m 在帧 f 中的动作 a 的 Q 值，$Q_f(m, a)$ 值存储在 Q-table 的二维数组中。

②对于每一帧，代理在前一帧中选定的时隙传输它们的数据。

③在所有代理传输结束后，代理更新它们的协作 Q 值。Q 值更新方程为 $Q_t^c = Q_{t-1}(a) + \gamma \cdot \max$
$\left(\sum_{m=t}^{N} r_t^m(a), -2 \cdot |r_t| \right)$，$r_t^m(a)$ 是代理 m 在时间 t 选择动作 a 的奖励；$Q_{t-1}(a)$ 是在 $t-1$ 时动作 a 的 Q 值；$\gamma \in (0, 1)$ 为折扣系数。

④使用协作 Q 值，更新代理的 Q 值；其中，递归更新方程为 $Q_t(a) = (1-\alpha)Q_{t-1}(a) + \alpha(r_t + \gamma \cdot \max_{a'} Q_t^c(a'))$。$\alpha$ 是学习率参数，它根据之前的 Q 值权衡最近的经验，r_t 是与时间 t 传输结果相关的奖励，$Q_t^c(a')$ 是用于在下一帧中选择合适时隙的协作 Q 值，考虑当前帧中所有代理的传输策略。每个代理应该选择其他代理没有访问的空时隙。

⑤对于下一帧，代理基于其当前 Q 值使用策略控制算法为下一帧选择传输时隙。

⑥当所有代理成功选择自己的时隙时，即所有传输都成功且没有任何冲突，达到稳态，时隙跳变终止。

实验证明，随着 MAC 帧时隙数的增加，CoRL 比其他模型表现出更好的性能，与传统的基于 Q-Learning 的 MAC 协议相比，可以减少 34.1% 的收敛时间。

6.3 物联网智能路由

传统物联网路由协议或以数据为中心，或采用传统网络拓扑路由，随着人工智能的发展，强化学习、神经网络等方法逐渐开始在物联网路由协议中应用，人工智能方法的引入在物联网应用复杂多变的环境中提供了路由的自适应能力，在通信故障、拓扑变化和节点移动性等情况下提供了较好的性能。

6.3.1   基于强化学习的物联网路由

强化学习已被证明对于路由非常有效，可用于优化网络性能。基于强化学习的路由协议需要节点存储若干不同的可能动作和奖励值，因此对每个节点的内存容量和计算能力有一定要求，并且需要一些时间来收敛。但基于强化学习的路由协议易于实现，并且对拓扑变化具有很高的灵活性，通过使用分布式学习，该方法能够在几乎没有额外成本的情况下获得最佳结果。因此，强化学习非常适合处理物联网路由等分布式问题，但其难点在于探索与实施之间的权衡。探索是探索新知识，而实施是采用目前已经获得的、具有良好回报的状态 – 动作对。前者可以带来长期的提升，有利于收敛到优化。后者能够在短时间内提升性能，但可能收敛到非最优解。物联网系统应该根据不同的需求来选择合适的策略。

1. Q-Routing

Q-Routing[6] 是使用机器学习技术进行路由的最早工作之一，其基于最小的传递时间来学习最佳路径，为节点的每个邻居分配一个 Q 值。Q 值被定义为当前节点将这个特定的邻居作为到目的地的下一跳的传送数据包所花费的时间。

当一个节点 y 收到来自节点 x 的数据包时，它立即发回一个奖励，该奖励表示将数据包转发到目的地所花费的最短时间，该奖励的计算公式为

$$t = \min_{z \in \text{neighbors of } y} Q_y(d, z) \qquad (6\text{-}1)$$

其中，$Q_y(d, z)$ 是节点 y 将节点 z 作为到目的地的下一跳节点，从而将数据包传送到目的地所花费的时间。然后，节点 x 根据公式（6-2）更新行程中剩余时间的估计：

$$\Delta Q_x(d, y) = \eta(q + s + t - Q_y(d, y)) \qquad (6\text{-}2)$$

其中，η 是学习率，q 表示在 x 缓冲队列排队时间，s 表示节点 x 和节点 y 之间传输的时间。在上述公式中，$q + s + t$ 是新估计，$Q_y(d, y)$ 是旧估计。

仿真表明，Q-Routing 在高网络负载下具有较高效率，并在网络拓扑变化的情况下性能良好。Q-Routing 能够在动态变化的网络中发现有效的路由策略，而不需要事先了解网络拓扑和流量模式。完全分布式的特性也使得 Q-Routing 及其派生出来的路由方法非常适合物联网应用。

2. ATP

自适应树协议 ATP[7] 对受约束的路由使用基于强化学习的元路由策略。基于强化学习策略，路由初始化时构建一个生成树，在路由过程中对生成树自动进行维护，不需要额外的控制包用于树维护。即使出现节点故障或基站移动，自适应生成树仍可以维持到基站的最佳通路。

ATP 协议的核心是基于强化学习的元路由策略。它包括三个阶段：初始化阶段、转发阶段和确认阶段。学习发生在所有阶段。首先基于消息的路由表示定义成本函数。根据成本函

数，给每个节点分配 Q 值，表示从该节点到目的地的最小成本。此外，每个节点存储其邻居节点的 Q 值，即 NQ 值。

对于每个节点而言，如果汇聚节点已知，则可以在网络初始化期间获得初始 Q 值；或者节点在第一次收到某类型数据包时估计初始 Q 值。节点根据邻居的信息估计初始 NQ 值，并在收到来自邻居的数据包时进行更新。当一个节点将一个数据包转发到另一个节点时，它将该类型消息的当前 Q 值附加到数据包中。当节点监听到来自节点 n 的具有 Q 值 $Q(n)$ 的类型 m 的数据包时，无论其是否为指定的接收者，都会通过公式（6-3）更新相应的 NQ 值。

$$\mathrm{NQ}_m(n) \leftarrow \gamma \mathrm{NQ}_m(n) + (1-\gamma)Q(n) \tag{6-3}$$

另外，节点根据公式（6-4）重新估计自己的 Q 值，其中 α 为学习率，O_m 为局部目标函数的当前值。

$$Q_m \leftarrow (1-\alpha)Q_m + \alpha(O_m + \min_n \mathrm{NQ}_m(n)) \tag{6-4}$$

ATP 利用上述基于强化学习的策略来构建自适应生成树。在初始化阶段中，如果汇聚节点已知，则构建以汇聚节点为根的初始生成树。除汇聚节点之外的每个节点都有一个指向父节点的指针，它是具有最小 NQ 值的邻居节点。初始生成树有可能不是最佳方案，并且网络连接可能由于汇聚节点的移动不时改变。在转发阶段，每个数据包转发一次，节点将接收的数据包发送给父节点。在数据包转发过程中，树的结构随着 NQ 值的变化而变化。如果在特定时间段内从转发节点中没有监听到数据包，则更新该节点的 NQ 值。

与传统的路由树相比，ATP 可以实现能量感知的负载平衡，并可以自动删除不对称或断开链路，因此适合于需要高可靠性的应用，对不可预测的链路故障和移动汇聚节点具有鲁棒性。

3. FROMS

FROMS（Feedback Routing for Optimizing Multiple Sink）是一种基于 RL 算法的能量感知多播路由协议[8]。它使用每个节点的本地信息作为反馈与相邻节点共享，并利用 RL 算法最小化能量消耗，同时将数据包传送到许多汇聚节点。

在 FROMS 协议中，每个节点作为 Agent 学习到任意汇聚节点组合的最佳跳数成本，行动是数据包的一种可能的路由决策。行动被定义为一组子行动 $\{a_1, a_2, \cdots, a_k\}$，对于子行动 $a_i = (n_i, D_i)$，它表明邻居 n_i 是预期的下一跳，用于路由到目的地 D_i。一个完整的行动是一组子行动的集合。

FROMS 的工作方式如下所述：

①收集路由信息，并估计行动的初始 Q 值。每个汇聚节点广播通告消息，表明它对接收特定数据类型的兴趣。通过这种方式获取到所有已知汇聚节点的跳数。然后，子行动的初始 Q 值根据到每个汇聚节点的跳数进行估计，如公式（6-5）所示。

$$Q(a_i) = \left(\sum_{d \in D_i} \mathrm{hops}_d^{n_i}\right) - 2(|D_i| - 1) \tag{6-5}$$

公式（6-5）的第一部分使用邻居 n_i 计算单独到达汇聚节点的总跳数，第二部分是减去的数值，即假设使用广播通信。

带有子行动 $\{a_1, \cdots, a_k\}$ 的完整行动 a 的 Q 值是

$$Q(a) = \left(\sum_{i=1}^{k} Q(a_i) \right) - (k-1) \qquad (6-6)$$

②当数据开始在网络中流动时，节点以 Agent 方式工作，学习网络中共享路径的真实 Q 值。

在每一步，转发节点都会根据具体的探索策略选择一个动作，以到达所需的目的节点集合。节点广播接收到的数据包，并捎带对子行动好坏的评估，作为对邻居的奖励。奖励通过公式（6-7）计算：

$$R(a_i) = C_a + \min_a Q(a) \qquad (6-7)$$

C_a 是行动的成本，它在按跳数度量中始终为 1。收到数据包后，节点提取奖励并更新其子行动的 Q 值：

$$Q_{\text{new}}(a_i) = Q_{\text{old}}(a_i) + \alpha(R(a_i) - Q_{\text{old}}(a_i)) \qquad (6-8)$$

其中，α 是算法的学习率。

③经过有限步骤后，Q 值不再变化，学习协议收敛，更新探索策略。

实验结果表明，即使有额外的学习开销，FROMS 也能显著降低路由成本。而且 FROMS 在节点故障的情况下也有很好的表现，增强了连通性能并提高了适用性。

6.3.2　基于神经网络的物联网路由

神经网络是生物神经系统的模型，人脑包含大量神经元，每个神经元通过突触与其他神经元连接并接收信号。这些突触连接在大脑的行为中起着重要的作用，形成类似于密集网络结构。在 AI 神经网络模型中，一个神经网络由输入层、隐藏层和输出层中组织的神经元网络组成，结构如图 6-9 所示。

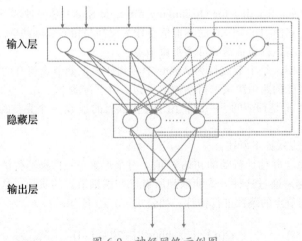

图 6-9　神经网络示例图

其中上下文层是隐藏层输出的副本。不同类型的神经网络之间存在一些差异。例如，在前馈神经网络中，一层的输出作为下一层的输入，而在 Jordan 类型神经网络中，输出层神经元的输出副本作为隐藏层输入，在 Elman 类型的循环网络中，上下文层表示为隐藏层的输入。

一旦学习阶段成功完成，神经网络模型的性能需要使用独立的测试集进行验证。

传感器智能路由（SIR）是一种由 QoS 驱动的路由算法[9]。每个节点都引入了一个神经网络来管理路由。在神经网络结构中，第一层有 4 个神经元，第二层有 12 个神经元，组成 3×4 矩阵，输入是延迟、吞吐量、错误率和占空比。

在一个节点收集了一组输入样本后，SIR 运行神经元选举算法，选出获胜神经元后，节点使用输出函数来分配 QoS 的估计。通过这种方式，每个节点根据延迟、错误率、占空比和吞吐量等因素来探测邻居以计算链路质量，然后通过修改 Dijkstra 算法寻址到从汇聚节点到每个节点的最小成本路径。

SIR 等使用神经网络的路由协议非常适合基于物联网的实时应用。SIR 考虑延迟、错误率、占空比和吞吐量来确定链路质量，路由协议由 QoS 驱动，因此在平均延迟和能耗方面性能较好。尤其是在故障节点比例较高的情况下，SIR 具有更大的优势。但是，SIR 的开销很高，在每个节点上实施神经网络算法需要计算成本，此外，每个节点通过探测邻居来计算链路质量也存在额外的成本。

6.3.3 基于人工智能技术对现有物联网路由协议的改进

除以上方法外，还有研究结合人工智能技术对现有路由协议进行改进和优化，下面介绍几种代表性方法。

1. 智能 RPL 协议

物联网的多样化对低功耗有损网络路由协议（Routing Protocol for LLN，RPL）提出了诸多挑战。动态和有损环境是许多物联网系统的关键挑战之一，RPL 无法针对动态和有损环境有效地调整其链路指标，从而对协议性能产生了较大影响。智能 RPL 协议通过将学习自动机（Learning Automata，LA）与 RPL 目标函数（OF）相结合，在 RPL 中引入认知能力，从而提高其性能[10]。在期望传输次数（Expected Transmission Count，ETX）的计算中应用 LA，根据环境对 ETX 进行调整，LA 通过与环境的交互进行学习，产生最佳的 ETX 值，然后监控环境以发现环境中的不稳定性。

在 LA-OF 中，LA 被集成到物联网节点中，对 ETX 进行微调，从而提供传输的精确估计。基于 LA 的系统有两类参数：可控参数和可观察参数：可控参数是输入网络的内部参数，可以根据要求进行改变。可观察参数是指被测量的外部参数或系统的输出。

学习自动机将 ETX 作为可控参数，将丢包（Packet Loss，PL）作为可观察参数。它通过从环境中获得强化信号，在可观察参数的基础上调整可控参数。在学习过程开始时，每个行动都有相同的机会被选择。在每一轮，强化信号会更新概率向量，从而加快局部优化。

LA-OF 采用了两个学习阶段：离线学习阶段和在线学习阶段。在线学习阶段根据强化信号在每次迭代中更新概率向量，持续 N 次迭代；离线学习阶段不更新概率向量，直到不可能发生的条件发生为止。在线学习阶段在环境学习阶段被采用，直到终止条件发生。离线学习阶段在 ETX 调整后触发，以追踪环境的变化，并避免了由于不重要的事件或临时环境变化而发生的突然变化。

网络中的每个节点都分配了学习自动机，它们在运行时进行学习工作。在找到最佳行动后，学习过程将停止。这可能会对网络产生负面影响，例如，当学习自动机过程停止后，网络收敛到一个稳定状态，环境条件发生变化，无法追溯到以前的稳定状态。为了避免这种负面影响，会触发一个离线学习阶段。它分析该变化是否是由不重要的事件引起的。如果它不是一个临时的变化，那么学习过程将被重新启动。在每次迭代中，发送数据包后会检查是否收到 ACK。如果显示为 NOACK 状态，则对当前 ETX 进行惩罚。

2. 智能机会路由

机会路由（Opportunistic Routing，OR）也被称为任意路径路由。该协议利用了无线网络的基本特征，即数据的广播传输。早期的路由策略认为广播会导致干扰，而机会路由则利用无线网络的传播行为，使一个节点的广播可以被多个节点接收，据此选择下一个转发节点。

OR 将数据包广播给一组中继候选者，并被邻居节点窃听，然后作为转发者名单的一部分并且成功确认了数据包的中继候选者，在他们之间运行一个叫作协调机制的智能协议，以选择最佳中继候选者来转发数据包。简而言之，OR 由以下三个步骤组成：

①向中继候选者广播数据包。
②通过使用转发者列表中的节点之间的协调协议，选择最佳中继。
③将数据包转发到选定的中继节点。

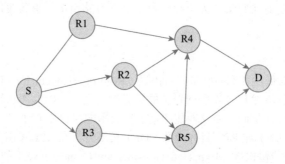

图 6-10　机会路由

以图 6-10 为例，源节点 S 通过节点 R1、R2、R3、R4 和 R5 向目的节点 D 发送一个数据包。首先，S 广播了一个数据包，中继节点 R1、R2 和 R3 可能成为中继节点。之后，如果 R2 被选为了潜在转发者，那么 R4 和 R5 则有可能成为中继节点，如果 R5 被选为转发节点，那么它就把数据包转发到目的地节点 D。

机会路由可提升可靠性及传输范围。通过使用这种路由策略，WSN 的可靠性大大增加，因为该协议通过任何可能的链接而不是任何预先决定的链接传输数据包。因此，这个路由协议提供了额外的备份链接，从而减少了传输失败的可能。使用机会路由，无线媒介的广播性质使传输范围大增，数据传输可成功到达最远的中继节点。

智能机会路由使用朴素贝叶斯分类器智能选择潜在的中继节点[11]，以实现传感器节点之间的能源效率和可靠性。剩余能量和距离作为评估标准被用来寻找下一跳节点。实验结果显示，这个协议改善了传感器网络的寿命、稳定性和吞吐量。确保了离基站较远的节点只有在它们有足够的能量时才能成为中继节点。

6.4　物联网智能传输控制

拥塞控制是物联网传输层协议的主要功能之一。网络拥塞会导致数据包丢失，增加端到端的延迟，浪费节点的能量，并显著降低物联网应用的保真度，从而对物联网应用的性能产生负面影响。因此需要在传输层对物联网进行有效的拥塞控制，提高网络吞吐量，减少数据传输时延。

在物联网中，当传感器节点或通信信道需要处理的数据传输量超过其容量时，就会发生拥塞。图 6-11 显示了节点级拥塞和链路级拥塞。节点级拥塞是由于某个特定节点的数据包到达率很高（见图 6-11a），而链路级拥塞是由两个节点之间的冲突和较低的比特传输速率导致的（见图 6-11b）。

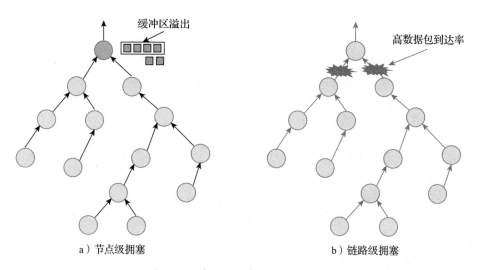

a）节点级拥塞　　　　　　　　　　b）链路级拥塞

图 6-11　节点级拥塞和链路级拥塞

目前在物联网传输层协议的设计中，已经提出了很多拥塞控制方法，而其中基于机器学习的拥塞控制方法可以更准确地估计网络流量，从而找到最佳路径，最小化节点与基站之间的端到端时延，并可根据网络的动态变化调整传输范围，更加灵活地控制传输层发生的拥塞，提高传输效率。

6.4.1　基于神经网络的拥塞控制方法

人工神经网络方法在拥塞控制中的应用已经得到了多方面的探索，下面介绍两种代表性方法。

1. 基于自动编码器的拥塞控制方法

基于自动编码器的拥塞控制方法是一种基于神经网络的数据压缩技术，在节点或簇头之间传输压缩后的数据能够减少通信开销，从而避免无线传感器网络中的拥塞以及平衡传感器节点之间的能量消耗[12]。

自动编码器（AutoEncoder, AE）是一个三层神经网络，如图 6-12 所示，通过自动编码器，可以将 L 维的原始数据 x 转换为 K 维压缩数据 y（$L>K$）。并在该过程中通过训练学习得到最佳编码权重和解码权重。

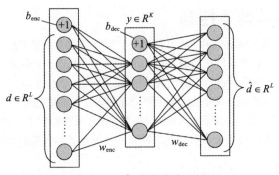

图 6-12   自动编码器示例

AE 用于提取合适的低维代码表示，保留原始数据的大部分信息内容。除了数据压缩，这些内在特征对于数据分析和可视化算法也是不可或缺的。传感器网络部署在各种不同的场景中，具有不同的网络结构和数据模式，基于 AE 的算法使用统一的技术支持了多种场景。只要学习到 AE 的参数，就能够轻松地对数据进行编码和解码。

基于自动编码器的拥塞控制方法包含以下主要步骤（见图 6-13）：

①使用传感器节点收集历史数据；

②在基站进行离线训练和建模；

③在发送端对在线数据进行时域或空域压缩（编码）；

④接收端对收到的压缩数据进行近似还原（解码）。

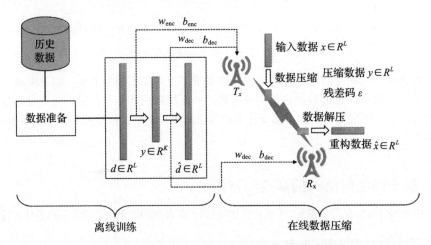

图 6-13   基于自动编码器的拥塞控制算法流程

2. 基于深度信念网络的拥塞控制方法

基于深度信念网络的拥塞控制方法[13]使用深度学习中的深度信念网络（Deep Belief Net，DBN）的方法构建了代理 Loadbot，通过对大量用户数据的分析和网络负载的测量进行网络配置，在物联网中实现高效的负载平衡，从而有效地避免物联网中的拥塞。

该方法使用 DBN 对复杂的物联网网络进行建模，绘制出网络负载的结构图，从而创建出一个神经网络。DBN 由若干层神经元构成，组成元件是受限玻尔兹曼机（Restricted Boltzmann Machine，RBM），将若干个 RBM "串联"起来则构成了一个 DBN。其中，上一个 RBM 的隐层即为下一个 RBM 的显层，上一个 RBM 的输出即为下一个 RBM 的输入。训练过程中，需要充分训练上一层的 RBM 后才能训练当前层的 RBM，直至最后一层。该工作设计了一个多模式深度信念网络，如图 6-14 所示，并应用该多模式深度信念网络来绘制物联网环境下的网络结构。

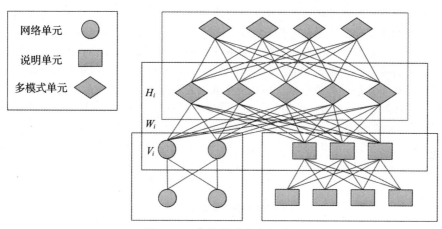

图 6-14　多模式深度信念网络

　　该方法基于所学习到的策略对每个操作进行决策，不需要进行耗费时间的复杂计算，还可以根据每个环境的补偿值来决定最佳行为，即使在事先不知道每个环境的补偿值或概率值的情况下。通过使用现有的输入和输出数据集，它可以在插入输入值时学习到输出所需要的材料。该网络负载决策算法采用 Q 学习来计算和存储当前网络负载并学习结果，此外，它还能够通过对大量数据的长期分析来预测网络负载的结果。Q 值设置为 0 或初始化为随机数。图 6-15 中的箭头显示了每种状态下可能进行的动作。

　　其中 Q 学习算法如图 6-16 所示。

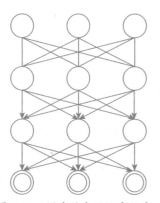

图 6-15　深度信念网络中状态 –
动作选择

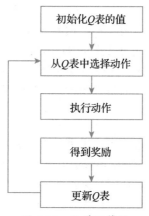

图 6-16　Q 学习算法

6.4.2　其他智能拥塞控制方法

除了基于神经网络的方法外，还有一些其他智能拥塞控制方法，下面介绍两种代表性方法。

1. 基于学习自动机的拥塞控制方法

可以基于学习自动机设计认知框架，并将认知能力整合到物联网中，CCCLA（使用学习自动机的物联网认知拥塞控制）基于认知框架设计了一种应用于拥塞控制的认知方法[14]。该方法使用一种具有学习能力的跨层设计，在每个节点上使用 LA 来增加整个网络协议栈的学习能力，分配给每个节点的 LA 组能够以分布式和自我调整的方式进行决策和行动。LA 用于设置网络协议栈不同层的有效参数；一旦网络被设置和配置，每个 LA 都会收到来自网络环境的反馈（反馈所选参数设置的效果）。LA 根据反馈调整和更新其内部状态，并且每个 LA 逐渐学习其自身参数的最佳值，从而减轻物联网中的拥塞情况。

CCCLA 中的物联网认知框架包含了六个模块，其结构如图 6-17 所示。

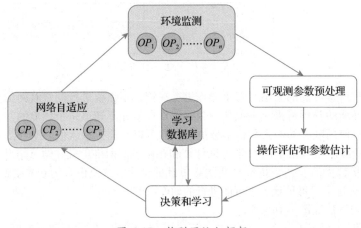

图 6-17　物联网认知框架

①环境监测：该模块用来感知网络和环境的可观测参数，并收集它们的观测值。

②可观测参数预处理：不同的可观测参数根据其类型、性能参数或协议相关参数进行分类，并将观测值标准化，以简化计算。

③操作评估和参数估计：在这个模块中，根据终端用户的要求（称为端到端目标）和网络协议的性能，对可观测参数进行评估。评估结果被发送到下一个模块，作为长期学习的环境反馈。

④决策和学习：从前一个模块收到的数据被用于对未来的网络进行配置，并通过学习算法进行学习，该学习算法由学习自动机定义。

⑤网络自适应：设置网络可控参数，并配置网络协议栈以与环境交互。

⑥学习数据库：这里存储了学习自动机的操作（即可控参数的值），以及选择操作的概率。根据从操作评估模块接收到的数据和学习模块中的学习算法计算操作概率。

拥塞控制算法中设置了下列可控参数：拥塞窗口（CW）、数据包大小（PS）、占空比（DC）、重传定时器（RT）、最大重传（MR）和竞争窗口（CtW）。根据所提出的认知模型，将一个名为 LA1 的学习自动机分配给 CW；同样，LA2 分配给 PS，LA3 分配给 DC，LA4 分配给 RT，LA5 分配给 MR，以及 LA6 分配给 CtW。这些学习自动机通过从一组可能的值（它们的操作集）中随机选择一个值（一个操作）来初始化它们的相关参数，所有自动机选择的操作用来配置网络协议堆栈。然后，根据获得的奖励或惩罚，使用从网络环境中收集的可观测参数的值来更新学习自动机的概率向量，从而避免拥塞，使得网络性能最大化。

2. 基于模糊逻辑的拥塞控制方法

基于模糊逻辑的无线传感器网络检测和拥塞控制协议使用一种新的主动队列管理方法来确定丢包概率[15]。所提出的主动队列管理方法综合了随机早期检测和模糊比例积分微分控制器（模糊 PID）方法，将模糊逻辑与 PID 相结合来控制目标缓冲队列。模糊逻辑控制器估计和调整每个节点的发送速率，从而对拥塞进行检测和控制。模糊逻辑控制器如图 6-18 所示。

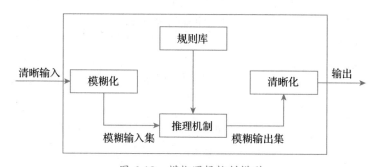

图 6-18　模糊逻辑控制模型

该算法主要包括以下几个步骤：

①将一种新的随机早期检测主动队列管理（AQM）和模糊比例积分微分（FuzzyPID）方法集成在一起用于拥塞检测。

②如果发生拥塞，发送隐式拥塞通知（ICN）。

③调整发送速率进行拥塞控制，发送速率的调整是通过使用模糊控制器来完成的。

该协议的最终目的是检测拥塞，并在发生拥塞时进行控制。由于物联网 / 无线传感器网络中存在具有各种特征的不同类型的流量，因此该协议考虑了三种类型的流量：低、中、高优先级。低优先级用于传输正常业务，中优先级用于传输需要中间延迟的数据，高优先级业务用于传输需要低延迟的数据。如图 6-19 所示，该协议也包括三个单元：拥塞检测单元（CDU）、拥塞通知单元（CNU）和速率调整单元（RAU）。

①拥塞检测单元：拥塞检测单元计算网络中每个节点的队列中的通信量，其工作流程如图 6-20 所示。

②拥塞通知单元：当检测到拥塞时，将向中间节点发送信号，该协议利用了隐式拥塞通知（ICN），即将拥塞信息搭载在数据分组的报头部分，并且避免发送额外的控制消息，从而提高传输效率并减少了功耗。

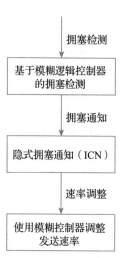

图 6-19　协议架构

③速率调整单元：速率调整单元（RAU）采用了模糊系统，当接收到拥塞信号时，每个节点的速率都会受到控制。通过管理传感器节点的传输速率来降低数据包丢失率并增加电导率，从而提高网络性能和效率。

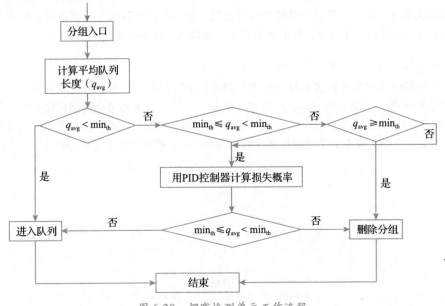

图 6-20　拥塞检测单元工作流程

6.5　习题

1. 说明典型的物联网通信体系架构。
2. 查阅资料，阐述物联网目前形成的协议栈体系架构。
3. 结合自己的理解阐述 AI 技术如何改进物联网通信协议？
4. 分析物联网认知 MAC 体系架构。
5. 分析强化学习方法能应用在物联网哪些协议设计中？
6. 简述 Q-Routing 的主要思想？
7. 基于神经网络的物联网路由有哪些优缺点？
8. RPL 如何与机会路由相结合？
9. 简述基于自动编码器的拥塞控制算法流程。

参考文献

[1]　ALI R, QADRI Y A, ZIKRIA Y B, et al. Q-learning-enabled channel access in next-generation dense wireless networks for IoT-based eHealth systems[J]. EURASIP Journal on Wireless Communications and Networking, 2019, 2019(1): 1-12.

[2]   CAO X, et al. AI-assisted MAC for reconfigurable intelligent-surface-aided wireless networks: Challenges and opportunities[J]. IEEE Communications Magazine, 2021, 59 (6): 21-27.

[3]   KULIN M, DE P E, KAZAZ T, et al. Towards a cognitive MAC layer: Predicting the MAC-level performance in dynamic WSN using Machine learning[C]//the International Conference on Embedded Wireless Systems and Networks. 2017.

[4]   BOUAZZI I, BHAR J, ATRI M. Priority-based queuing and transmission rate management using a fuzzy logic controller in WSNs[J]. ICT Express, 2017, 3(2): 101-105.

[5]   LEE T, JO O, SHIN K. Corl: Collaborative reinforcement learning-based mac protocol for IOT networks[J]. Electronics, 2020, 9(1): 143.

[6]   BOYAN J A, LITTMAN M L. Packet routing in dynamically changing networks: a reinforcement learning approach[J]. Advances in Neural Information Processing Systems, 1994: 6.

[7]   ZHANG Y, HUANG Q. A learning-based adaptive routing tree for wireless sensor networks[J]. Journal of Communications, 2006, 1(2).

[8]   FORSTER A, MURPHY A L. FROMS: Feedback routing for optimizing multiple sinks in WSN with reinforcement learning[C]//Proceedings of the 3rd International Conference on Intelligent Sensors, Sensor Networks and Information Processing. 2007.

[9]   BARBANCHO J, LEÓN C, MOLINA J, et al. Giving neurons to sensors: QoS management in wireless sensors networks[C]//In Proceedings of the IEEE conference on emerging technologies and factory automation. 2006: 594-597.

[10] SALEEM A, AFZAL M K, Ateeq M, et al. Intelligent learning automata-based objective function in RPL for IoT[J]. Sustainable Cities and Society, 2020, 59: 102234.

[11] BANGOTRA D K, SINGH Y, SELWAL A, et al. An intelligent opportunistic routing algorithm for wireless sensor networks and its application towards e-healthcare[J]. Sensors, 2020, 20(14): 3887.

[12] ALSHEIKH M A, LIN S, NIYATO D, et al. Rate-distortion balanced data compression for wireless sensor networks[J]. IEEE Sensors Journal, 2016, 16(12): 5072-5083.

[13] KIM H Y. A load balancing scheme with Loadbot in IoT networks[J]. The Journal of Super-computing, 2018, 74(3): 1215-1226.

[14] GHEISARI S, TAHAVORI E. CCCLA: A cognitive approach for congestion control in Internet of Things using a game of learning automata[J]. Computer Communications, 2019, 147: 40-49.

[15] REZAEE A A, PASANDIDEH F. A fuzzy congestion control protocol based on active queue management in wireless sensor networks with medical applications[J]. Wireless Personal Communications, 2018, 98(1): 815-842.

第 7 章

物联网终端智能

　　智能物联网（AIoT）的兴起成为推动终端智能发展的重要基础。据 GSMA 预测，2025 年我国物联网连接节点将达到 250 亿个，如智能手机、可穿戴设备、无人车、无人机、智慧电灯、工业机械臂、城市基础设施（路灯、摄像头等）等多种多样的物联网智能终端。相比传统物联网中具有简单感知与传输能力的传感器，在嵌入式硬件发展的推动下这些搭载着智能终端的嵌入式处理器（如 MCU、ARM），具有更强的感知、计算和存储能力，在人工智能技术的赋能下这些智能终端具有一定程度的知识学习和智能决策能力。如图 7-1 所示，这些物联网智能终端在无人驾驶、无人配送、智能家居、老人看护、精准农业、智慧农场、工业生产线产品质检等领域都具有重要的应用。

无人驾驶　　　　　　　　智能家居　　　　　　　　精准农业

智慧农场　　　　　　工业零件缺陷检测　　　　　生产线产品质检

图 7-1　物联网智能终端及其智能应用场景

　　数百亿终端设备并发联网产生的数据分析和融合需求促使终端智能成为一种重要趋势，即将智能应用／服务中频繁调用的深度计算模块从云端推向靠近产生海量数据和请求服务的物联网终端，其具有高可靠性、隐私性优势。随着物联网终端设备感知、计算和存储能力的不断提升，物联网终端每秒都会产生多种感知数据（如环境数据、运行数据、监测数据等），进而通过机器学习（如深度学习）方法进行智能化处理和理解（如智能感知、目标识别与追踪、智能决策等）。

此外，针对智能物联网终端平台资源（计算、存储和电量）受限、应用情境复杂多变、数据分布差异、硬件平台异构等问题，很难设计出一个普遍适用于所有复杂应用情境的统一的深度学习模型。因此终端智能模式下急需一种具有终端情境自适应能力的深度计算模型和方法，旨在根据智能物联网的情境变化而调整模型规模和运算模式，从而在确保模型性能的前提下，降低全局资源消耗、提高运算效率。**智能物联网的终端计算情境**包括光照/噪声等物理条件、数据类型及信息分布、目标任务精度和时延等性能需求、目标平台计算和存储资源等所有软硬件条件在内的多方面上下文信息。如图 7-2 所示，智能算法模型部署在智能物联网终端面临着设备资源情境和应用需求情境的动态变化，对终端智能算法模型的情境适配计算提出需求。

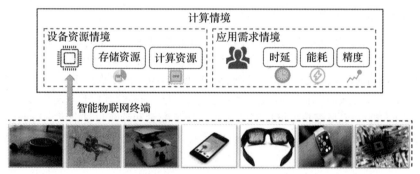

图 7-2　智能物联网的终端计算情境

本章将围绕智能物联网终端适配计算问题，从其基本概念、问题和典型算法等不同方面进行阐述和讨论。7.1 节详细介绍了适应于资源受限智能终端的不同深度模型压缩、超参数优化以及动态自适应推理方法。7.2 节重点关注一类与硬件密切相关的深度模型压缩技术——模型量化。7.3 节介绍基于自动化机器学习（AutoML）思想的深度计算模型架构搜索方法。7.4 节介绍软硬协同优化的深度计算模型加速问题及典型方法。

7.1　深度模型压缩

智能物联网终端的计算、存储和电量资源通常是十分受限的，而深度计算方法通常需要大量的计算和存储资源。深度学习模型（如 DNN）通常涉及训练和推理两个阶段。为了加载大量训练数据集、加速训练，深度模型训练阶段一般在搭载多块 GPU 的服务器上执行以加速训练。然而，训练好的深度模型难以直接部署在资源受限的物联网终端设备上执行离线推理。如图 7-3 所示，8 层 AlexNet[1] 的计算量为 724 000 000，所需存储量为 61 MB。而物联网终端设备的片上存储仅为几兆字节。为了解决这一矛盾，并保证高精度、实时性的推理性能需求，轻量化的深度计算模型成为当前的一个研究重点。

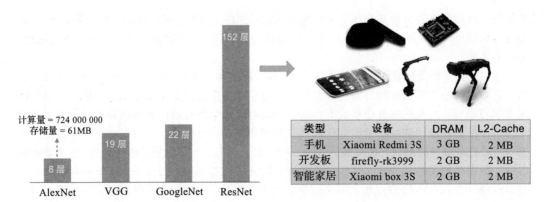

图 7-3   深度模型难以直接部署在资源受限的物联网终端设备上

7.1.1   深度模型压缩

自 2016 年以来，深度模型压缩技术成为一种降低模型复杂度的有效途径，从而使其运行在智能物联网中的移动嵌入式平台。深度模型由多个不同类型的层组成，如池化（pooling）层、卷积（Convolutional，Conv）层、全连接（Fully-Connected，FC）层。池化层一般采用固定的降维模式，在 Conv 层和 FC 层应用压缩技术，以减少参数规模或运算复杂度。如图 7-4 所示，采用不同的深度压缩技术可以对被压缩层的参数量和计算量复杂度进行调整，并且进一步影响其他性能指标（例如存储、能耗、时延）。表 7-1 列出了三类典型的深度模型压缩方法，各压缩算法技术详述如下。

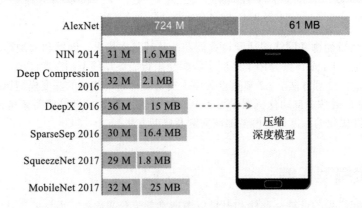

图 7-4   深度模型压缩技术示意图

表 7-1   深度模型压缩方法分类介绍

类　　型	方　　法	引用出处 / 模型	特　　点
卷积分解	SVD 分解	DeepX[2]	训练后压缩
	Sparse coding 卷积	SparseSep[3]	高效表示样本数据
剪枝	剪枝	Deep Compression[4]	减去模型冗余结构，并训练微调恢复精度

（续）

类 型	方 法	引用出处 / 模型	特 点
轻量架构	内嵌卷积	NIN[5]	1×1 微小卷积核
	Global Avg Pooling		替代参数量冗余的 FC 层
	Fire 卷积	SqueezeNet[6]	先小卷积降维再传统卷积的轻量化计算方式
	深度可分离卷积	MobileNet[7]	分离传统卷积的降分辨率（特征宽度）和降维（特征通道）的特殊轻量化计算方式

1. 基于奇异值分解（Singular Value Decomposition，SVD）的权值压缩技术

如图 7-5 所示，基于奇异值分解（SVD）[2] 的权值压缩技术是在两个相邻层 L 和 $L+1$ 之间引入一个含有 k 个隐单元的中间层 L'，从而压缩权值 W。这种方法不需要对模型进行再训练，因此，它也适用于运行时的层压缩。SVD 将相邻两层的权值矩阵 $W_{A \times B}^{L+1}$ 分解成两个分量，通过设置 k 来进一步地与矩阵的特征数目保持一样。因此，权值矩阵可以用两个权值矩阵 $W_{A \times k}^{L+1} W_{k \times B}^{L'}$ 的点积来计算。矩阵的点积是可交换的，三层之间的映射关系如公式（7-1）所示：

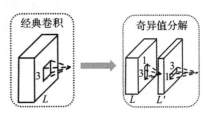

图 7-5　基于奇异值分解的一种卷积权值分解示意图

$$\begin{aligned} y &= W_{A \times B}^{L+1} x + b \\ &= (W_{A \times k}^{L+1} W_{k \times B}^{L'}) x + b \\ &= W_{A \times k}^{L+1} (W_{k \times B}^{L'} x) + b \end{aligned} \quad （7\text{-}1）$$

L 和 L' 层之间是通过 $y' = W_{k \times B}^{L'} x$ 进行无偏移连接的，L' 层和 $L + 1$ 层之间的映射关系是 $y = W_{A \times k}^{L+1} y' + b$，与原来的连接具有相同的偏移 b。压缩后，权值大小和计算量都将降低。

2. 基于稀疏编码（Sparse Coding）的权值压缩

稀疏编码 [3] 算法的目的就是找到一组基向量 C，使得我们能将输入向量表示为这些基向量的线性组合。基于稀疏编码的权值压缩技术通过稀疏字典学习，将一个 FC/Conv 层的原始权值矩阵分解为两个矩阵，其中 k 基字典是从原始权值 W 中学习而来。通过已学习的字典和稀疏编码，得到权值 W^{L+1} 的稀疏化因子：

$$W^{L+1} \approx \sum_{i=1}^{k} B_i C_i \quad （7\text{-}2）$$

其中 B_i 的值大部分都为 0，所以称为"稀疏"，因此每一个数据向量都由稀疏线性权值与基的组合形式来表达。这种映射关系和上述基于 SVD 的压缩方法类似。使用 k 基字典，原始层的权值规模和计算复杂度也都减少到 $(A + B) \cdot k$。

3. 模型剪枝

Han 等人 [4] 介绍了一个三阶段的压缩管道（包含剪枝、训练量化和哈夫曼编码），在不影响精度的情况下降低存储和能耗。如图 7-6 所示，权重剪枝删除不重要的权重（即低于某个阈

值的权重）来修剪训练好的网络，然后将网络重新训练以优化其他稀疏连接的权值。接下来，该方法使用 K- 均值聚类来实现权值共享，以减少权重的存储占用。然后，采用哈夫曼编码来减少表示每个连接的位数。然而，在物联网终端平台上，权值的聚类和哈夫曼编码过程需要对非常规的张量存储进行底层修改，目前还无法得到广泛应用。理论上，该技术同时适用于 FC 层和 Conv 层。

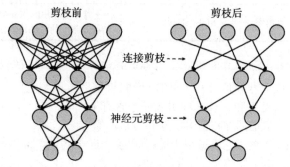

图 7-6   模型剪枝示意图

4. 内嵌卷积层

如图 7-7 所示，为增加 CNN 的深度，利用内嵌多个具有小卷积核的微卷积网络的复合卷积层[5]。具体来说，MlpConv 层嵌入了多个带有 1×1 过滤器的 Conv 层。针对移动计算的具体任务和设备的资源约束，可以灵活调整内部微网络的数量。

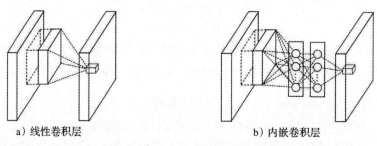

a) 线性卷积层   b) 内嵌卷积层

图 7-7   MlpConv 压缩技术示意图

5. 全局池化（Global Avg）层

如图 7-8 所示，全局池化层可以代替 CNN 中的 FC 层以降低参数量并避免过拟合问题[5]。因为测试数据是由具有不同采样率、硬件精度和环境噪声的移动设备获取的。具体来说，该方法不是在特征映射上添加 FC 层，而是提取每个特征映射的平均值，并将结果向量传输到输出（softmax）层。因此，该技术可以代替特征映射中的 FC 层以生成分类结果。

6. 基于策略的 Fire 模块

Fire 层可以代替传统的 Conv 层[6]。如图 7-9 所示，Fire 层应用了三种策略：①用 1×1 的卷积滤波器替换 3×3 的滤波器；②将输入通道的数量减少到 3×3 滤波器；③在网络偏后的层上采用向下采样，以获得卷积层较大激活映射。

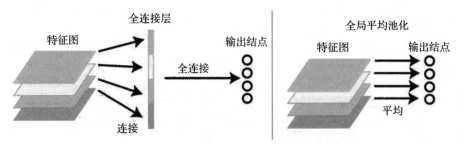

图 7-8　全局池化层示意图

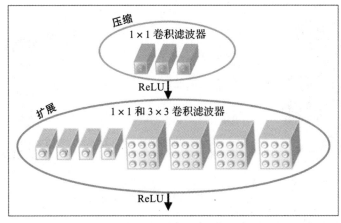

图 7-9　Fire 卷积操作示意图

7. 深度可分离（Depthwise/Pointwise）卷积

如图 7-10 所示，深度卷积分解将标准卷积分解为 1×1 与 3×3 卷积和 1×1 卷积[7]。具体来说，该方法提供了两个乘子以降低权值规模：宽度乘子 γ 和分辨率乘子 ρ。宽度乘子 γ 用于每一层均匀地精简网络（除去输入通道和输出通道），并将分辨率乘子 ρ 应用于输入和内部特征，以降低每一层输入特征的分辨率。为简化操作，我们去掉卷积核的几个通道来执行宽度乘子。宽度乘子控制算法的总体性能。

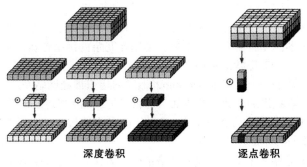

图 7-10　深度卷积分解

7.1.2　深度模型按需压缩

上述模型压缩技术旨在采取降低模型权值精度、操作数量或两者兼有的模型压缩方式以降低深度模型的复杂度。它们大多基于实验结果提供一种一体适用（one-fit-all）的方案。例如，上述已有研究关注如何使用一种压缩技术来降低深度模型的计算量或计算时延，但未考虑跨移动嵌入式平台的差异化资源（如处理器、存储单元和电量）约束。当部署设备或环境上下文动态变化时，为了使深度模型始终满足用户定义的性能需求和终端平台资源约束，**深度模型按需压缩**框架是非常有必要的，如图 7-11 所示。

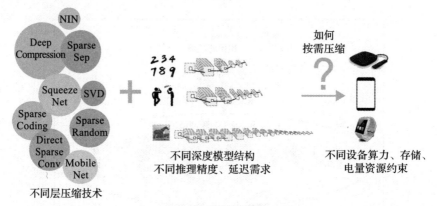

图 7-11　深度模型按需压缩内涵

具体地，深度模型按需压缩是将模型的动态性能需求、输入数据分布和硬件资源变化作为优化目标和约束条件，通过自动化搜索方法找到最佳的压缩方案，以实现模型结构对情境变化的自适应。

本节将介绍一些典型的深度模型按需压缩方法：DeepIoT 算法和 AdaDeep 算法。

1. DeepIoT 算法

Yao 等人[8]初步探索了深度模型的自适应压缩问题，并提出了一种通用的自适应深度模型压缩框架 DeepIoT。DeepIoT 是早期适用于所有类型神经网络层的自动化模型压缩技术之一，它旨在对各种形式的卷积神经网络以及递归神经网络进行压缩，在简化模型架构的同时保持其优越的性能。

具体地，如图 7-12 所示，DeepIoT 采用了一个额外的压缩器网络，将待压缩模型的隐藏层输入其中，由压缩器网络计算**冗余概率**并自动剔除冗余的网络连接。由于神经网络不同层中存在参数互联，DeepIoT 巧妙地利用了这一特点，根据神经网络参数的 dropout 概率来修剪隐藏层神经元，设计了一个逐层生成 dropout 概率的递归神经网络来选择最优的 dropout 概率。这样的方式，可以找出最少数量的非冗余隐藏层神经元（如每层的卷积滤波器尺寸），从而将神经网络结构压缩为较小的密集矩阵。DeepIoT 在训练过程中，不断通过迭代的方式优化压缩器网络和待压缩的原始神经网络。

但是该方法的压缩器采用了一个序列网络结构，为模型压缩的自动化搜索过程引入额外的计算复杂度和并行运算难度。

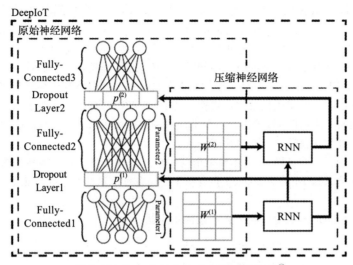

图 7-12　DeepIoT 自适应压缩系统框架[⊖]

2. AdaDeep 算法

AdaDeep 框架[9]首次将自适应模型压缩问题与 DNN 的超参数优化框架相结合,将压缩技术看作是一种粗粒度的 DNN 超参数,利用强化学习对不同的计算任务需求和平台资源约束进行自动化选择,从而实现自适应的轻量级模型架构搜索。它考虑了丰富的模型性能(包括精度、计算量、运行时能耗、存储和时延)以及对于不同平台资源约束的可用性。AdaDeep 从整体系统级的角度探讨了用户指定的性能需求和资源约束之间的理想平衡。

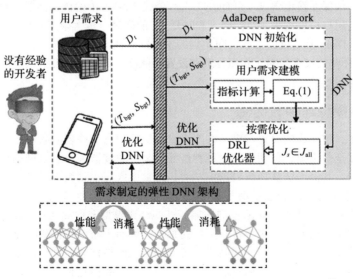

图 7-13　移动终端自适应的深度模型压缩框架(AdaDeep)[9]

⊖　其中长方形框代表退出操作,正方形框代表原始神经网络的参数[8]。

如图 7-13 所示，AdaDeep 主要由三个功能模块组成：DNN 初始化（DNN Initialization）、用户需求建模（User Demand Formulation）和按需优化（On-Demand Optimization）。首先，DNN 初始化模块从已有的 DNN 模型池中为按需优化模块选择一个初始的 DNN 模型架构。用户需求建模模块可以对用户定义的应用性能需求（如精度、推理时延）和移动嵌入式平台资源约束（如存储、能耗）进行量化并且与模型参数关联起来，然后将其作为优化目标和约束条件输入按需优化模块中。按需优化模块再将初始的 DNN 模型与优化约束和需求进行结合，自动搜寻出一种最佳的 DNN 压缩技术组合以及对应的最佳压缩超参数，这种组合可以最大限度地提高综合系统性能并且满足平台资源约束。

在应用过程中，用户（例如，DNN 赋能移动应用程序开发人员）将性能需求和目标平台的资源限制提交给 AdaDeep，AdaDeep 会自动生成综合考虑这些需求和约束的最佳 DNN 进行返回。

在数学上，AdaDeep 需要解决下述约束优化问题：

$$\underset{J_s \in J_{all}}{\arg\max} \mu_1 N(A - A_{min}) + \mu_2 N(E_{max} - E)$$

$$\text{s.t.} T \leq T_{bgt}, S \leq S_{bgt} \tag{7-3}$$

其中，A, E, T 和 S 表示特定移动平台上模型的精度、能耗、延迟和存储占用。T_{bgt} 和 S_{bgt} 分别表示为目标移动平台需要的延迟预算和存储预算。A_{min} 和 E_{max} 是用户可接受的最小精度和最大能耗。这两个约束由系数 μ_1 和 μ_2 加权组合。$N(x)$ 是标准化操作，即 $N(x) = (x - x_{min})/(x_{max} - x_{min})$。精度 A 和能耗 E 与模型相关，延迟 T 和存储 S 与模型架构和目标平台相关。这些变量可以通过应用不同的模型压缩技术调整。AdaDeep 的目标是从满足性能需求和资源约束的所有可能的压缩技术 J_{all} 中选择最佳的压缩技术组合 J_s。

AdaDeep 利用深度强化学习（如 DQN）求解公式（7-3）中的优化问题，自适应地选择压缩技术，在满足用户指定约束（即存储 S 和时延 T）的同时，最大限度地优化目标（即精度 A 和能耗 E）。AdaDeep 框架可以集成不同类别的主流压缩技术作为可选择的行为，包括但不限于 7.1.1 节中所介绍的权重压缩、卷积分解和设置特殊体系架构层等模型压缩技术。

7.1.3　深度模型超参数优化

深度模型中，超参数的设置对模型性能有直接影响。有一些超参数对于终端推理的资源消耗以及准确度至关重要，包括层数量和神经元数量、滤波器大小和模型结构。超参数是指模型外部的配置，其值无法从训练数据中学习，通常由人工手动调参或自动化搜索两种。其中，研究者 / 工程师依靠试错法手动对超参数进行调参优化，有经验的工程师可以快速判断超参数如何进行设置能够获得更高的模型性能。一些经典模型架构如 AlexNet、VGG-Net 实际上就是研究者们手动调参的结果，得到了广泛推广。然而手动方法依赖专家经验，并且十分耗时，因此自动化超参数优化方法逐渐成为研究热点。网格化寻优是一种早期被研究者们采用的自动化超参数优化方法。人们只需要为所有候选超参数构建独立的模型，并评估每个模型的性能，最终选择产生最佳结果的超参数即可。但是模型性能的评估也十分耗时。除了上述通用的模型超参数，7.1.1 节中的压缩技术（例如 SVD 分解、卷积稀疏化等）也可以看作是一种粗粒度的超参数，而压缩技术内部的超参数（例如压缩率、稀疏化因子等）可以看作是细粒度的超参数，也可以进行自动化调优。

下面我们将介绍一个由 Google 研究团队于 2018 年提出的典型算法。

AMC 算法：He 等人[10] 提出了模型压缩的自适应搜索方法（AutoML for Model Compression，AMC），自动在设计空间（如每一层的压缩率）中进行选取，从而提高模型压缩的性能（准确性和资源占用）。该方法主要搜索压缩率是因为他们观察到，压缩模型的准确性对每一层的稀疏性非常敏感，需要一个细粒度的压缩率搜索空间。因此，该算法对压缩率这一连续数值（如取值 0.2, 0.3, 0.4）进行搜索和选择。搜索算法采用了一个经典的深度强化学习模型 DDPG，通过反复试验学习，惩罚精度损失，鼓励模型压缩和加速。AMC 系统框如图 7-14 所示，图左用 AMC 取代了人工选取压缩率，并使模型压缩完全自动化，同时性能优于人工，图右对搜索问题采用强化学习模型进行自动化求解。

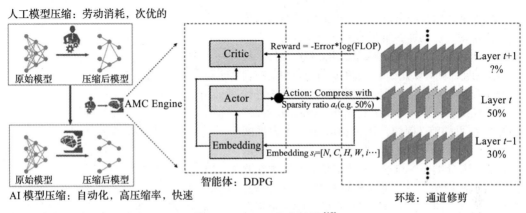

图 7-14　AMC 方法框图[10]

深度强化学习模型是一类近几年常用的自动化搜索方法，在这里可以将其看作是一种求解优化问题的方法。在完成搜索之后，将按照搜索到的最佳压缩率对深度模型进行压缩和微调，以获得最佳性能。值得说明的是，该方法针对不同的应用场景提出了两种压缩策略搜索协议：

①对于**时延敏感**的应用（如自动驾驶），AMC 提出面向资源受限平台的压缩超参数配置，以实现最优的精度和硬件资源消耗的折中。

②对于**精度敏感**的智能应用（如谷歌照片），计算延迟不是一个硬约束，需要在保障最大化精度的前提下，寻找最小的模型压缩率。

这是针对不同应用需求进行不同的问题建模。值得说明的是，在智能物联网中我们同样可以针对不同的应用领域、应用场景、平台以及用户需求，建模出不同的多维性能优化和约束问题，从而完成自动的超参数优化。

7.1.4　深度模型动态推理

本节将介绍深度模型的动态运行时自适应（model runtime adaptation）方法，它是通过维护多个不同性能和资源成本的可用深度学习模型或分支，然后在深度模型执行推理的过程中，即运行时自适应地、有选择性地执行某个最佳的**模型变体、分支或路径**，从而在深度模型的资源消耗和推断精度之间寻找最优折中。本节将首先介绍三种典型的动态推理方法。

1. 基于早退出的动态推理方法

该方法的设计思想是基于对深度模型推理过程的一种观察：深度模型前几层所学到的特征对大多数数据样本的分类任务而言就已经足够了，而对于少量较难分辨的样本才需要利用更多层以获取更高的识别精度。Teerapittayanon 等人 [11] 提出的 BranchyNet 多分支网络结构以

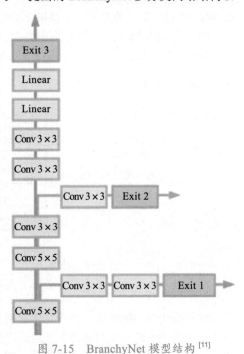

及运行时动态自适应推理的方法，模型结构如图 7-15 所示，它在经典深度模型 AlexNet 上添加了两个分支，每个分支由一层或多层以及一个退出点组成，其中 Exit 框代表了模型的不同运行退出点；该模型结构允许当输入样本的推理可信度高于某个阈值时，从前面的运行退出点提前退出。大多数输入样本都可以在较早的模型退出点提前退出，从而降低逐层计算的计算成本，节省运行时资源。在训练阶段，联合优化模型中所有退出点的加权损失进行训练。在推理阶段，对于各退出点，BranchyNet 使用分类结果的熵（例如，通过 softmax）作为推断置信度。如果一个测试样本的熵低于一个学到的阈值，意味着分类器对推理结果充满信心，样本在此退出点退出网络，且不进入较高网络层进行处理；如果熵值高于阈值，则对该退出点的分类结果不自信，样本将继续执行计算直到下一个模型退出点再做置信度判断；如果样本到达最后一个退出点，即原始基准网络的最后一层，它将直接执行分类然后退出。

图 7-15   BranchyNet 模型结构 [11]

2. 基于模型结构选择的动态推理方法

该方法的设计思想在于通过引入复杂的模型训练方法，解耦模型训练和结构选择，使得**模型在运行时能够可伸缩地去除冗余的模型结构并进行推理**，且不需要重训练。之前介绍的"早退出"可以理解为一种特殊的模型结构动态选择方案（在深度层面）。Song Han 等人 [12] 从深度、宽度、核大小以及分辨率四个维度考虑深度模型的网络结构。通常深度模型改变了结构，都需要进行数轮的模型重训练微调以修正其在新结构下的权重。其提出的多变体 OFA（Once-For-All）模型可以**在不进行模型重新训练的情况下**，支持不同的深度、宽度、核大小和分辨率设置，从而将模型训练从网络结构选择中解耦出来。

它的核心思想是预先训练一个拥有多个深度、宽度、核大小以及分辨率设置的多变体深度模型（又称超网），该网络可以支持运行时的姿势也调整，即根据给定需求从模型变体中搜索选择出最优的模型网络结构。

该多变体 OFA 模型的工作原理如图 7-16 所示，图 7-16a 是该方法解耦了模型训练阶段和模型结构选择阶段的示意图。在训练阶段，通过选择该网络的不同部分来提高所有子网络的准确性，在模型生成阶段，对其包含的子网络进行选择。图 7-16b 展示在给定目标硬件和约束条件下，通过这种方法降低了从 $O(N)$ 到 $O(1)$ 的深度模型生成成本。

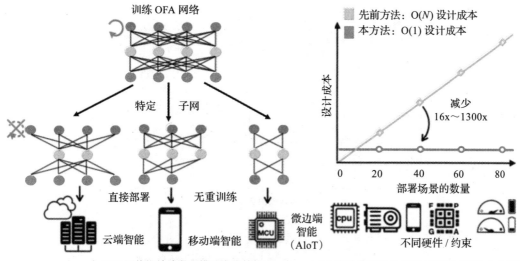

a）OFA 网络训练阶段和模型生成结构　　　　b）在给定目标条件下深度学习部署成本[12]

图 7-16　多变体 OFA 模型的工作原理

然而训练这样一个多变体 OFA 模型是一项艰巨的任务。理想情况下，训练一个包含所有模型结构设置的超网是不现实的。因为在每个更新步骤中枚举所有子网络以获得精确的梯度需要耗费大量时间，而在每个步骤中随机抽取子网络也将导致精度显著下降。因此 OFA 模型在训练阶段，提出了一种**渐进式收缩算法**（Progressive Shrinking）来训练该模型。该网络由许多不同大小的子网络组成，小的子网络嵌套在大的子网络中。首先训练具有最大深度、宽度和核尺寸的最大神经网络，然后逐步微调这个具有最大深度、宽度和核尺寸的最大神经网络，以支持较小的子网络，这些子网络与较大的子网络之间可以共享权值。因此，从较大的子网络中根据其最重要的权值选取较小的子网络范围，极大地提高了训练效率。

在上述方法的基础上，我们还将介绍 AdaSpring 方法将不同的深度模型压缩算子引入运行时自适应计算的搜索空间中。

3. 基于压缩算子动态组合的动态推理方法

不同于之前的方法，此方法的思想在于通过动态加载预先训练好的不同压缩算子，实现模型对于不同情境的适应推理。Liu S、Guo B 等人[13]通过预先训练一个多变体的自演化模型，以实现运行时根据物联网应用情境动态调整模型压缩策略从而优化性能指标（精度、时延、能耗）并满足平台动态资源约束（如存储量、计算量）的问题。具体地，AdaSpring 提供了一种系统化的方法，它可以自动选择压缩算子组合，以优化性能指标（精度、时延、能耗），并为该优化问题的动态自适应求解提供一种有效的解决方案。

如图 7-17 所示,AdaSpring 方法由一个**不需要训练的自演化网络**、一个**运行时自适应压缩模块**和一个**动态上下文感知模块**组成。它可以使得在众多模型压缩算子变体群中挑选合适的压缩算子组合,从而实现模型面向不同上下文性能需求的动态演化。

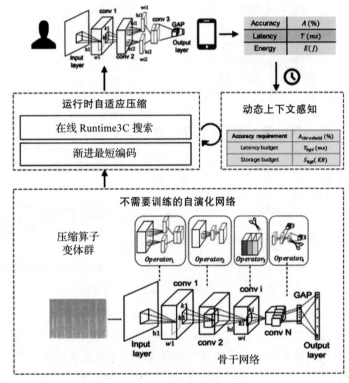

图 7-17   AdaSpring:通过选择适当的压缩算子,不断优化 DNN 的性能指标[13]

该自演化网络由一个高性能骨干网络和多个压缩算子变体组成,它是一个骨干网络和多个压缩算子变体网络的集合。在自演化网络的集成训练中,将重训练过程提前,以消除动态推理过程中的重训练。在运行时,AdaSpring 需要从一个较小的精简搜索空间中快速搜索最合适的不需要重训练的压缩算子组合,以便动态重配置训练后的自演化网络。此外,作者基于硬件效率指标(即计算强度),以指导不同层的压缩算子的自动组合。

7.2   深度模型量化

上一节的模型压缩技术可以自适应地对模型的不同层选择不同压缩策略,从而降低模型规模或提高运行速度,但没有考虑平台对性能的影响以及资源限制。本节的深度计算模型量化可以根据物联网终端平台的资源配置,选择不同的量化策略,从而满足不同平台资源条件下将连续数值量化为最小比特数表示的离散数值,通过减小模型参数规模以减少推理时间。大多数模型量化策略都难以避免对模型准确率有所降低,因此选择量化精度和保持模型准确率显得尤为重要。

目前有许多不同的量化方法，概述如下：

- "模拟量化"——量化后的模型参数以低精度存储，但操作（如矩阵乘法和卷积）仍以浮点运算进行，这需要量化后的参数在浮点运算之前进行反量化。
- "纯整数量化"——所有的操作都使用低精度的整数运算，这允许用高效的整数算术进行整个推理，但是对模型的准确率带来了不能忽略的下降。
- "混合精度量化"——在不同层以不同的比特精度进行量化，可以对推理时间和准确率进行权衡，但这种方法带来的挑战是如何为每一层选择比特精度，因为这种不同比特位设置的搜索空间是层数的指数级。

在不同量化方法的启发下，需要以合适的方法来对不同深度模型以及不同物联网终端/边缘的资源约束进行选择，从而在保证模型精度的同时，加快推理速度，降低存储、计算等资源开销。

7.2.1 基本概念

设定神经网络有 L 个可学习的网络层，表示为 $\{W_1, W_2, W_3, \cdots, W_L\}$，$\theta$ 表示 W 的集合，以监督学习的问题为例，其目标函数为

$$L(\theta) = \frac{1}{N} \sum_{i=1}^{N} L(x_i, y_i; \theta) \tag{7-4}$$

其中，(x, y) 为数据集，$L(x, y; \theta)$ 为损失函数，N 为数据集大小，假设 θ 是训练好的浮点精度的参数，故量化要实现的是：**将参数 θ 以及中间激活值的精度降低到低精度，同时对模型的泛化能力／精度影响最小。**

量化最重要的一步是量化函数的定义，即将权重值和激活值映射为有限数值的函数。根据量化函数的不同，可以将量化分为：**均匀量化、非均匀量化、对称量化、非对称量化。**

1. 均匀量化与非均匀量化

（1）均匀量化

首先需要定义一个函数，可以量化神经网络的权值和激活到一个有限的值集，将浮点数值映射到一个较低的精度范围量化函数，如图 7-18 所示。常用量化函数如下：

$$Q(r) = \text{Int}(r / S) - Z \tag{7-5}$$

其中，Q 为量化操作，r 是实值（浮点数值）输入即激活值或权重值，S 是实值比例因子，Z 是零值偏移量。Int 函数通过四舍五入操作将一个实值映射为一个整数值。实质上这个函数是一个从实值 r 到一些整数值的映射。这种量化方法被称为**均匀量化**，因为产生的量化值是均匀间隔的。

经过量化函数之后，还可以从量化函数中得到**去量化**：

$$\tilde{r} = S(Q(r) + Z) \tag{7-6}$$

由于量化时有四舍五入操作，因此去量化后的 $\tilde{r}$ 与 r 并不完全匹配。

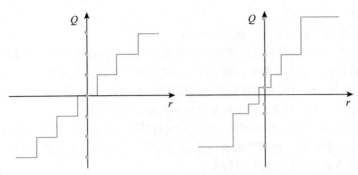

图 7-18   均匀量化与非均匀量化

（2）非均匀量化

在某些情况下允许量化值不一定是均匀间隔的，这种量化与上述均匀量化相对应，其量化函数定义如下：

$$Q(r) = X_i, \ r \in [\Delta_i, \Delta_{i+1})   \tag{7-7}$$

具体来说，当一个实数 r 的值落在量化步骤 Δ_i 和 Δ_{i+1} 之间时，量化器 Q 将其投射到相应的量化级别 X_i，Δ_i 和 X_i 的间隔都不是均匀的。非均匀量化可能会在固定的位宽下达到更高的精度，因为可以通过更多地关注重要的值区域或找到合适的动态范围来更好地捕捉分布。例如，典型的基于对数的非均匀量化，它的分布区间和值域都为指数级的（非线性的）。

非均匀量化使我们能够更好地捕捉信号信息，通过分配比特和将参数范围非均匀地离散化。然而，非均匀量化方案通常很难在一般的计算硬件上有效部署，例如 GPU 和 CPU。均匀量化是目前常用的方法，因为其简单性和对硬件的高效映射。

2. 对称量化与非对称量化

均匀量化的一个因素是其量化函数中的比例因子 S 的选择，其实质上是将一个给定的实值范围 r 划分为若干个区域：

$$S = \frac{\beta - \alpha}{2^b - 1}   \tag{7-8}$$

其中 $[\alpha, \beta]$ 表示剪裁范围，用它来剪裁实值，b 是量化位宽。因此为了定义缩放因子 S，应该首先确定剪裁范围，这个过程通常被称为校准。根据选择剪裁范围的方法不同，可以将量化分为对称量化和非对称量化，如图 7-19 所示。

当 α 与 β 取真实值 r 的最小值 $r$min 和最大值 $r$max 时，因为 $-\alpha$ 和 β 不相等，此时量化为非对称量化；当 α 取 $-\max(|r\text{max}|, |r\text{min}|)$、$\beta$ 取 $\max(|r\text{max}|, |r\text{min}|)$ 时，$-\alpha$ 和 β 相等，故此时为对称量化。

对称量化得到更广泛的应用，因为其可以去除零值偏移量 Z，即将 Z 置为 0，从而减少推理过程中的计算成本。例如，经过 Relu 的激活值是非负的，对称量化的公式可以简化为

$$Q(r) = \text{Int}(r / S)   \tag{7-9}$$

在应用量化时，如果映射范围不对称偏移过大时，那么优先使用非对称量化，除此之外，优先使用对称量化。

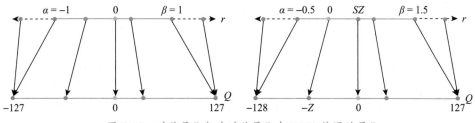

图 7-19　对称量化与非对称量化在 INT8 范围的量化

7.2.2　基本方法

1. 静态量化和动态量化

除了上述根据量化函数的不同将量化分为均匀量化、非均匀量化以及对称量化、非对称量化，这是根据不同的校准方法来确定剪裁的范围；根据何时确定剪裁的范围，还可以将量化分为静态量化和动态量化。

在动态量化中，剪裁范围是**在运行时为每个激活图动态计算的**。这种方法需要实时计算信号统计（最小、最大、百分位数等），这可能有非常高的开销。然而，因为信号范围是为每个输入精确计算的，动态量化通常会带来更高的精确度。另一种量化方法是静态量化，在推理过程中，剪裁范围是**预先计算的，而且是静态的**。这种方法不增加任何计算开销，但与动态量化相比，它通常会导致较低的精确度。

动态量化动态地计算每个激活的剪裁范围，通常达到最高的精度。然而，动态计算信号的范围是非常昂贵的，因此，实践中通常使用静态量化，其中所有输入的剪裁范围是固定的。

2. 量化粒度

在大多数计算机视觉任务中，对一层的激活值是通过许多不同的卷积滤波器进行卷积的，如图 7-20 所示，每个卷积滤波器可以有不同的取值范围。因此，量化方法的一个区别在于**如何计算权重的剪裁范围 $[\alpha, \beta]$ 的颗粒度**，一般可以分为三种：**逐层量化、分组量化**和**逐通道量化**。

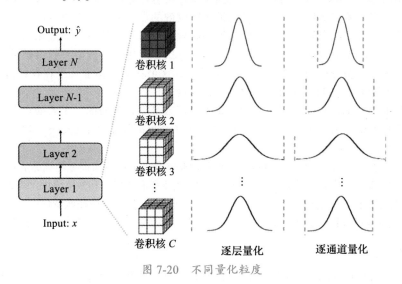

图 7-20　不同量化粒度

　　逐层量化（Layerwise Quantization）：对于逐层量化，量化的范围参数是由每一层中的所有滤波器共同决定的，所以每一层就会产生一个范围，即对同一层中的所有卷积滤波器使用相同的剪裁范围 $[\alpha, \beta]$。这种方法实现简单，但往往会导致准确性降低。例如，一个参数范围相对较窄的卷积核可能会因为同一层中另外一个参数范围较宽的核而导致量化精度的丢失。

　　分组量化（Groupwise Quantization）：在一个层内对多个不同的通道进行分组，以计算剪裁范围。该方法会改善逐层量化存在的问题，但是这种方法也不可避免地增加计算不同比例系数的额外成本。

　　逐通道量化（Channelwise Quantization）：目前较常用的方法是对每个卷积滤波器使用一个固定的值，独立于其他通道，如图 7-20 最后一列所示。即每个通道被分配一个专用的比例因子，能够确保更好的量化精度，并且往往能够获得更好的精确度。

3. 量化后重训练

　　神经网络量化后，经常需要对其参数进行调整。可以通过对模型进行重训练来实现，称为量化感知训练（Quantization Aware Training，QAT），也可以不进行重训练，通常称为训练后量化（Post-Training Quantification，PTQ），如图 7-21 所示为这两种方法之间的比较示意图。

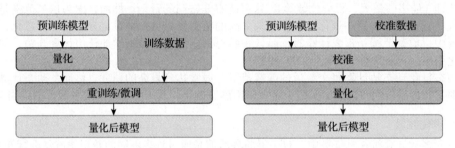

图 7-21　量化感知训练与训练后量化

　　量化感知训练：给定一个训练好的模型，量化可能会对训练好的模型参数带来扰动，这可能会使得模型偏离它在用浮点精度进行训练时收敛的点。因此可以通过用量化的参数重新训练网络模型来解决这个问题，可以使得模型收敛到更低损失的点，即量化感知训练。其通常在向前和向后的传递过程以浮点数进行，但在每次梯度更新后模型参数会被量化。反向传播中如何处理不可微分的量化算子是十分关键的，这个算子的梯度几乎在任何地方都是零，一般使用直通估计器（STE）来近似这个算子的梯度。

　　尽管 STE 是粗略的近似，但量化感知训练已经被证明是有效的，主要缺点在于计算成本太高，因为其需要重新训练网络模型，这种训练有可能花费几百个 epoch，对于低比特的量化，更是如此。

　　训练后量化：该方法没有任何微调，计算开销非常低。量化感知训练与训练后量化相比，优势在于它可以在数据有限或者有标签的情况下使用。由于所有的权重和激活值量化参数的确定都不需要对 NN 模型进行任何重新训练。因此，量化感知训练是一种非常快速地量化神经网络模型的方法。然而，与量化感知训练相比，这往往是以较低的精度为代价的，特别是对于低精度量化。

4. 随机量化

　　前面所述的量化方法都是确定性的量化方法，但不是唯一的方法。还有一种随机量化方法，允许神经网络拥有更多的可能性。较为流行的支持点是：小的权重更新可能不会导致任何权重变化，因为对其舍入操作通常可能返回相同的权重。因此，随机四舍五入可以为神经网络提供一个更新其参数的机会。

换言之，随机量化将浮点数向上或向下映射为与权重更新幅度相关的概率。Int 操作被定义为

$$Int(x) = \begin{cases} \lfloor x \rfloor & \text{概率为} \quad \lceil x \rceil - x \\ \lceil x \rceil & \text{概率为} \quad \lceil x \rceil - x \end{cases} \tag{7-10}$$

但是这个操作不能应用于二进制量化，因此将二进制量化扩展为

$$Binary(x) = \begin{cases} -1 & \text{概率为} \quad 1 - \sigma(x) \\ +1 & \text{概率为} \quad \sigma(x) \end{cases} \tag{7-11}$$

其中 Binary 是二值化函数，$\sigma()$ 是 sigmoid 函数。随机量化的一个主要挑战是为每个单独的权重更新创建随机数的开销，因此其在智能物联网的实践中还没有被广泛应用。

7.2.3　低比特位宽量化

得益于数据量以及算力的提升，深度学习技术发展迅猛。但深度学习方法也带来了一些问题，比如计算代价高、难以解释、过拟合等问题，量化方法能够一定程度对上述问题进行优化。受限于硬件结构和深度学习框架的支持，比如在无硬浮点支持的低功耗嵌入式设备上、常用的深度学习框架（如 PyTorch、TensorFlow、Caffe 等）仅提供量化到 8 位（或 16 位）的方法等，较常用的是使用 8 位或 16 位的整型数来替代浮点数。但也有不少学者为了追求更高的量化效果，提出使用更少的数据位数来进行量化。因此在这一小节中，主要介绍低于 8 比特的量化方法。

1. 模拟量化和纯整数量化

在模拟量化中，量化后的模型参数以低精度存储，但操作（如矩阵乘法和卷积）是以浮点运算进行的，所以量化后的浮点运算之前需要进行反量化。因此，我们不能完全收益于模拟量化的快速有效的低精度逻辑。然而，在纯整数量化中，所有的操作都是使用低精度的整数运算，这允许整个推理过程都使用高效的整数运算，而不需要对任何参数或激活值进行浮点反量化，其流程如图 7-22 所示。

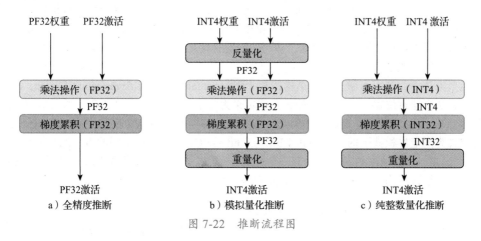

图 7-22　推断流程图

通常，使用浮点运算执行全精度推理可能有助于最终的量化精度，但这是以延迟、功耗和区域效率为代价的，低精度逻辑往往在这些方面优于全精度逻辑。

还有一种二进制量化是另一类纯整数量化，其所有的标度都是用二进制数（分子为整数，分母为 2 的有理数）来实现的。这将产生一个只需要整数加、乘和位移而不需要整数除法的计算图。不仅如此，在这种方法中，所有的加法都需要具有相同的二进尺度，这可以使加法逻辑更加简单高效。

2. 混合精度量化

当我们使用较低精度量化时，硬件性能得到了改善。然而，当模型量化到更低精度会导致显著的精度下降。因此发展出了**混合精度量化**来解决精度降低的问题。在这种方法中，每一层都用不同的位精度进行量化，如图 7-23a 所示。这种方法的挑战在于选择位设置的搜索空间是层数的指数级。研究者们提出了不同的方法来解决这个巨大的搜索空间。

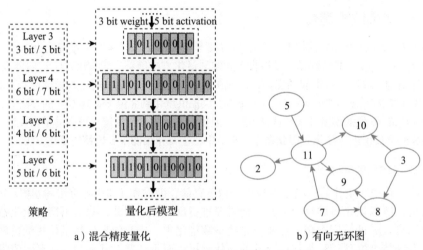

a）混合精度量化　　　　　　　　　b）有向无环图

图 7-23　混合精度量化与有向无环图

值得说明的是，混合精度量化推理区别于混合精度训练，后者指的是在训练过程中采取低精度数从而期待加速推理的目的。混合精度量化指的是需要通过设计各种策略，使用不同的位宽对不同层权重 / 激活进行分配，从而达到混合精度量化之后能够在精度和硬件上达到精确率和时延的最佳平衡。

经典方法中，利用可微分神经结构搜索（Differentiable Neural Architecture Search，DNAS）的搜索方法来搜索位宽。NAS 将待搜索空间定义为一个有向无环图（DAG），如图 7-23b 所示，其中节点表示数据，而边表示算子类型，如 Conv、FC 等。在 Wu 等人[14]的方法中，首先，将边定义为固定卷积核下的位宽，如 1 bit 到 8 bit 可以定义为 8 种不同的边；然后给每个边设置一个 mask，每次搜索的时候只会有一个边的 mask 置位 1，其余全是 0；同时为了增加搜索的随机性，给边再用变量 θ 表示，mask 和 θ 的关系如下：

$$P_{\theta^{ij}}(m_k^{ij}=1)=\mathrm{soft}\max(\theta_k^{ij}\mid\theta^{ij})=\frac{\exp(\theta_k^{ij})}{\sum\limits_{k=1}^{K^{ij}}\exp(\theta_k^{ij})} \qquad (7\text{-}12)$$

可以看出，mask 位 1 的使用了采样概率来获取。随后采取了 Gumbel-Softmax（该方法往往用来解决 Argmax 中不可导的问题）的方法，解决了训练过程中导数无法从 θ 传递到 mask 的问题，结构如图 7-24 所示。

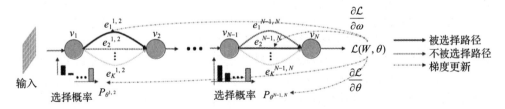

图 7-24　可微分神经结构搜索

最后，对于目标函数的设计，结合了通常准确率的交叉熵和硬件消耗 Cost，其中硬件消耗分别针对参数和计算量进行设计，并在尺度上采取非线性缩放，平衡不同设计之间的差距，具体损失函数如下：

$$L(a, w_a) = \text{CrossEntropy}(a) \times C(\text{Cost}(a)) \tag{7-13}$$

其中 $\text{Cost}(a)$ 表示候选结构的消耗，$C(\cdot)$ 表示平衡交叉熵项和消耗项的权重函数。

该方法有效地探索神经结构搜索（NAS）框架指数搜索空间，在 ResNet 压缩 CIFAR-10 和 ImageNet 上具有更小的模型尺寸（1/21.1）或更低的计算成本（1/103.9），仍然可以优于基线量化模型甚至全精度模型。

除此之外，研究人员提出更多方法用来解决混合精度量化中的精度损失问题。如 Maxim Naumov 等人[15]使用周期函数正则化训练混合精度模型，在学习各自的位宽时，自动区分不同层和它们在精度方面的不同重要性。与传统的神经网络量化方法不同，作者提出在损失中加入正则项 R，而不是使用量化函数 Q，因此得到的优化问题为

$$\min_w L(w, x) + \lambda R(w, x) \tag{7-14}$$

其中，λ 为标量标度参数。正则化项是一个周期函数的和，在训练期间将权值（和潜在的激活）推到一组离散点。R 函数可以根据关注目标的不同使用三角函数、帽函数（Hat Function）等。

与上述基于探索和正则化的方法不同，HAWQ[16]引入了一种自动的方法，基于模型二阶灵敏度找到混合精度设置。理论上，二阶算子（即 Hessian）可以用来衡量一个层对量化的敏感度，对于敏感度越高的层应该使用更大的比特宽度。这种方法被证明比基于 RL 的混合精度方法快 100 倍以上。在 HAWQv3 中，引入了一种只用整数的、硬件感知的量化方法，提出了一种快速整数线性编程方法，用于在给定的应用程序特定约束（如模型大小或延迟）下找到最优位精度。

对于不同神经网络模型的低精度量化，混合精度量化是一种有效的、具有更高硬件能效的方法。该方法将神经网络的各层分为对量化敏感和不敏感两类，不同层使用高比特或低比特，可以将精度下降到最低，同时仍然可以在低内存下获得更快的低精度量化。

3. 极致量化

二值化是最极端的量化方法，其中量化值被限制为 1 位表示，从而内存需求减少为原来的 1/32。除了内存方面的优势外，二进制（1 位）和三进制（2 位）运算通常可以用逐位算法

高效的计算，并且可以在更高的精度上实现显著的加速，如 FP32 和 INT8。然而，单纯的二值化方法会导致显著的精度下降，因此有大量的工作提出了不同的解决方案。

Matthieu Courbariaux 等人 [17] 提出了 BinaryConnect 方法，它将权值限制为 +1 或 -1。在该方法中，权值保持为实值，仅在向前和向后传递时进行二值化，以模拟二值化效果。在向前传递过程中，实值权重根据符号函数转换为 +1/-1，然后利用标准的 STE 训练方法对网络进行训练，通过不可微符号函数传播梯度。二值化神经网络通过二值化激活函数和权值扩展了这一思想，权值和二值化激活函数还可以提高延迟，因为高消耗的浮点矩阵乘法可以使用轻量级的异或操作代替，然后进行位计数。与 BinaryConnect 相似的另一个方法是 L.Deng 等人 [18] 提出的二元权值网络（BWN）和 XNOR-Net，它们通过在权值中加入比例因子并使用 $+\alpha$ 或 $-\alpha$ 而不是 +1 或 -1 来实现更高的精度。其中 α 是选择的比例因子，以最小化实值权值和产生的二值化权值之间的距离。即一个实值矩阵 $W \approx \alpha B$，B 是一个二进制权值矩阵，满足下面优化问题：

$$\alpha, B = \mathrm{argmin}\, \|W - \alpha B\|^2 \tag{7-15}$$

此外，由于观察到许多习得的权值接近于零，可以使用三元值约束权值 / 激活来三元化网络，例如 +1, 0 和 -1，从而明确允许量化值为零。三元化还通过消除代价高昂的矩阵乘法，极大地减少了推断延迟。后来，D. Wan、F. Shen 等人 [19] 提出了三元 – 二元网络（TBN），证明了结合二元网络权值和三元激活可以在精度和计算效率之间实现最优权衡。

由于单纯地二值化和三元化方法通常会导致严重的精度退化，特别是对于 ImageNet 这样的复杂任务，已经提出了一些解决方案来降低极致量化时的精度退化。大致分为三个不同方面：**量化误差最小化、改进损失函数和改进训练方法**。

量化误差最小化：即实值与量化之间的差距最小化。HORQ[20] 和 ABC-Net[21] 采用多个二元矩阵的线性组合，即

$$W \approx \alpha_1 B_1 + \cdots + \alpha_M B_M \tag{7-16}$$

而不是使用单个二元矩阵来表示实值权值 / 激活值，以减少量化误差。受二值化激活会降低对其后续卷积块的表征能力这一事实的启发，发现更广泛的网络（即带有更多滤波器的网络）二值化可以在准确性和模型大小之间取得很好的平衡。

改进损失函数：降低极致量化精度退化的另一个重点分支是损失函数的选择。主要目标为损失感知二值化和三元化，它们将使得与二值化 / 三元化相关的权值最小化。这与其他只近似权重而不考虑最终损失的方法不同。从全精度 Teacher 模型中提取知识也被证明是一种很有前途的方法来恢复二值化 / 三元化后的精度下降。

改进训练方法：旨在为二元 / 三元模型提供更高的训练方法。许多工作指出 STE 在通过符号函数反向传播梯度方面的局限性：STE 只传播在 [-1, 1] 范围内的权重（激活）的梯度。为了解决这一问题，S. Darabi 等人 [22] 提出了 **BNN+** 引入符号函数导数的连续逼近，同时使用光滑的、可微的函数来代替符号函数，这些函数逐渐锐化和逼近符号函数。

极致量化已经成功地大幅减少了推理、训练延迟以及许多 CNN 模型在计算机视觉任务中的模型大小，极低位精度量化是一个很有前途的研究方向。然而，除非执行非常广泛的调优和超参数搜索，现有方法通常会导致精度大幅下降，因此，目前仅对于精度降低不敏感的应用具有较大的效率提升。

7.2.4　量化与硬件加速

在前三小节，我们可以得出量化不仅减少了模型的尺寸，而且它的推理速度更快，需要更少的功率，特别是对于具有低精度逻辑的硬件。因此，量化对于物联网和移动应用的边缘部署尤为重要。边缘设备通常有严格的资源限制，包括计算、内存和功率预算等。对于许多深度模型来说，资源需求通常过于昂贵而无法满足，特别在微控制器中，许多边缘处理器不支持浮点运算，这对部署深度神经网络带来了巨大挑战。

本节主要针对不同硬件平台背景下的量化进行介绍。ARM Cortex-M 是一组 32 位以 RISC ARM 为核心的处理器，专为低成本和低功耗的嵌入式设备设计。例如 STM32 系列是基于 ARM Cortex-M 核的微控制器，也用于边缘的神经网络推理。因为一些 ARM Cortex-M 核不包含专用的浮点单元，所以在部署之前应先对模型进行量化。GAP-8 是一种 RISC-V 上的系统 SOC（System on Chip），用于边缘推理，具有专门的 CNN 加速器，是另一种只支持整数运算的边缘处理器。

图 7-25 显示了广泛用于深度神经网络边缘推理的不同商业边缘处理器的吞吐量。在过去的几年中，边缘处理器的计算能力有了显著的提高，这允许部署推断成本高昂的神经网络模型，而这些模型以前只能在服务器上使用。量化结合高效的深度模型加速器，已经成为这类边缘处理器发展的一个重要驱动力。

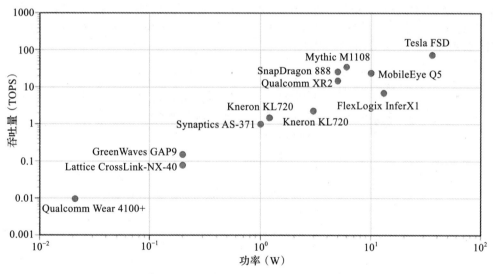

图 7-25　不同商业边缘处理器用于神经网络边缘推理的吞吐量比较

量化对于许多边缘处理器来说是必不可少的技术，但它也可以为非边缘处理器带来显著的改进，例如，满足服务水平协议（SLA）的要求（如 99% 延迟要求）。不久前 NVIDIA 图灵 GPU 提供了一个很好的例子，特别是包含图灵张量核心的 T4 GPU。张量核是专门为高效低精度乘法设计的执行单元。

7.3　深度模型自动化搜索

上述几节关注如何在现有模型的基础上通过自适应压缩和动态执行等机制实现高效终端

智能。本节将介绍另一种方法：如何针对具体的场景需求设计全新的神经网络模型。设计和建立深度模型往往需要大量的架构工程和专家知识，而且存在各种挑战[23]，因为即使是专家也无法清晰界定现有深度模型的能力范围以及它们针对各类实际问题可能出现的技术鸿沟。此外，设计神经网络模型本身也是一个非常耗时的过程，需要不断试错、对比性能和积累经验。

针对该问题，深度学习社区的一个新兴方向就是使深度模型架构搜索工程自动化，即神经网络架构搜索（Neural Architecture Search, NAS），将深度神经网络模型的设计和训练过程自动化。NAS 是一类自动搜索最优神经网络架构的算法，有助于推动深度学习自动化、降低深度学习门槛、扩大深度学习赋能应用的普及率。例如，采用循环网络和强化学习模型自动生成 DNN 模型的模型描述，或通过迁移网络架构中的组件在其上构建可应用于更大数据集的网络架构。这些方法是由数据驱动的，旨在最大程度地提高验证集中的泛化精度。最近涌现了一些新的探索性工作，它们将模型结构与领域知识相关联。例如，Andreas 等人[24] 构建并学习了模块化网络，该网络将联合训练的神经"模块"集合组成了用于解决特定问题的深度网络，以同时利用深度网络的表示能力和问题的组成语言结构。Devin 等人[25] 通过将机器策略分解为任务指定的和机器指定的模块，提出了一个类似的模块化网络，以促进多任务和多机器策略的传递。

大多数 NAS 算法都遵循这样的步骤（如图 7-26 所示）：首先定义一组可能用到的神经网络组件，然后由一个自动化控制器（例如 RNN 或强化学习算法）搜索并组合这些基本组件形成一个完整的网络架构。最后，以传统的方式（例如最小化真实标签与推断类别之间的交叉熵）训练组成的神经网络模型，并以模型精度为反馈迭代更新控制器权重使其可以选择更优的神经网络组件及其连接方式[26-28]。

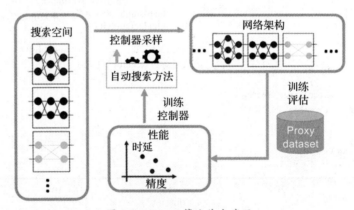

图 7-26　NAS 算法基本步骤

面向智能终端的 MNAS 算法： 为不同类型的数据、感知任务、目标终端设备设计最优的深度神经网络具有挑战性，因为适用于终端智能应用的深度学习模型需要轻量、快速、精确。当网络架构的设计空间非常大时，很难手动平衡这些折中。Tan 等人[29] 提出了一个自动化的移动神经网络架构搜索（Mobile Neural Architecture Search，MNAS）方法。该方法明确将模型延迟设定为主要目标，以便可以搜索出在准确性和延迟之间取得良好折中的模型。与以往工作不同，MNAS 没有采用 FLOPS 等代理指标来衡量延迟，而是通过在手机上执行模型来直接测量实际推理延迟。为了进一步在灵活性和搜索空间大小之间取得适当的平衡，MNAS 提出了一种新颖的因式分层搜索空间，该空间鼓励了整个网络层的多样性。实验结果表明，在多种视觉任务中，该方法始终优于最新的移动端深度卷积模型。

如图 7-27 所示，MNAS 通过一个控制器搜索模型空间，利用训练器和移动端的实际部署分别获得初步精度和时延，并综合这两项指标获得奖励进一步指导控制器更好地搜索模型空间。此外，MNAS 所使用的模型空间是一种新颖的分层搜索空间，该结构将 CNN 模型分解成块，然后分别搜索出每个块的操作和连接，从而允许在不同的块中使用不同的层体系架构。它根据输入和输出形状来搜索最佳操作，以获得更好的精度与时延间的权衡。这种设计方法还可以平衡层的多样性和总搜索空间的大小。

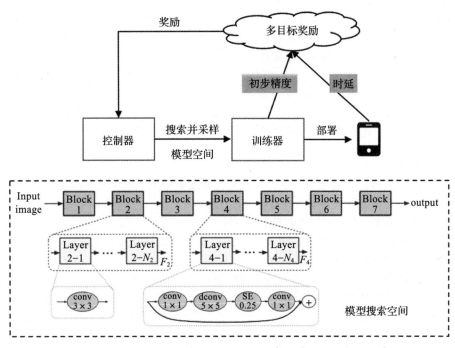

图 7-27　MNAS：面向智能终端的平台感知神经网络架构搜索

NAS 研究在近几年得到了广泛关注，研究者还从其他不同方向展开了深入的研究。其涉及三个核心要素：搜索空间、搜索算法、性能评估。因此，为了更好更快地找到适配终端计算资源的深度计算模型架构，可以考虑在降低搜索空间、提高搜索效率、提供精确的性能评估和预测方法等方面持续提升。

7.4　软硬协同加速

上述模型压缩、模型量化等方法主要关注如何通过优化或改进模型框架以及算法等手段，实现轻量化深度计算，从而缩短任务的推理时延。而要实现硬件平台上深度模型的成功落地和高效部署，仅仅依靠模型和算法层面的提升是远远不够的。本节将介绍两种软硬件协同的深度模型加速工作，它们代表利用软（算法模型）、硬（特定平台）两个层面的联合设计方法，进一步且更针对性地提升深度模型的精度和实际部署性能。

7.4.1 微控制器深度计算

微控制器（或单片机、MCU）以其小体积、低成本、低能耗和高集成度等优势成为未来边缘智能应用关键的部署平台之一。但其在带来成本、便利性等优势的同时，也为深度模型的高效部署带来更大的挑战。相比于传统云服务器、个人电脑和移动智能手机等设备，微控制器以其更加极端受限的存储和计算资源，极大程度地增加了模型部署的难度［主流微控制器往往只具备千字节级别的运行内存（RAM）和持久性存储（Flash 或 ROM）］。因此，探索软硬协同设计的微控制器深度计算方法具有更大的实际意义。

MCUNet[30] 是基于微控处理器单元（MCU）的微小物联网设备的框架，它是一个联合设计高效神经架构（TinyNAS）和轻量级推理引擎（TinyEngine）的框架，使在资源极度受限的微控制器上执行 ImageNet-scale 推理成为可能。

TinyNAS 采用两阶段神经体系架构搜索方法，首先优化搜索空间以适应资源约束，然后在优化后的搜索空间中专门研究网络体系架构。TinyNAS 可以在低搜索成本下自动处理各种约束（如设备、延迟、能量、内存）。TinyNAS 是与 TinyEngine 共同设计的，TinyEngine 是一种内存效率高的推理引擎，可以扩展搜索空间，适合更大的模型。

1. TinyNAS

一种两阶段的神经架构搜索方法，它首先优化搜索空间以适应微小而多样的资源约束，然后在优化的空间内执行神经架构搜索。通过优化空间，可以显著提高最终模型的精度，其分为自动搜索空间优化和定制化资源受限模型两个环节。

自动搜索空间优化：作者提出通过分析满意模型的计算分布，以低成本自动优化搜索空间。为了适应不同微控制器的微小和多样的资源限制，作者缩放了输入分辨率和移动搜索空间的宽度倍增器。如图 7-28 所示，每层特征的分辨率搜索空间为 $R = \{48, 64, 80, \cdots, 192, 208, 224\}$，模型宽度系数（即特征通道数）搜索空间为 $W = \{0.2, 0.3, 0.4, \cdots, 1.0\}$，以涵盖广泛的资源限制，也形成最终每层 $12 \times 9 = 108$ 维的搜索空间配置 $(S = W \times R)$。每个搜索空间配置包含 3.3×10^{25} 个可能的子网络。因此我们的目标是找到最佳的搜索空间配置 s^*，它包含具有最高精度的模型，同时满足资源约束。而寻找 s^* 是困难的，一种方法是在每个搜索空间上执行神经架构搜索，并比较最终结果，但这种方法的计算量巨大从而难以实现。因此通过从搜索空间中随机抽样 m 个网络来评估搜索空间的质量，并比较满意网络的分布。由于计算量巨大，只收集了 FLOPs CDF。在同一模型族内，精度通常与计算量正相关，计算量越大的模型容量越大，越有可能获得较高的精度。TinyNAS 通过分析不同搜索空间的 FLOPs CDF 来选择最佳搜索空间。

定制化资源受限模型：为了使网络结构适合于各种微控制器，我们需要保持较低的神经结构搜索成本。在对每个内存约束进行搜索空间优化后，作者进行一次神经结构搜索，以有效地找到一个好的模型，降低搜索成本为原来的 1/200[31]。通过权值共享来训练一个包含所有可能子网络的超级网络，并用它来估计每个子网络的性能。然后进行进化搜索，在搜索空间内找到满足设备资源约束的最佳模型，同时获得最高的精度。对于每个抽样的网络，使用 TinyEngine 来优化内存调度，以衡量最佳内存使用情况。通过这种协同设计，可以有效地满足微小的内存预算。超级网络训练和进化搜索的细节可以在补充中找到。

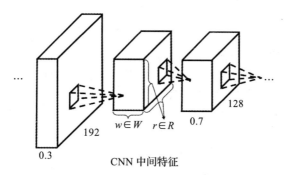

图 7-28　TinyNAS 中每层特征的搜索空间配置

2. TinyEngine

一个内存高效的推理库。研究人员过去认为，使用不同的深度学习框架（库）只会影响推理速度，而不会影响推理的准确性。然而，TinyML 的情况并非如此：推理库的效率对搜索模型的延迟和准确性都有很大影响。具体地说，一个好的推理框架可以充分利用单片机有限的资源，避免内存的浪费，为架构搜索提供更大的搜索空间。TinyNAS 具有较大的设计自由度，更容易找到高精度的模型。因此，TinyNAS 是与内存效率高的推理库 TinyEngine 共同设计的，具体包括四个环节：从解释到代码生成、内存模型自适应调度、计算内核专业化以及"就地"深度卷积等软硬协同设计等技术。与量化的 MobileNetV2 和 ResNet-18 相比，MCUNet 是第一个在现有的商用微控制器上实现了 70% 的 ImageNet 最高精度，SRAM 减少为原来的 29%，Flash 减少为原来的 18%。在视觉和音频唤醒词任务中，MCUNet 实现了最先进的准确性，运行速度比 MobileNetV2 和基于 ProxyLessNAS 的解决方案快 2.4～3.4 倍，峰值为 SRAM 的 24%～27%。研究表明，物联网设备上长时间在线的微型机器学习时代已经到来。

7.4.2　性能评估方法

上一小节提到软硬协同设计为深度模型的实际落地和高效部署带来了更多优化空间。事实上，模型部署离不开算法、软件、硬件任何一个层面的设计，任何只考虑了其中某一个或两个层面的部署方案都可能造成理论和实际的不可预估偏差[32]。因此，在无法预知或涉及实际部署测量和全套部署测量方案的情况下（特别由于部分部署性能指标的不可直接测量性和大规模实际测量导致的高成本等），精准、快速地评估或预测部署的性能效果能反过来为算法模型、系统等的设计带来极大的便利性和帮助。在此我们介绍一项具有代表性的工作，Williams S、Waterman A 等人[33] 提出了一个易于理解、可视化的部署性能方法——Roofline 评估模型，它为程序员和架构师在改进浮点计算的并行软件和硬件方面提供了帮助。在刚过去的几年和可预见的未来，芯片外内存带宽将经常是算法模型和系统设计的限制资源。因此，我们需要一个将处理器性能与芯片外内存流量联系起来的模型。

操作强度（Operational Intensity，OI）表示每字节 DRAM 流量的操作。将总字节访问定义为那些经过缓存层次结构过滤后进入主存的字节，即我们测量的是缓存和内存之间的流量，而不是处理器和缓存之间的流量。因此，操作强度表示特定计算机上的内核所需的 DRAM

带宽。

图 7-29 显示了双插槽系统中 2.2 GHz AMD Opteron X2 型号 2214 的模型。这个图是对数比例尺，y 轴是可实现的浮点性能，x 轴是操作强度。从 1/4Flops/DRAM 字节访问到 16Flops/DRAM 字节访问。与我们的基准测试相比，正在建模的系统的峰值双精度浮点计算性能为 17.6GFlops/second，峰值内存带宽为 15GBytes/second。后一种衡量方法是计算机中内存的稳态带宽潜力，而不是 DRAM 芯片的引脚带宽。

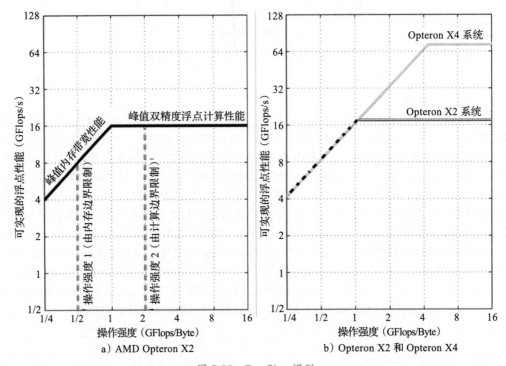

a) AMD Opteron X2

b) Opteron X2 和 Opteron X4

图 7-29   Roofline 模型

我们可以绘制一条水平线来显示计算机浮点运算的峰值。显然，浮点内核的实际浮点性能不能高于水平线，因为这是硬件限制。x 轴是 GFlops/Byte，y 轴是 GFlops/s，每秒的字节数等于 (GFlops/s)/(GFlops/Byte)，在图 7-29 中只是一条 45 度角的线。因此，我们可以绘制第二条线，以给出该计算机的内存系统在给定的操作强度下所能支持的最大浮点性能。这个公式驱动了图 7-29 中的两个性能限制：

$$\text{Attainable GFlops/sec} = \min(\text{Peak Floating Point Performace, Peak Memory-Bandwidth} \times \text{Operational Intensity})$$

（7-17）

这两条线相交于计算性能和内存带宽的峰值点。这些限制是在每个多核计算机中创建一次，而不是在每个内核中创建一次。对于一个给定的内核，我们可以根据它的运算强度在 x 轴上找到一个点。如果我们画一条（虚线）垂直线通过那个点，那台计算机上的内核性能一定在这条直线上的某个地方。水平和对角线如同屋顶（Roof），因此该模型命名为 Roofline。根据内核的操作强度，Roofline 为内核的性能设置了一个上限。如果我们把操作强度想象成一个击中屋顶的柱子，它要么击中屋顶的平坦部分，这意味着性能是计算的界限；要么击中屋顶的倾斜部分，这意味着性能最终是内存的界限。在图 7-29 中，操作强度为 2 的内核是计算边界，操作强度为 1 的内核是内存边界。给定一个 Roofline，可以在不同的内核上重复使用它，因为 Roofline 是不变的。

注意"脊点"，也就是斜屋顶和水平屋顶的交汇处，可以洞察到计算机的整体性能，脊点的 x 坐标是实现最大性能所需的最小操作强度。如果脊点非常靠右，那么只有具有非常高的操作强度的内核才能实现该计算机的最大性能；如果它非常靠左，那么几乎任何内核都可能达到最大性能。

图 7-29b 比较了两个系统的 Roofline 模型。正如预期的那样，脊点从 OpteronX2 的 1.0 右移到 OpteronX4 的 4.4。因此，要想在 X4 中获得性能增益，内核需要大于 1 的操作强度。

Roofline 模型给出了性能的上限。假设程序的性能远远低于它的 Roofline，一个边界分析可以提供关于它们所有的有用信息。利用这一见解在 Roofline 模型中添加多个上限，以指导执行哪些优化，这类似于循环平衡给编译器的指导原则。我们可以将这些优化看作是低于适当的 Roofline "性能上限"，这意味着如果不执行相关的优化，就无法突破这个上限。

例如，为了减少 OpteronX2 的**计算瓶颈**，有以下两个优化几乎可以帮助所有内核。**改进指令级并行性（ILP）和应用 SIMD**：对于超标量体系架构，当获取、执行和提交每个时钟周期的最大指令数时，性能最高。一种方法是展开回路，对于基于 x86 的体系架构，另一种方法是尽可能使用浮点 SIMD 指令，因为 SIMD 指令对相邻的操作数对进行操作。

平衡浮点运算组合：最好的性能要求指令组合中有很大一部分是浮点运算，浮点运算的峰值通常也要求同时进行等量的浮点加法和乘法，因为许多计算机都有乘加指令，或者因为它们有相同数量的加法器和乘法器。

为了减少**内存瓶颈**，三个优化可以提供帮助。

重组单元大步访问的循环：优化单元大步内存访问需要使用硬件预取，这将显著增加内存带宽。

确保内存类同：目前大多数微处理器都在与处理器相同的芯片上包含一个内存控制器。如果系统有两个多核芯片，那么一些地址到本地的 DRAM 到一个多核芯片，其余的必须通过一个芯片互连访问本地的 DRAM 到另一个芯片。后一种情况会降低性能。这种优化将数据和处理该数据的线程分配到相同的内存 – 处理器对，因此处理器很少需要访问附加到其他芯片的内存。

使用软件预取：通常最高的性能要求保持操作在运行时中存在大量内存，这更容易通过预取来完成，而不是等待数据被程序实际请求，在某些计算机上，软件预取比单独的硬件预取提供更多的带宽。

操作强度表明应该考虑哪一个上限，我们一直假设作战强度是固定的，但事实并非如此。例如，有些核的操作强度随着问题的大小而增加（例如稠密矩阵和 FFT 问题）。显然，缓存会影响访问内存的次数，因此提高缓存性能的优化会增加操作强度。因此将 3Cs 模型与 Roofline 模型连接起来，强制遗漏设置最小内存流量，从而设置可能的最高操作强度。

冲突和容量缺失造成的内存流量会大大降低内核的操作强度，因此我们应该努力消除这种缺失。例如，我们可以通过填充数组来更改高速缓存线地址来减少冲突遗漏带来的流量；一些计算机有一个无分配的存储指令，所以存储直接进入内存，而不影响缓存。这种优化防止加载带有要覆盖的数据的缓存块，从而减少内存流量。它还防止将缓存中的有用项替换为不会被读取的数据，从而避免冲突遗漏。这种操作强度的右移可能将内核置于不同的优化区域，通常建议在进行其他优化之前提高内核的操作强度。

7.5 习题

1. 任选三种深度计算模型压缩方法，简述其方法原理和异同点。
2. 根据 7.1.2 节中介绍的深度计算模型按需压缩原理，根据自己定义的实际性能需求，简述方法过程。
3. 请简述对于物联网终端智能而言，重要的深度计算模型超参数包含哪些，如何优化。
4. 请简述一个深度计算模型动态自适应推理方法的原理。
5. 请简述深度模型量化技术的优势和缺点，并选择一个真实的智能物联网终端平台（如树莓派、智能手机、智能手表、微控制器、移动小车等），实现量化技术。
6. 请简述自动化深度计算模型架构搜索方法性能主要受几方面因素的影响。
7. 请简述 Roofline 模型如何评估一个深度计算方法在其硬件运行平台上的性能。
8. 基于微控处理器的深度计算和基于树莓派的深度计算有哪些不同的需求和约束。
9. 选择一个智能物联网终端平台，实现一种深度模型压缩技术，对比压缩前后的性能，如精度、计算量、存储量等。
10. 选择一种智能物联网终端应用（如图像识别、声音识别、目标检测等），设计并实现输入数据或资源自适应的深度计算过程。

参考文献

[1] ALEX K, SUTSKEVER I, HINTON G E. Imagenet classification with deep convolutional neural networks[J]. Advances in neural information processing systems 25, 2012.

[2] LANE, NICHOLAS D, et al. Deepx: A software accelerator for low-power deep learning inference on mobile devices[C]// 2016 15th ACM/IEEE International Conference on Information Processing in Sensor Networks (IPSN). IEEE, 2016.

[3] BHATTACHARYA, SOURAV, NICHOLAS D L Sparsification and separation of deep learning layers for constrained resource inference on wearables[C]// Proceedings of the 14th ACM Conference on Embedded Network Sensor Systems CD-ROM. 2016.

[4] SONG H, MAO H, DALLY W J. Deep compression: Compressing deep neural networks with pruning, trained quantization and huffman coding[J]. arXiv preprint arXiv:1510.00149, 2015.

[5] LIN M, CHEN Q, Yan S. Network in network[J]. arXiv preprint arXiv:1312.4400, 2013.

[6] IANDOLA, FORREST N, et al. SqueezeNet: AlexNet-level accuracy with 50x fewer parameters and< 0.5 MB model size[J]. arXiv preprint arXiv:1602.07360, 2016.

[7] HOWARD, ANDREW G, et al. Mobilenets: Efficient convolutional neural networks for mobile vision applications[J]. arXiv preprint arXiv:1704.04861, 2017.

[8] YAO S, et al. Deepiot: Compressing deep neural network structures for sensing systems with a compressor-critic framework[C]// Proceedings of the 15th ACM Conference on Embedded

Network Sensor Systems. 2017.

[9]　LIU S, LIN Y, ZHOU Z, et al. On-demand deep model compression for mobile devices: A usage-driven model selection framework[J]. Proceedings of the 16th Annual International Conference on Mobile Systems, Applications, and Services, 2018: 389-400.

[10]　HE Y, LIN J, LIU Z, et al. Amc: Automl for model compression and acceleration on mobile devices[C]// Proceedings of the European Conference on Computer Vision (ECCV). 2018: 784-800.

[11]　TEERAPITTAYANON S, MCDANEL B, Kung HT. Branchynet: Fast inference via early exiting from deep neural networks[C]// 2016 23rd International Conference on Pattern Recognition (ICPR). IEEE, 2016.

[12]　HAN C, et al. Once-for-all: Train one network and specialize it for efficient deployment[J]. arXiv preprint arXiv:1908.09791, 2019.

[13]　LIU, S, et al. AdaSpring: Context-adaptive and Runtime-evolutionary Deep Model Compression for Mobile Applications[J]. Proceedings of the ACM on Interactive, Mobile, Wearable and Ubiquitous Technologies 5.1, 2021: 1-22.

[14]　WU B, et al. Mixed precision quantization of convnets via differentiable neural architecture search[J]. arXiv preprint arXiv:1812.00090, 2018.

[15]　NAUMOV M, et al. On periodic functions as regularizers for quantization of neural networks[J]. arXiv preprint arXiv:1811.09862, 2018.

[16]　DONG Z, et al. Hawq: Hessian aware quantization of neural networks with mixed-precision[C]// Proceedings of the IEEE/CVF International Conference on Computer Vision. 2019.

[17]　COURBARIAUX M, BENGIO Y, DAVID J P. Binaryconnect: Training deep neural networks with binary weights during propagations[J]. Advances in neural information processing systems 28, 2015.

[18]　DENG L, et al. GXNOR-Net: Training deep neural networks with ternary weights and activations without full-precision memory under a unified discretization framework[J]. Neural Networks 100 , 2018: 49-58.

[19]　WAN, D, et al. Tbn: Convolutional neural network with ternary inputs and binary weights[C]// Proceedings of the European Conference on Computer Vision (ECCV). 2018.

[20]　LI Z, et al. Performance guaranteed network acceleration via high-order residual quantization[C]// Proceedings of the IEEE international conference on computer vision, 2017.

[21]　LIN X, ZHAO C, WEI P. Towards accurate binary convolutional neural network[J]. Advances in neural information processing systems 30, 2017.

[22]　SAJAD D, et al. Bnn+: Improved binary network training[EB]. (2018).

[23]　ZOPH B, LE Q V. Neural architecture search with reinforcement learning[J]. arXiv preprint arXiv:1611. 01578 , 2016.

[24]　PHAM H, et al. Efficient neural architecture search via parameters sharing[C]//International conference on machine learning. PMLR, 2018.

[25]　VEIT A, BELONGIE S. Convolutional networks with adaptive inference graphs[C]//Proceedings of the European Conference on Computer Vision (ECCV). 2018: 3-18.

[26]　DEVIN C, GUPTA A, DARRELL T, et al. Learning modular neural network policies for multi-task and multi-robot transfer[C]//2017 IEEE international conference on robotics and automation (ICRA). IEEE, 2017: 2169-2176.

[27]　ZOPH B, et al. Learning transferable architectures for scalable image recognition[C]// Proceedings of the IEEE conference on computer vision and pattern recognition. 2018.

[28]　BAKER B, et al. "Designing neural network architectures using reinforcement learning[J]. arXiv preprint arXiv: 1611.02167, 2016.

[29]　TAN M, et al. Mnasnet: Platform-aware neural architecture search for mobile[C]//Proceedings of the IEEE/CVF Conference on Computer Vision and Pattern Recognition. 2019.

[30]　LIN J, et al. Mcunet: Tiny deep learning on iot devices[J]. Advances in Neural Information Processing Systems 33, 2020: 11711-11722.

[31]　HAN C, ZHU L, HAN S. Proxylessnas: Direct neural architecture search on target task and hardware[J]. arXiv preprint arXiv:1812.00332, 2018.

[32]　HAO C, et al. Enabling design methodologies and future trends for edge AI: specialization and codesign[J]. IEEE Design & Test 38.4, 2021: 7-26.

[33]　SAMUEL W, WATERMAN A, PATTERSON D. Roofline: an insightful visual performance model for multicore architectures[J]. Communications of the ACM 52.4, 2009: 65-76.

第 8 章

智能物联网机器学习

在智能物联网中，大量的终端设备（感知节点、移动及可穿戴设备、机器人、无人车等）都具有"泛在感知计算"与"自主移动"的能力。也就是说，相比传统的物联网云端数据处理，在智能物联网时代从云端计算集群、边缘网络节点到物联网智能终端都可参与到感知、学习和决策的过程中。在智能物联网中，丰富多样的设备都具有对环境的感知能力，能融合和理解所收集的数据。在知识层面，可根据动态情境进行自适应学习、协同决策与迁移演化；在行为层面，可通过与其他设备的通信交流、协作交互最终做出决策反馈。

智能物联网的学习机制是智能物联网实现智能演化的基础，是一种根据已有数据、相关知识、历史经验、局部 / 全局目标等对物联网模型和知识体系进行建立和更新的过程。在现有人工智能技术的推动下，智能物联网中存在着多种多机联合的机器学习模式，并展现出新的应用挑战与创新契机。本章将列举物联网联邦学习、物联网智能决策、物联网知识迁移三类主要的学习模式。在现有机器学习方法的基础上，智能物联网机器学习具有分布式学习特征，同时兼具更强的动态可扩展性。

首先，联邦学习旨在利用多个参与方数据进行联合学习，多个参与方收集到的数据分布不同，可有效解决智能物联网中多个参与方之间的信息共享、协作学习以及数据隐私问题。

其次，物联网智能决策，旨在解决复杂、动态环境下单个设备如何做出自动化决策，并满足多个设备共同参与任务的全局目标最优。

最后，物联网知识迁移有助于物联网参与者全局或个体在学习过程中"举一反三"，降低知识库构建成本，实现模型在新场景、新领域的高效泛化。

智能物联网机器学习可以实现全局与个体学习的双赢目标，一方面是综合物联网多个参与方的群体智慧（如数据、模型）和算力构建更加强大的大规模全局模型，需要多个设备联合协作参与到学习的不同环节、不同模块中。另一方面反过来，通过全局模型的共同维护，可以有助于个体参与者快速构建自己的个性化知识体系和模型。

此外，相较于集中式机器学习，智能物联网中的分布式机器学习方式还需要具有较强的可扩展性，在对智能物联网中不断增长或退出的设备和数据，能够通过增加子模型/模块来实现动态可扩展性。

本章将围绕几种典型的智能物联网机器学习方法展开介绍。8.1节介绍智能物联网联邦学习，打破物联网分布式设备的数据孤岛；8.2节介绍基于深度强化学习的分布式智能决策方法；8.3节介绍智能物联网中的分布式设备智能/知识迁移学习方法以提升学习效率。

8.1   物联网联邦学习

智能物联网中有大量的数据交互和共享需求，在该过程中，数据的直接传输带来了隐私泄露的风险。为解决该问题，研究者们已经进行了多方面的探索。其中，联邦学习可有效解决智能物联网数据协作中的隐私问题，在物联网设备自有原始数据不传出本地的前提下，实现联合多个设备（或参与者）共同学习深度模型的效果。其主要流程如图8-1所示，联邦服务器向参与者（即不同的数据持有者）发布任务与初始全局模型，参与者先在本地训练模型，并将训练后的模型上传至服务器，服务器聚合接收到的模型后向所有参与者分发得到的全局模型，重复这个过程直到模型的学习过程收敛。

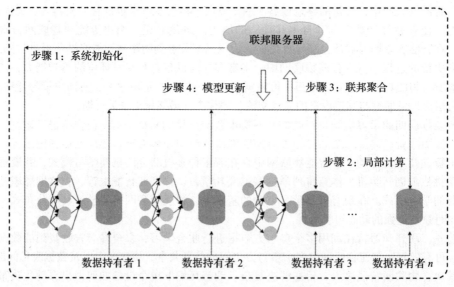

图 8-1   物联网联邦学习示意图

具体地，联邦学习通过具有加密机制的深度模型参数/梯度交换，联合多个分布式设备学习得到全局模型。其具有保护个体参与者数据隐私和打破个体参与者数据孤岛的优势。联邦学习可以根据数据孤岛的不同类型分为三类：横向联邦学习、纵向联邦学习和联邦迁移学习。横向联邦学习框架适用于拥有小规模数据的参与者，而纵向联邦学习与联邦迁移学习框架更适用于大型企业或机构。具体介绍如下所述。

横向联邦学习：把数据集按照横向（即参与者数据标签维度）划分，并取出多个样本特征相同而参与者 ID 不完全相同的数据进行训练，适用于特征重叠多，用户重叠少的场景。例如，不同地区的银行间，他们的业务相似（特征相似），但用户不同（样本不同）。

纵向联邦学习：把数据集按照纵向（即参与者特征维度）切分，并取出多个参与者 ID 相同而样本特征不完全相同的数据进行训练，适用于用户重叠多，特征重叠少的场景。例如，同一地区的商超和银行，他们接触的用户都为该地区的居民（样本相同），但业务不同（特征不同）。

联邦迁移学习：不对数据进行切分，利用迁移学习来克服数据或标签不足的情况，当参与者间特征和样本重叠都很少时可以考虑使用联邦迁移学习。例如，不同地区的银行和商超间的联邦学习。

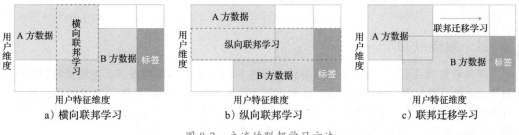

图 8-2　主流的联邦学习方法

在智能物联网背景下，联邦学习将面临异构性更为显著的感知计算设备和感知数据，即不同参与者的数据是非独立同分布（Non-Independent and Identically Distributed，Non-IID）的。然而，有监督的机器学习通常将独立同分布（Independently Identically Distribution，IID）作为模型训练收敛的一个重要假设前提，即所有类别的数据样本都具有相同的概率分布。在真实的物联网环境中，智能物联网设备的感知参数、计算性能、连接稳定性等因素各异，而不同参与者持有的数据模态、类别、数量也存在差异性，这些都为联邦学习引入挑战。例如，室内机器人持有更多的室内数据，自动驾驶汽车持有更多的道路数据。此外，不同参与者在众多场景下会导致对同一输入有不同的期望输出。因此，智能物联网中的联邦学习存在设备异质性、数据异质性和任务异质性的问题，具体描述如下。

设备异质性：联邦学习系统中设备之间存在着较大的硬件异质性。具体来说，每个物联网终端设备的存储（内存）、计算（CPU）、通信能力（3G、4G、5G、Wi-Fi）和稳定性（电池续航）都有可能不同。在实际应用场景中，网络和移动设备、物联网设备、可穿戴设备等设备本身的限制可能导致某一时间仅有一部分设备处于活动状态。而对于处于活动状态的设备，网络通信速度可能比本地计算慢多个数量级。以上问题构成了联邦学习的一大瓶颈。此外，在极端状况下，设备会由于零电量、网络无法接入等原因而瞬时无法连通。这样复杂的现实环境也给物联网联邦学习系统的设计与部署带来了严峻挑战。

数据异质性：Non-IID（也称为数据异构性、数据异质性或统计异质性）是联邦学习系统中数据最重要的特征。智能物联网设备（参与者）通常以不同分布方式在本地生成和收集数据，不同参与者的数据特征、数量、特征分布等可能因参与者固有属性、应用场景、地理位置、时间等因素而发生变化。Peter Kairouz 等人[1] 提出了联邦学习中 Non-IID 的三种表现。

①特征偏移。特征的表现方式不一样，如每个参与者的相同的动作有着不同的表现。②标签偏移。标签的表现方式不一样，如相同的文字表述、不同的参与者有着不同的理解。③数量偏移。不同参与者存储的数据量各不相同。由于现有主流机器学习算法的推导建立在 IID 数据的假设上，因此，异质性的 Non-IID 数据特征给建模、分析和评估都带来了很大挑战。

任务异质性：智能物联网中，不同参与者的应用场景不同，对应的任务有可能存在差异。对于同一输入，不同参与者的期望输出可能不同。而现有算法模型给出的单一的全局模型对于同一输入给出的输出是相同的，这显然无法满足所有联邦参与者的需求。在这样的评估方式下，全局模型在一些参与者的场景下表现较差，所以为每个参与者设计自己的模型成了近期的研究趋势。在联邦学习系统中，大量异质模型在聚合时如何收敛是一个重要挑战。

本节将针对上述挑战介绍三类适用于智能物联网的联邦学习方法，即横向联邦学习、纵向联邦学习以及个性化联邦学习中相关方法。

8.1.1　横向联邦学习

横向联邦学习是指在样本特征重叠较多而样本 ID 重叠较少的情况下，把数据集按照横向划分，也就是参与者维度进行切分，并取出双方样本特征相同而样本 ID 不完全相同的数据进行训练。例如，多个智能手机将其持有的用户消息作为样本，通过联邦学习在不泄露隐私的前提下协同训练一个单词预测模型，以提升用户使用输入法时的体验。

如何利用存储在大量边缘或终端设备上的数据，在为保护隐私而不进行数据共享的前提下，学习出全局优化的模型是横向联邦学习的一个核心问题。如图 8-3 所示，解决该问题的思路是将设备生成的数据约束在本地进行存储和处理，随后通过客户端本地参数上传，服务器端参数融合、参数下载、本地更新的迭代过程实现模型的训练。横向联邦学习的目标任务可以表示为公式（8-1），其意义是最小化每个客户端的本地损失总和：

$$\min_w F(\omega), F(\omega) := \sum_{k=1}^m p_k F_k(\omega) \tag{8-1}$$

其中，m 为物联网中参与设备的总数，$p_k > 0$，$\sum_k p_k = 1$，F_k 是第 k 个参与设备的本地目标函数。

本地目标函数通常被定义为对本地数据的经验风险，例如：

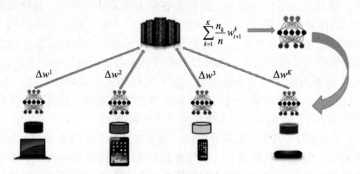

图 8-3　横向联邦学习架构

$$F_k(\pmb{\omega}) = \frac{1}{n_k} \sum_{j_k=1}^{n_k} f_{j_k}(\pmb{\omega}; x_{j_k}, y_{j_k}) \tag{8-2}$$

其中，n_k 是客户端本地可以使用的样本数。参与设备指定的 p_k 是指每个边端参与设备的相对影响，其自然设定为 $p_k = \frac{1}{n}$ 或 $p_k = \frac{n_k}{n}$，其中 $n = \sum_k n_k$ 是所有的样本总数。

横向联邦学习框架最早在谷歌研究院 McMahan 等人[2] 提出的 FedAvg 算法中使用。该算法开创性地实现了在数据不共享的情况下完成联合建模。实验表明，该算法在 IID 数据集上取得了良好的效果。

首先，FedAvg 算法的总体目标函数是

$$\min_{\pmb{x} \in \mathbb{R}^d}[F(\pmb{x}) = \frac{1}{n} \sum_{i=1}^n f(\pmb{x}; s_i)] \tag{8-3}$$

其中，n 是样本容量，s_i 表示第 i 个样本个体，$f(\pmb{x}; s_i)$ 表示在模型上的损失函数。假设有 K 个局部模型或参与设备，$\mathcal{P}_k$ 表示第 k 个模型拥有的样本个体的序号集合。如果令 $n_k = |\mathcal{P}_k|$，目标函数可以重写为

$$
\begin{aligned}
F(\pmb{x}) &= \sum_{k=1}^K \frac{n_k}{n} F_k(\pmb{x}) \\
F_k(\pmb{x}) &= \frac{1}{n_k} \sum_{i \in \mathcal{P}_k} f(\pmb{x}; s_i)
\end{aligned} \tag{8-4}
$$

接下来，我们对局部模型进行迭代更新，用 b 表示随机梯度下降中的一个批次（batch），那么第 k 个参与设备的模型迭代公式为

$$\pmb{x}_k \leftarrow \pmb{x}_k - \frac{\eta}{|b|} \sum_{i \in b} \nabla f(\pmb{x}_k; s_i) \tag{8-5}$$

FedAvg 算法的思想很直观，假设每一轮选择比例为 C 的参与设备参与训练，再将训练过程分为多个回合，则每个回合中选择 $CK(0 \leqslant C \leqslant 1)$ 个局部模型对数据进行学习。第 k 个局部模型在一个回合中的本地轮次（epoch）数量，即梯度下降次数为 E，batch 大小为 B，从而迭代次数为 En_k/B。在一个回合结束之后，全局模型由所有参与学习的局部模型的参数进行加权平均得到。

总体而言，FedAvg 算法的计算量与通信量主要与三个超参数相关：C 为在每轮执行计算的客户端的分数比例，E 为每个客户端每轮对其本地数据集进行训练的次数，B 为用于客户端更新的本地小批量大小。服务器首先初始化任务，随后参与者 i 进行本地训练，并针对原始数据集的微批次优化目标。这里微批次是指每个参与者数据集的随机子集。在第 t 次迭代中，服务器将通过平均聚合：

$$w_G^t = \frac{1}{\sum_{i \in N} D_i} \sum_{i=1}^N D_i w_i^t \tag{8-6}$$

反复进行联邦学习训练过程，当全局损失函数收敛或全局模型精度达到预设的阈值训练停止。以上就是 FedAvg 算法的主要流程，如图 8-4 所示。

然而，FedAvg 算法虽然在处理 IID 数据集时有着良好的性能表现，但在许多现实应用中，参与设备中的数据并不是独立同分布的。多项研究表明，在 Non-IID 数据集上，FedAvg

算法存在着两方面的问题：训练过程中模型收敛困难，推理过程中模型准确率大幅降低。此外，FedAvg 算法也无法很好地应对设备异质性带来的问题。这些问题主要为参与设备不同的存储、计算、稳定性和通信条件，会导致其参与联邦学习的能力与意愿有所差异。

算法 FederatedAveraging. K个参与者用k来索引；
B是本地minibatch；E是本地轮次数；η是学习率

服务器执行：
初始化ω_0
for 每一轮$t = 1, 2, \cdots$ **do**
    $m \leftarrow \max(C \cdot K, 1)$
    $St \leftarrow m$个参与者的随机集合
    for 每个平行的参与者$k \in S_t$ **do**
        $\omega_{t+1}^k \leftarrow$ 参与者更新(k, ω_t)
    end for
    $\omega_{t+1} \leftarrow \sum_{k=1}^{K} \dfrac{n_k}{n} \omega_{t+1}^k$
end for

参与者更新（k, ω）：
$\beta \leftarrow$（将P_k划分为尺寸为B的batch）
for 每个从1到E的本地轮次 **do**
    for batch $b \in \beta$ **do**
        $\omega \leftarrow \omega - \eta \nabla \ell(\omega; b)$
    end for
end for
返回ω至服务器 $= 0$

图 8-4　FedAvg 算法流程

针对数据异质性问题，目前有较多的解决方案。例如，通过正则项自适应调节局部模型更新的方向，如 Li 等人[3] 提出的 FedProx 算法。在 FedAvg 设置中，本地迭代次数 E 是固定的，本地迭代次数的增加会导致每个参与设备的本地目标 F_k 偏离全局最优解。同时如果一个设备在固定时间内没有完成 E 轮的迭代，其模型就会被丢弃。直接丢弃这些设备或者让其未迭代完成的模型参与聚合都会严重影响模型收敛的表现，对结果的精度造成影响。因此 FedProx 提出了一个近端项（Proximal Term）来保证对这些未完成计算的部分信息进行聚合。具体地，传统联邦学习的优化目标如公式（8-1）所示，在此基础上，FedProx 在每个本地优化目标中引入近端项，如下所示：

$$\min_w h_k(\omega; \omega') = F_k(\omega) + \frac{\mu}{2} \| \omega - \omega' \|^2 \tag{8-7}$$

其中，ω' 表示全局模型，$\dfrac{\mu}{2}$ 是超参数。当 $\mu = 0$ 时，FedProx 就变成了 FedAvg，所以 FedProx 是 FedAvg 的一种泛化形式。将 $F_k(\omega)$ 变为 $h_k(\omega; \omega')$ 的目的是使得每一次本地更新不要太过远离全局模型，这样就不需要像 FedAvg 算法一样手动设计本地更新的轮次，解决了统计异质性的问题。同时，近端项还允许安全地合并未完成计算的部分信息。

与 FedProx 方法思想相似的还有 FedCurv[4]，同样在本地优化目标中加入正则项以惩罚离全局参数过远的参数，该正则项是通过 Fisher 信息矩阵计算得出的。这类方法减少了 Non-IID 数据对全局模型的影响，此外，另一种解决思路是自适应地增加本地训练轮次以提高全局模型的学习效率，如 Huang 等人 [5] 提出的 LoAdaBoost FedAvg 算法，该类算法加快了全局模型的收敛速度。

针对设备异质性问题，目前的解决方案主要有：①增加本地计算量减少通信轮次 [6]；②修改训练算法以提高收敛速度，如 Yao 等人提出的双流联邦学习算法 [7]；③自适应进行联邦聚合，如 Liu 等人 [8] 提出的 HierFAVG 令训练速度快的模型提前进行边缘聚合，减少时间浪费。以上策略中，①和②可减少通信开销，③使联邦系统更好地适应参与设备的资源差异。

8.1.2　纵向联邦学习

纵向联邦学习是在不同数据集的参与设备重叠较多而参与设备特征重叠较少的情况下 [9]，把数据集按照图 8-2 中的纵向（即特征维度）进行切分，并取出参与设备中样本 ID 相同而样本特征不完全相同的数据进行训练，标签则由某一方参与设备提供。例如，支付宝持有一批用户的消费信息，而银行持有同一批用户的信用记录，由于这些信息是不可泄露的，银行可以通过联邦学习来获取用户的消费信息，以判断是否向该用户借款等。纵向联邦学习与横向联邦学习正交，主要侧重于在数据分布非独立情况下联合不同参与设备进行学习。本节首先介绍纵向联邦学习的典型框架与算法，再介绍该框架下的数据异质挑战与相关方法。

纵向联邦学习一般假设有两方参与。在实际使用过程中，系统首先使用基于加密的样本 ID 对齐技术，来确认双方的共同样本。例如农业银行与支付宝确认使用农业银行的支付宝用户。在该过程中，双方不重叠的样本不会被公开，例如支付宝用户中不使用农业银行的将被排除在训练过程外。随后，这些公共样本被用于训练加密机器学习模型。纵向联邦学习架构如图 8-5 所示。

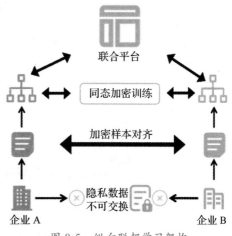

图 8-5　纵向联邦学习架构

在多类回归纵向联邦学习中，首先假设每个参与方都有着其独立的数据集，但只有一个参与者拥有标签信息。那么目标是在标签真实数据不泄露的前提下，将标签的信息提供给其他参与方。具体地，多类回归纵向联邦学习采用无监督学习对真实标签信息进行学习，使所有参与方的模型预测值与第一个参与方的标签信息相近。通过这样的方式，参与方得到了标签的相关信息而无法得知标签的真实数据。

然而在该类方法中，需要一个独立于参与者的协作者对已有数据进行学习。这带来了一定的数据泄露隐患，与纵向联邦学习的动机不符。针对这一问题，一方面可以通过非对称加密算法加强数据的保密程度，另一方面可以改进系统设计方法，对协作者的存在加以规避。

8.1.3　个性化联邦学习

在前两个部分中我们介绍了联邦学习的基本类型及典型方法。上述算法的主要目的都是实现数据保留在本地的同时进行联合训练模型。而在现实应用中，由于数据异质性等原因，传统联邦学习的效果不尽如人意。个性化联邦学习考虑了数据异质性问题，为每个参与设备训练独一无二的模型。例如，在输入法应用程序的下一词预测任务中，通过 FedAvg 算法训练出的全局模型输出的是大部分智能体接下来最有可能键入的单词。然而，如果能考虑到智能体独特的语言风格、个人信息和用词习惯，将能为智能体预测出更加精准、更加智能、更加个性化的下一个单词。个性化联邦学习主要解决数据异构挑战与模型异构挑战，也可以在一定程度上缓解设备异构挑战。

大多数个性化技术通常涉及下面两个步骤。第一步，以传统联邦学习的方式建立全局模型。第二步，用客户的私人数据对全局模型进行个性化处理，如图 8-6 所示。Jiang 等人 [10] 提出，为了使个性化联邦学习能够得到实际应用，必须同时非独立地解决以下三个目标：①开发改进的个性化模型，使数据充足的客户受益；②开发精确的全局模型，使私人数据有限的客户受益；③在少量的训练轮次中实现快速模型收敛。

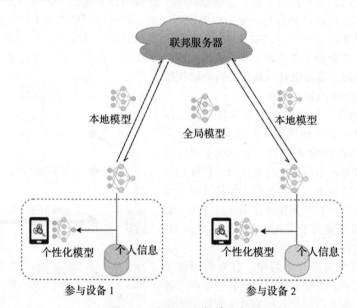

图 8-6　个性化联邦学习架构

针对以上目标，有以下六种个性化联邦学习的方法可以采用。

（1）迁移学习

如果将联邦学习过程中所有参数设备数据构成的虚拟数据集作为迁移学习中的源域，而参与设备的本地数据集作为迁移学习中的目标域，那么则可以通过迁移学习来解决联邦学习个性化的问题。

（2）元学习

元学习的核心思路是对多个学习任务进行训练，以生成高适应性模型，而训练后的模型通过少量的新训练实例即可适应并解决新的任务。在个性化联邦学习中，首先在全局模型训练过程中进行多任务训练，即元训练；随后采用本地数据对模型进行微调，即元测试。通过以上两个步骤，元学习能够与联邦学习相结合，实现个性化联邦学习。

总体来看，联邦元学习方法的实现复杂度高于联邦迁移学习方法，但联邦元学习方法获得的模型更加健壮，对数据样本较少的参与设备更加有效。

（3）知识蒸馏

知识蒸馏受启发于学生模仿教师的过程。具体来说是将大型教师网络中的知识提取到较小的学生网络中。在与联邦学习结合的过程中，一般将全局模型作为教师模型，将本地模型作为学生模型，实现个性化过程。采用知识蒸馏的方式进行个性化联邦学习可以有效地避免个性化过程中易引发的过拟合问题，且由于知识蒸馏过程与模型结构正交，所以该类方式能够较好地容忍模型异质问题。

（4）参与设备上下文信息方法

全局模型无法为客户生成个性化预测的一大原因是模型预测时未包含客户的个人信息（即设备上下文信息）。然而大多数公共数据集尚未收录设备上下文信息，有效记录设备上下文信息的方式有待研究。此外，设备上下文信息是隐私敏感的数据，收录该部分数据将会导致严重的隐私问题。以上问题不能解决，该方法的应用就仍不现实。 当前有类似思想的研究，例如 Masour 等人[11] 提出了一种介于单个全局模型和纯局部模型之间的方法，将客户分为几个类别，对每一类客户分别建模。分类过程中假设有 k 个固定模型，客户被分类在损失最小的模型上进行训练。该方法在训练过程中利用聚类算法将上下文信息相似的客户聚在一起训练，实现了相比单一全局模型更个性化的模型。

（5）基础层与个性化层分割

常见联邦学习场景中，参与设备之间有着较大的数据分布差异。为了缓和这种数据异质性带来的不利影响，可以将深度学习模型进行结构化分层。举例来说，在 Arivazhagan 等人[12] 提出的 FedPer 神经网络结构中，基础层由 FedAvg 算法集中训练，个性化层在本地训练，如图 8-7 所示。

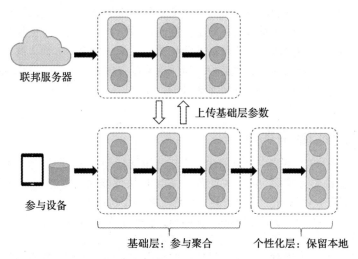

图 8-7　FedPer 网络结构

（6）全局模型和本地模型混合

由于本地模型和全局模型分别代表模型的个性化能力与泛化能力，因此在对二者进行权衡后也可以使最终模型同时具有个性化和泛化的能力。Hanzely 等人[13] 提出了寻求全局模型和本地模型之间的明确权衡。每个参与设备学习全局模型和本地模型混合，这种方法与联邦平均相似，但并不执行完整的平均步骤，而只是朝着平均步骤迈进。

值得说明的是在以上六种方法中，迁移学习方法和基础层与个性化层分割方法的思想类似，但区别是迁移学习方法上传整个本地模型，将接收的全局模型的深层进行微调得到个性化模型，而基础层与个性化层分割方法仅上传模型浅层参数参与聚合。但两种方法实际上都有冻结模型浅层参数，微调深层参数的步骤。元学习与迁移学习的目的都是增加模型在多任务上的泛化能力，但元学习更偏重任务和数据的双重采样，即任务和数据一样是需要采样的，而迁移学习更多是指从一个任务到其他任务的能力迁移，不太强调任务空间的概念。此外，知识蒸馏是实现迁移学习的一种形式。参与设备上下文信息方法中的例子与全局模型和本地模型模型混合方法的主要思想都是提供额外的模型存储个性化的信息，同时通过联邦学习过程获得一个具有泛化信息的模型。

以上六类方法主要解决了数据异质性与模型异质性问题。但由于有时需要引入边缘计算来解决一些参与设备的计算能力较弱的问题，因此设备异质性也需要被考虑。但联邦学习个性化在设备异质性问题上的研究仍较为匮乏，因此联邦个性化技术在解决参与设备异质性问题上仍有待深入研究。

个性化联邦学习根据不同客户的需求为其构建个性化模型，以解决异质性问题。通常情况下，在个人客户端上，个性化模型比全局模型或本地模型都具有更好的性能表现。同时，一些个性化模型也可以减轻差分隐私等隐私保护技术对联邦模型准确率的影响[14]，进而有效解决传统联邦学习效果不佳的问题。

拓展思考：联邦学习作为一个新兴的领域，近年来得到了大量关注，群体智能相关领域的研究也使其在工业界和学术界都取得了一定的进展。目前，联邦学习主要在通信、联邦算法、隐私保护等方面进行优化。在智能物联网环境中，参与设备硬件资源与数据分布的复杂性为联邦学习带来了特殊的研究挑战。一方面，我们希望模型尽可能与硬件资源适配，即在满足硬件部署需求的同时使模型的精度尽可能高；另一方面，我们希望模型能够适应其所面临的独特任务需求的同时能够保持较强的泛化能力。基于以上两方面，我们希望联邦学习实际进行部署的模型有较强的个性化能力。如何权衡多方因素，通过个性化联邦学习，打造"千人千面"的深度学习模型成为一个需要关注的问题。

8.2　物联网智能决策

智能物联网中的智能决策应用范围非常广泛，包括**运动决策**（如智能制造中机械臂、智能工厂中自动运输机器人等移动嵌入式设备）、**系统模块性能优化决策**（如在物联网系统维护过程中）、**算法内部的参数优化决策**（如自动化深度模型架构搜索等）。

深度强化学习（Deep Reinforcement Learning, DRL）作为机器学习的一个新兴分支，相比于监督学习或无监督学习等方法，它是在与环境的交互中获取经验来学习。以强化学习为代表的自主决策技术，不需要人工介入就能按照预先定义的方式自主观察环境状态，通过自动化搜索和选择动作不断尝试，并将从环境中观察到的深度模型动态性能指标作为动作选择策略的反馈，以期取得最大化的期望奖励，从而求解模型自主演化中的、设备资源约束下的模型性能优化问题。例如，AlphaGo 是一个人工智能的围棋选手，它采用自动化决策技术（即强化学习）根据当前走棋网络自动选择落子，以期获得最终胜利。而围棋下棋点极多，分支因子大大多于其他游戏，且每次落子对棋盘长远局势的作用好坏瞬息万变，传统的自动化决策技术（如贪心搜索[7]、网格搜索、基于规则的搜索）没有结合长远推断，很难奏效。强化学习是近年来备受关注的自动化决策技术，可以让程序具备人类观察环境、学习经验和总结规律的自主决策能力。

本节将主要介绍基于深度强化学习的群体智能决策，探究多个物联网参与设备如何与环境交互，并通过与其他参与设备的协作来获取更多奖励，最终学习到不同环境状态下的最优决策，从而达到全局最优。

单机深度强化学习方法可以指导单个参与设备、对象与环境的交互来不断更新策略，从而解决基础的优化问题（见图 8-8），比如车辆自动驾驶问题、简单的 Atari 游戏策略问题；**多智能体深度强化学习**方法将问题拓展到多个参与设备系统的协作中，可以在非稳态环境下完成复杂群体任务（见图 8-9），如交通灯控制、大规模车辆控制以及集体机器人制造任务等。

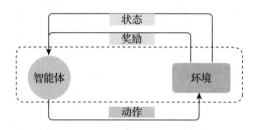

图 8-8　单机深度强化学习

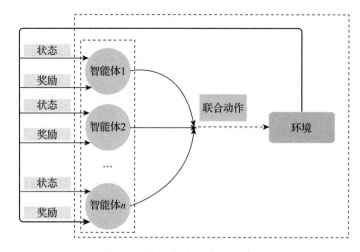

图 8-9　多智能体深度强化学习

8.2.1　强化学习与智能决策

本节首先简要介绍强化学习的基本概念和原理。如图 8-8 所示，强化学习是奖励（如分数）导向的，其核心思想是计算机能够自主学习。这时，机器需要一位老师，这个老师不会告诉机器如何做决策，它只给计算机的行为打分。机器通过记住那些不同行为被打高分或低分的经验，下次尽可能采取能够拿高分的行为，避免低分的行为。在实际应用中可以将想要获取的一切目标定义到强化学习的打分机制（奖励）中。这种分数导向性就像监督学习中的正确标签，不同之处在于监督学习的标签是预先给定的，而强化学习的分数标签是机器通过一次次在环境中尝试获取的。例如，如果将模型的运行性能作为分数，这种分数就是机器在模型运行中观察到的性能。总之，强化学习是机器与环境不断交互学习的过程，机器通过行为影响环境，与环境交互产生数据，环境返回奖励和状态，通过这些数据去求解能够取得最大奖励的最优策略，整个交互过程是一个马尔可夫决策过程（Markov Decision Process，MDP），用一个五元数组进行表示 (S, A, P, R, γ)。MDP 执行步骤如下：在初始时刻，智能体的状态为 s_0，首先从动作空间挑选一个动作 a^0 执行，获得瞬时奖励 r_0，并且智能体按照 $p(s_{t+1} \mid s_t, a_t)$ 的概率随机转移到下一个状态 s_1，再从动作空间挑选一个动作 a_1，执行后获得奖励 r_1 并转移到状态 s_2。以此类推，完成 MDP，状态转移过程如图 8-10 所示。

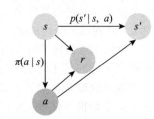

图 8-10　马尔可夫决策状态转移过程

强化学习方法主要包括以下五个基本要素。

- 状态 s：是对当前环境 / 状态的描述，可以是离散的或连续的；与智能决策主体交互的所有上下文都可称为环境。
- 动作 a：是对智能体（agent）可选动作的描述，可以是离散的或连续的。
- 奖励 $r(s, a, s')$：是智能体根据当前状态 s 选择动作 a 后，环境反馈的奖励，其中 s' 指执行动作后的新状态。
- 策略 $\pi(a \mid s)$：是智能体根据环境状态 s 决定下一步动作 a 的策略函数，分为确定性策略（Deterministic Policy）和随机性策略（Stochastic Policy）。
- 状态转移概率 $p(s' \mid s, a)$：是智能体根据当前环境状态 s 选择动作 a 之后，环境在下一个时刻转变为状态 s' 的概率。

强化学习算法的重点是学习如何构建策略 $\pi(a \mid s)$ 和值函数 $V_{\pi(a \mid s)}$，$Q_{\pi(a \mid s)}$。

基于以上要素，我们介绍两种经典的深度强化学习框架，包括基于价值函数的方法 DQN[31] 和基于策略梯度的方法 DDPG[32]。

1. DQN

在最近的基于价值的方法研究中，深度 Q 网络（Deep Q Network，DQN）算法因其在雅达利游戏上的超人类水平表现而受到了广泛的关注，模型结构如图 8-11 所示。

DQN 利用重放记忆缓存区和目标网络来稳定训练。记忆缓存区保存了 (s_t, a_t, r_t, s_{t+1}) 序列，训练时通过从回放记忆中提取一个随机的小批次来训练拟合器。DQN 算法将状态值 s_t 输入全连接卷积神经网络，之后为每一个可能的动作输出 Q 值。通过对权值为 θ 的神经网络进行小批量训练，以使损失函数最小：

$$y = r_i(s, a) + \gamma \max_{a'} Q(s_i', a'; \theta')$$

$$L(\theta) = E[(Q(s_i, a; \theta) - y)^2] \tag{8-7}$$

其中，θ' 为每 C 轮次迭代更新的目标网络的权值。在 DQN 的基础上，还有一些改进值估计算法 Double-DQN、DRQN 等，但都采用 ε–Greedy 策略保证足够的探索。经验回放机制和目标网络结构的双重作用切断了数据的高相关性，减小了相关样本造成的偏差，从而提高了算法的收敛性和稳定性。

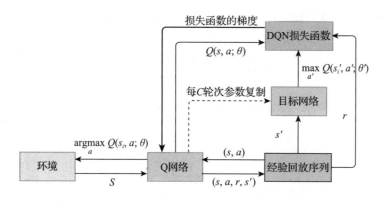

图 8-11　DQN 模型结构

虽然 DQN 基本解决了维度的诅咒这样一个具有挑战性的问题，但 DQN 仍有很多缺点，如 Q 值估计过高、重要样本利用率等问题。针对这些问题，研究人员提出 DDQN、DRQN 等多个变种算法改进 DQN 算法的性能。

2. DDPG

在基于值函数的方法中，关键思想是学习最优的价值函数，并根据价值进行贪婪政策选择动作。另外还可以对策略进行参数化，并通过训练过程对策略参数进行优化。这类强化学习算法称为基于策略的方法，目标是使用梯度算法直接学习参数为 θ 的策略。

如果把基于值函数的方法和深度策略梯度方法结合，采用时序差分的方法来更新价值网络，那么模型的参数更新方式便从回合更新模式变为单步更新模式，大大提高了学习效率。此时基于值函数的算法（如 DQN）称为"Critic"，基于策略的方法（如 DPG）称为"Actor"，并演化出各种"Actor-Critic"算法。通过这样的方式，Actor-Critic 可以在减少基于值函数带来的高偏差和减少策略优化带来的高方差之间进行有效的权衡。Actor-Critic 框架结构如图 8-12 所示。

Actor-Critic 框架的主要思想是 Actor 负责与环境直接进行交互，根据当前环境状态计算选择不同

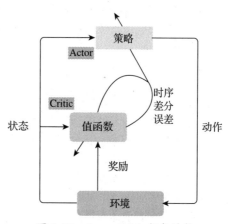

图 8-12　Actor-Critic 框架结构

动作的概率，再根据是确定性策略还是随机性策略选择动作，Critic 对 Actor 的行为评判得分。在得到 Critic 的评分后，Actor 以策略梯度的方式调整选择不同行为的概率，Critic 根据环境反馈的奖励信号计算 TD- 误差进行迭代，进而调整自己的评分策略。Actor-Critic 框架的另一个优势在于可以应用在求解连续动作的问题上，代表性算法为深度确定性策略梯度（Deep Deterministic Policy Gradient，DDPG）算法。

如图 8-13 所示，DDPG 同样采用 DQN 算法中的经验回放机制和双网络结构来切断数据相关性，但在 Actor 网络中采用基于梯度的 DPG 算法输出确定性动作。在 Actor 和 Critic 中都有估计网络和目标网络，各自的目标网络参数用 θ^- 和 ω^- 表示，采用软更新的方式，进一步增加学习过程的稳定性：

$$\theta^- = \tau\theta + (1-\tau)\theta^- \tag{8-8}$$

$$\omega^- = \tau\omega + (1-\tau)\omega^- \tag{8-9}$$

相比于强行应用 DQN 算法解决连续动作空间问题，DDPG 算法在保持端到端运行的同时，提高了 20 倍训练效率。

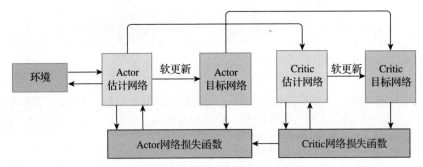

图 8-13　DDPG 算法

迄今为止强化学习已经有数十年的发展。早期的强化学习主要采用表格记录策略和值函数，适用于状态和动作都是离散的简单问题。后来研究者们提出利用深度模型来建模复杂环境状态和策略之间的映射关系，从而提供更强的自主决策能力。然而，从单机的强化学习拓展到物联网实际应用中的多智能体协同决策仍然面临着很多问题，比如环境非稳态、部分可观测、环境探索困难等问题；同时针对具体的群体协作、竞争等复杂应用，还应考虑更加高效的训练方式。

8.2.2　物联网多智能体协同决策

传统的强化学习的概念与方法主要针对单个智能体对象，基于单智能体的强化学习能够解决基础的优化问题，比如车辆自动驾驶问题、简单的 Atari 游戏策略问题。但在实际环境中，通常有更复杂的任务需要完成，例如大规模车辆调度、交通灯控制以及集体机器人制造任务等。多智能体深度强化学习将环境问题拓展到多智能体系统中，可以训练多智能体在复杂环境下完成群体协作或混合任务。

在介绍多智能体深度强化学习方法之前，首先需要了解物联网多智能体协同决策环境具有哪些特征。每个参与者需要先观测环境来获知自身状态或者环境整体状态，进而才能做出决策；对于多智能体参与者的环境，其观测会变得更加复杂，主要包含以下几方面。

环境非稳态性：对于每个个体而言，其环境不仅包含自身环境，还包含其他参与设备。由于其他参与设备的行动不确定，各参与设备之间的交互在不断重塑环境，从而导致了环境的不稳定性。

环境部分可观察性：由于每个参与设备的观测环境视角有限，无法获知环境整体的全局状态信息。尤其是每个参与设备都只能获知自己周边区域的局部环境信息，无法获知包含其他设备的完整环境信息。在这种情况下需要将单机深度模型的马尔可夫决策过程转变为部分可观测马尔可夫决策过程（Partially Observable Markov Decision Processes，POMDP）。POMDP 假设系统的状态信息不能直接观测得到，参与设备需要依据当前的不完全状态信息做出决策。

环境探索代价高：由于强化学习是基于试错和积累经验完成学习从而实现智能决策的，因此试错的经验非常重要。然而，对于群体强化学习而言，尝试不同的动作来收集更多的经验信息代价往往较高。参与设备探索不同行为时需要获取环境信息，以及其他设备的决策信息，以衡量其自身所采取行为的整体价值从而更新策略。然而，过多的探索会破坏其他参与设备对象的策略稳定性。因此，积累有价值的经验较为困难。

8.2.3　多智能体协同决策方法

多智能体协同决策方法注重如何训练个体的自主决策能力，从而在多变场景下实现全局决策最优。因此，个体在自主决策学习过程中需要学会如何与其他设备协作。基于价值函数和基于策略梯度的算法是两类经典的单机深度强化学习框架，分别适用于离散空间决策和连续空间决策。然而，这些方法都不适用于群体协同场景。主要的问题是在训练过程中，每个智能体的策略都在变化，因此从每个智能体的角度来看，环境变得十分不稳定，每个智能体的行动都会带来全局环境的变化。具体地，对价值网络（如 DQN）来说，由于不了解其他设备的状态，经验重放的方法变得难以适用。而对策略梯度方法（如 DDPG）而言，环境的不断变化导致了学习的方差进一步增大。

针对这些问题，本小节将介绍已有的两类多智能体协同决策方法，即基于价值函数的多智能体协同决策方法和基于策略梯度的多智能体协同决策方法。

1. 基于价值函数的多智能体协同决策

群体协作的主要难点在于环境的部分可观测性，即每个设备需要基于局部观测做出有利于全局目标的决策。为了实现全局决策最优，一种方案是在训练过程中给参与设备一定的全局信息，训练出一个全局价值网络 $Q_{total}(s, u)$。由于部分可观测的限制，参与设备仅能获取自身局部观测，在执行时不能直接利用全局价值信息 $Q_{total}(s, u)$ 策略进行决策。针对这一问题，研究人员提出了一系列基于值函数分解的方法。

Sunehag 等人 [15] 提出了价值分解网络方法（Value-Decomposition Network，VDN），如图 8-14 所示，其核心思想是利用不同设备的价值函数 $Q_i(o_i, u_i)$ 对全局价值网络 $Q_{total}(s, u)$ 进行价值函数分解，而不是直接学习全局价值函数。这样设计的目的是因为在群体协作训练中，虽然全局评价是必要的，但在集中训练中由于单个设备的环境部分可观测性，会出现一些假奖励和个别设备奖励过低的情况。因此每个设备可以基于自己的观测学习一个 Q 值，然后将所有 Q 值累加求和作为全局的值，再对全局的值反向传播降低损失。具体地，价值函数的分解方式如下：

$$Q_{\text{total}}(s, u) = \sum_{i=1}^{N} Q_i(o_i, u_i) \tag{8-10}$$

其中，s 是指全局状态，o_i 是每个设备 i 观测到的局部状态。在训练中，全局价值网络采取经典 DQN 的方式进行学习，基于全局奖励的误差进行更新。由于 Q_{total} 是每个参与设备的价值网络的线性累加，更新 Q_{total} 梯度反向传播的时候也传给每个参与设备的价值网络 Q_i 进行学习和更新。

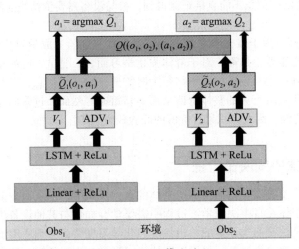

图 8-14   VDN 算法过程

在该方法的基础上，研究者们还提出了进一步的改进。例如，由于基于分解得到的全局价值是对每个参与设备的局部价值函数进行简单的线性累加，容易与真实全局价值存在差异。Rashid 等人[16] 提出了对值函数分解方法的改进，通过建立一个新的神经网络（Mixing Network）来近似 Q_{total}，可以详细地表征 Q_{total} 与每个参与设备 Q_i 之间的关系。

2. 基于策略梯度的多智能体协同决策

策略梯度网络让神经网络直接输出策略函数 $\pi(s)$，即在状态 s 下应该执行何种动作。对于非确定性策略，输出的是这种状态下执行各种动作的概率值。群体策略学习时，传统的单机策略梯度方法会产生较大的方差，而且随着设备数量的增加，策略梯度方法会出现较大的方差。

Lowe 等人[17] 在深度确定性策略梯度方法（Deep Deterministic Policy Gradient, DDPG）的基础上，提出了多智能体深度确定性策略梯度方法（MADDPG）。每个智能体的训练同单个 DDPG 算法的训练过程类似，区别主要体现在 Critic 网络的输入上。在单个智能体的 DDPG 算法中，Critic 的输入是状态 – 动作对信息，但在 MADDPG 中，每个智能体的 Critic 输入除自身状态 – 动作对信息外，还可以包含额外的信息（如其他智能体的动作信息），如图 8-15 所示。具体地，每个智能体训练 Critic 时会考虑其他参与设备的动作策略来进行评判，Actor 则根据自己的本地观察采取行动，进行中心化训练和分布式执行。该算法在训练过程中为每个智能体训练一个给定所有设备策略的集中式 Critic，通过消除参与设备并发学习引起的非平稳性从而减小方差。

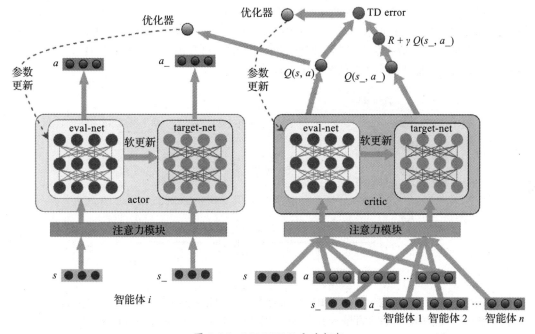

图 8-15　MADDPG 方法框架

MADDPG 除了利用集中训练和分布式执行的架构外，还提出了一种策略集合的优化思想，对每个参与设备学习多个策略，改进时利用所有策略的整体效果进行优化，可以进一步提高算法的稳定性以及鲁棒性。具体地，第 i 个设备的策略由一个具有 K 个子策略的集合构成，对每个设备最大化其策略集合的整体奖励，而在每次训练流程中只选用一个子策略。此外，多智能体之间的关系还可以包含三种：合作型、对抗型和半合作半对抗型。通常可以根据不同的协作关系来设计奖励函数，从而实现不同类型的群体智能决策。

8.3　物联网知识迁移

人类之所以能够解决新任务，不断进步，是因为具备出色的迁移能力和学习能力。面对新的环境、需求和目标，人类擅于发现不同任务之间的区别与联系，利用已积累的知识创造性地解决新问题。智能物联场景下，各项智能物联网应用 / 服务或终端智能体也希望具备类似人类快速学习新环境的"知识迁移"能力，减轻智能物联的学习成本，提升智能应用 / 服务的效能和鲁棒性。因此，可迁移能力逐渐成为智能物联网应用 / 服务或终端智能体面对复杂、异构、多变环境所需的重要能力。现有研究旨于从数据、特征、模型、任务等多个维度进行知识和经验的迁移。本节则将主要介绍基于知识蒸馏的物联网知识迁移方法、基于域自适应的知识迁移方法以及基于元学习的知识迁移方法。

8.3.1 知识蒸馏方法

　　智能物联网场景下，提供智能应用/服务的终端往往具备低成本、泛用性等优势，但同时也面临存储、计算资源受限和特定任务可用训练数据缺失等问题。如图 8-16 所示，知识蒸馏往往以训练一个轻量但缺乏知识的"学生"模型为目标，通过一个富含知识的"教师"模型和不同训练机制，将知识从"教师"模型提取（蒸馏）至"学生"模型上，使得"学生"模型高效地学习到来自数据和"教师"模型传递的知识，提升精度的同时保持其轻量化特点，进一步节省其在智能终端中的存储和计算资源开销。

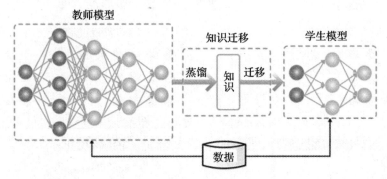

图 8-16　知识蒸馏方法示意图

　　在训练"学生"模型的过程中，知识蒸馏会将传统有监督学习中用于训练模型的真实标注更换为"教师"模型的软标注，即输入数据通过"教师"模型后所得到的 softmax 层的输出。这样做的主要出发点来源于一个观点：相比于数据集标注中"非黑即白"的 one-hot 标注，数据通过"教师"模型后的输出（一种连续的标注分布）能够具备更多的有监督信息，从而更有利于"学生"模型的学习 [18]。如图 8-17 所示，以智能物联的识别任务为例，智能汽车在行进过程中识别一辆家用汽车时，模型将其识别为货车的概率会比较小，但是这种概率会比模型将其识别为行人的概率要高非常多。对于 one-hot 标注而言，其只会给出家用汽车这一类别的监督信息，而知识蒸馏的"教师"模型会提供这三类的监督信息（当前样本最有可能为家用汽车，有些相似于货车，但绝不可能是行人）。因此，在这种软标注下，"学生"模型的训练目标具备更大的信息熵，能将"教师"模型的知识更好地传递给"学生"模型，使"学生"模型具备更强的泛化性。此外，在这种不同的训练目标下，不同训练实例之间的梯度方差很小，轻量"学生"模型学习所需要的训练数据会大量减少，并可以使用更高的学习率，使模型的迭代速度显著加快。

　　在具体实现上，Hinton 等人 [19] 首次提出了"知识蒸馏"的概念，通过最小化教师网络产生的 logits（最终 softmax 的输入）与学生网络 logits 之间的差异，将知识从教师网络迁移到学生网络。Hinton 等人在 softmax 层引入了一种 softmax 温度系数，其实就是为了实现前面所述的软标注：

$$q_i = \frac{\exp(z_i / T)}{\sum_j \exp(z_j / T)} \qquad (8\text{-}11)$$

其中 q_i 表示第 i 类的输出概率，z_j 和 z_i 表示 softmax 层的输入，T 为温度系数，用于控制输出的平缓程度，T 越高，softmax 层的映射曲线越平缓，在"教师"模型的 softmax 层引入温度系数并得到软目标可以提供更多的监督信息，有助于知识的传递。

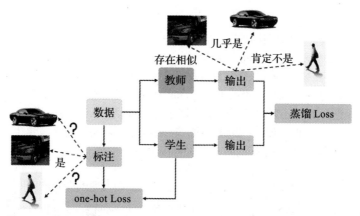

图 8-17　传统 one-hot 标注的训练与"教师"模型指导的训练对比图

如图 8-18 所示在获得"教师"模型之后，在其 softmax 层引入温度系数，使用数据集和其软标注训练"学生"模型，在训练过程中，"学生"模型 softmax 层的温度系数与对应的"教师"模型保持一致，而在训练过后，温度系数 T 调整至 1。

若数据集的真实标注已知，则"学生"模型的目标函数可以由以下两项的加权平均组成："教师"模型的软标注和"学生"模型的输出交叉熵，真实标注和"学生"模型的输出交叉熵。其损失函数可以表示为

$$L = L_{\text{hard}} + \lambda L_{\text{soft}} \tag{8-12}$$

通过上述损失函数，"学生"模型就如同之前所述的那样，实现了从数据集本身和"教师"模型上获取知识的过程，从而提升了精度，减轻了对大量数据的依赖。

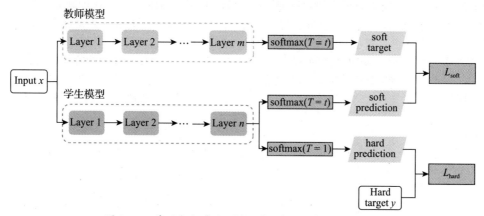

图 8-18　基于数据集和"教师"模型指导的训练过程

如前所述，传统的知识蒸馏往往包含一个大型"教师"模型和一个轻量但缺乏知识的"学生"模型，"教师"模型单方向地向"学生"模型传授知识。但是这种方式的假设前提是存在一个已经训练好且富含知识的"教师"模型，约束了其应用的智能物联场景。为了应对上述问题或者满足其他更加实际的应用场景，出现了"互学习"和"助教辅助"等知识蒸馏方法。下面将对它们进行简要介绍。

1. 互学习方法

相比于传统方法中将知识从功能强大的复杂网络转移至简单网络，具备明确的"教师"和"学生"的模型身份划分，Zhang 等人[20] 提出了一种互学习训练机制。如图 8-19 所示，在这种机制下，并不存在明显的"教师"身份模型，而每一个"学生"模型都相当于彼此的"同伴教师"，以一种互帮互助的模式进行训练。深度互相学习策略（DML）打破了预先定义好的"强弱关系"，在此策略中，"学生"网络在训练过程中相互学习、相互监督，而不是"教师"与"学生"之间单向的知识传授。实验证明，在这种互学习中，每个"学生"网络的学习效果要比传统的监督学习中单独学习的效果要好得多。

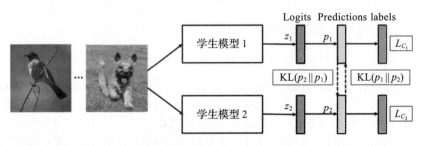

图 8-19 "互学习"知识蒸馏方法

2. 助教辅助方法

助教辅助方法的提出来源于对传统"教师 - 学生"机制的观察：一般而言，"教师"模型富含知识且结构复杂，"学生"模型缺乏知识且结构简单，但当二者之间差异过大时，知识蒸馏的效率会下降。实验证明，一个简单的"学生"模型从参数更多（精度更高）的"教师"模型学习的效果要比从能力更小的"教师"模型学习的效果要差。产生这种现象的原因可能是"学生"没有足够的能力去模仿"教师"或"教师"模型过高的准确性而导致其输出"硬化"，使得其包含的监督信息减少。因此，Mirzadeh 等人引入"助教"模型（TA）[21] 来弥补"教师"模型和"学生"模型之间的差距。如图 8-20 所示，"助教"模型的规模和能力介于"教师"和"学生"之间：首先"助教"从"教师"模型中提取知识，然后"助教"充当"教师"，以"助教辅助"的模式再将知识传授给"学生"，这样可以进一步提高"学生"学习知识的效率。

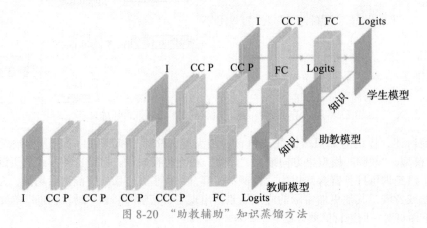

图 8-20 "助教辅助"知识蒸馏方法

8.3.2　域自适应方法

智能物联场景中的每个部署设备都有其独特的部署环境，例如部署到不同地点、时间和具备不同处理能力的智能摄像头面临的天气、亮度（昼夜差别）和图像分辨率都有所不同。而这种源于不同环境的不可预见性和动态变化性，模型训练阶段很难提前获取所有设备部署后的数据，从而导致部署后的"测试环境"和部署前的"训练环境"发生了"分布偏移"，这将不可避免地导致模型的性能下降（达不到训练时的预想水平）。假设部署前后的任务并未发生改变（如智能汽车的道路分割、目标检测任务），域自适应（Domain Adaptation）方法旨在解决前述提到的"分布偏移"现象，其中的"域"就指所谓的"环境"。如图 8-21 所示，智能汽车从理想的环境（源域）部署到现实复杂环境（目标域），其用于目标检测的晴天训练数据和现实环境中出现的恶劣天气数据之间的分布存在差异，使得目标检测模型的识别精度达不到预期。

图 8-21　基于天气的部署前后的数据分布差异

作为知识迁移的一个重要分支，传统域自适应的目的是降低源域数据和目标域数据之间的分布差异对模型带来的负面影响，旨于利用源域的数据和模型执行目标域的任务[22]。这里涉及域（Domain）和任务（Task）的基本概念。"域"是由数据特征和特征分布组成，是知识迁移的主要目标。而"任务"是由标签和目标 / 预测函数组成，是知识迁移的结果。如图 8-22 所示，即使是具有同样生物特征（如短尾、前门牙等）的兔子在不同域中的表现形式也不同（卡通形象、实体等）；而这些不同的域都对应的是同一任务（如针对兔子的图像分类）。域自适应主要解决的是源域与目标域输入概率分布不同但任务相同的知识迁移问题，可以从数据、特征和模型的层面进行实现。主流域自适应方法可以分为三类：基于域间差异的方法、基于对抗思想的方法和基于重建思想的方法。

1. 基于域间差异的方法

基于样本自适应的迁移学习方法作为最直观的域自适应方法，可以适用于源域和目标域差异较小的情况。通过调整源域样本的权重，对源域样本进行重新加权，使源域数据分布尽可能接近目标域数据分布。其主要方法包括样本直接加权、样本核映射加权两类。Chen 等人[23]提出重新加权接近目标域子空间的源域子空间样本实现对源域和目标域子空间的对齐。其具体做法是令 $\omega = [\omega_1, \cdots, \omega_m]^T \in R^m$ 表示源域样本的权重向量，源域数据分布与目标域数据分布越接近，则源域样本 x_i 的权重 ω_i 越高。因此可以采用一种简单的权重分配策略将较大的权重分配给更接近目标域的源域样本。

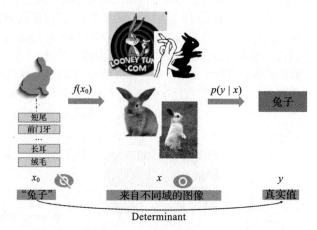

图 8-22 基于图像分类任务的域偏移实例

获得权重向量 ω 后，可以通过加权源域数据的协方差矩阵 $\mathcal{C}$ 进行主成分分析来获得加权源域空间，其中 μ 为加权均值向量（特征向量 P_T 可以扩展至目标域子空间）。

$$\mathcal{C} = \frac{1}{m} \sum_{i=1}^{m} (x_i - \mu)^T \omega_i (x_i - \mu) \tag{8-13}$$

利用具有 F- 范数最小化的无监督域自适应模型进行子空间对齐，子空间对齐矩阵 M 可以用最小二乘法进行求解：

$$\min_{M} \| P_S M - P_T \|_F^2 \tag{8-14}$$

基于样本直接加权的域自适应方法是在数据空间实现转变的。在此基础上，研究人员还提出了基于核映射的样本加权方法，可以通过非参数的方式，利用源域数据和目标域数据在特征空间的分布适配来推断采样权重。例如，在再生希尔伯特核空间（Reproducing Kernel Hilbert Spaces，RKHS）中使源域样本和目标域样本更加接近，目前常用的距离度量方法主要有核均值适配（Kernel Mean Matching，KMM）。

2. 基于对抗思想的方法

基于对抗思想的方法基于近年来流行的生成对抗网络（Generative Adversarial Network，GAN），通过对抗的过程来优化生成模型。GAN 由两个模型组成：一个是提取数据分布的生成模型 G，另一个是通过预测二进制标签来区分样本是来自 G 还是来自训练数据集的鉴别模型 D。网络以极大极小（mini-max）的方式对标签预测损失进行训练：优化 G 以最小化生成损失，同时优化 D 以最大化鉴别正确标签的概率：

$$\min_{G} \max_{D} V(D, G) = E_{x \sim p_{\text{data}}(x)}[\log D(x)] + E_{z \sim p_z(z)}[\log(1 - D(G(z)))] \tag{8-15}$$

　　具有真实标注的合成目标域数据是解决缺少目标域训练数据问题的另一种有效方案。首先，在源域数据的辅助下，生成器可以生成无限的合成目标数据，这些数据与合成源域数据配对以共享标签。然后，直接使用带标签的目标域合成数据来训练目标模型，就像不需要域自适应过程一样。作为基于对抗思想的代表性方法，耦合生成对抗网络（CoGAN）[24]的核心是生成与合成源域数据成对的合成目标数据。它由一对 GAN 组成（如图 8-23 所示）：GAN_1 用于生成源域合成数据，GAN_2 用于生成目标域合成数据。生成模型中前几层的权重与判别模型中最后几层的权重是部分共享的。经过训练的 CoGAN 可以将输入噪声调整为来自两个分布的成对图像并共享标签。因此，可以直接使用合成的目标域样本及共享标签来训练目标模型。

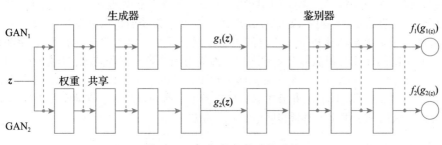

图 8-23　耦合生成式对抗网络

3. 基于重建思想的方法

　　对偶学习（Dual Learning）最早由 Xia 等人 [25] 提出，是为了减少自然语言处理中对标注数据的需求。在对偶学习中，模型训练两个"对立"的翻译者，例如 A-to-B 和 B-to-A。这两个译者代表了一个原始对偶，用来评估翻译出来的句子属于目标语言的可能性，而闭环则用来衡量重构后的句子与原始句子之间的差异。

　　在对偶学习的启发下，Zhu 等人 [26] 提出了循环一致性对抗网络（见图 8-24），可以在没有任何配对训练数据的情况下将一个图像域的特征转换到另一个图像域。与对偶学习相比，循环一致性对抗网络使用两个生成器而非翻译器，后者学习一个映射 $G: X{\rightarrow}Y$ 和一个逆映射 $F: Y{\rightarrow}X$。此外，还有两个鉴别器 D_X、D_Y，分别通过对抗性损失来衡量生成图像的真实程度（$G(X){\approx}Y$ 或 $G(Y){\approx}X$）和两次转换后（$F(G(X)){\approx}X$ 或 $G(F(Y)){\approx}Y$）的循环一致性损失（重建损失）：

$$L_{GAN}(G, D_Y, X, Y) = E_{x{\sim}p_{data}(x)}[\log(1-D_Y(G(x)))] + E_{y{\sim}p_{data}(y)}[\log D_Y(y)]$$
$$L_{cyc}(G, F) = E_{x{\sim}p_{data}(x)}[\| F(G(x)) - x \|]_1 + E_{y{\sim}p_{data}(y)}[\| G(F(y)) - y \|]_1$$

（8-16）

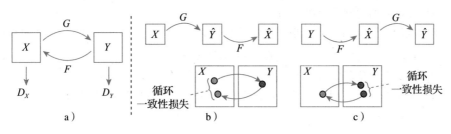

图 8-24　基于循环一致性对抗网络

这里第一个损失函数 L_{GAN} 是由具有映射函数 $G:X \to Y$ 的鉴别器 DY 产生的对抗性损失。L_{cyc} 是使用 L1 范数的重建损失。

8.3.3 元学习方法

前面两种知识迁移方法通过一定的知识赠予机制让模型学习到来自其他模型或者其他数据的知识。而"授人以鱼不如授人以渔"，元学习（Meta Learning）与它们不同，其采用了一种让模型本身"学会学习"（Learning to Learn）的思想，利用以往的知识经验来指导新任务的学习过程，使得模型具备"会学习"的能力。元学习旨在让模型通过一些少量训练样本快速学习新技能和快速适应新环境，成为目前研究界一个令人振奋的研究趋势。

该方法对于智能物联应用有很广泛的用途。赋予模型一定的"自主水平"，能够让智能终端在应对不同的任务时都能够有效地适应，面临不同的**数据稀疏**情况，如新环境中的冷启动问题、小样本学习问题等，元学习都能够表现出良好的作用。此外，物联网中的参与设备往往不是独立的，它们之间存在相互关联，可以借助已有知识的共享推动学习的效率和质量。下面将介绍主流的基于优化、模型和度量的元学习方法。

1. 基于优化的方法

基于优化的元学习方法主要指的是**将内部任务作为一个优化问题来求解，并且侧重于提取能提升优化性能所需要的元知识 ω，用于后续任务的热启动。**

MAML[27] 是最具有代表性的方法之一，其主要思想是寻找一个初始化的数据表征，以该表征为基础，模型可以基于少量样本在梯度更新过程中实现高效调整。如图 8-25 所示，即该初始化不仅能适应多个任务，同时在自适应的学习过程中还能做到快速（少量梯度迭代步）和高效（少量样本）收敛。

一般来说，在提取的特征表示中，会有一部分特征表示相对于其他表示增加了可迁移性，即这些表示在任务分布 $p(T)$ 中都具有广泛的适用性，而非只在一个任务中有效。因此，为了找到可迁移的特征表示，MAML 尝试找出那些对任务变化敏感的参数，通过反向传播测试损失的梯度，使得在这些参数上通过少量更新即可大幅提升整个任务分布 $p(T)$ 上的识别性能。

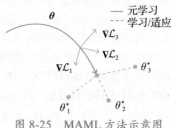

图 8-25　MAML 方法示意图

MAML 方法的具体实现过程如下：

①首先随机初始化网络的参数 θ；

②然后从任务分布 $p(T)$ 中选取一些任务 i，从训练集中进行 k 步梯度（$k \geqslant 1$）更新：

$$\theta_i^* \leftarrow \theta - \alpha \nabla_\theta \mathcal{L}_i(\theta) \tag{8-17}$$

③在测试集上评价更新后的网络；

④对任务 i 的测试表求初始化网络时的参数梯度，然后依据这些梯度更新网络参数，用更新后的参数返回②：

$$\theta \leftarrow \theta - \beta \nabla_\theta \sum_{i \sim p(T)} \mathcal{L}_i(\theta_i^*) \tag{8-18}$$

MAML 有很多优点。首先，MAML 最大的特点是与模型无关，即 MAML 对模型的形式不做任何限定和假设，它能适用基于梯度优化的模型，因此适用于非常广泛的物联网应用领域和其中新的学习任务。其次，MAML 在元学习过程中没有引入额外的参数，学习策略也是常用的优化方法（如梯度下降等）。因此，该方法可以适用于分类、回归和强化学习等多种智能算法框架。

2. 基于模型的方法

在基于模型的元学习方法中，内部任务的学习被封装到一个单模型的前馈过程中，如公式（8-19）所示，g_ω 表示某个单模型。该模型将当前数据集 D 中的训练数据嵌入激活状态，并基于此状态对测试数据进行预测。

$$\theta_i = g_\omega(D_i^{train}) \tag{8-19}$$

Santoro 等人[28] 提出了一种带有记忆增强神经网络（Memory-Augmented Neural Network，MANN）的元学习算法来解决小样本学习问题。虽然深度神经网络应用很广，效果也很不错，但在单样本训练、少样本训练方面受限很大。传统基于梯度的神经网络需要很多数据去学习模型。当新数据来临，模型必须要重新学习参数来吸收新数据，效率十分低下。近些年，具有记忆能力的神经网络可以证明具有相当的元学习能力。这些网络通过权重更新来改变其偏差，但也通过学习在内存存储中快速缓存表示来调节其输出。

基于以上问题，该文提出了神经图灵机等记忆增强神经网络模型，如图 8-26 所示，希望利用外部的内存空间显式地记录一些信息，使其结合神经网络自身具备的长期记忆能力共同实现小样本学习任务。比如，具有增强记忆容量的架构（如神经图灵机（Neural Turning Machine，NTM））可以提供快速编码和检索新信息的能力，因此可以避免传统模型的缺点。该模型巧妙地将 NTM 应用于小样本学习任务中，利用神经图灵机模型实现了记忆增强网络，采用显示的外部记忆模块保留样本特征信息，并利用元学习算法优化 NTM 的读取和写入过程，最终实现有效的小样本分类和回归。

3. 基于度量的方法

基于度量的元学习方法也被称为非参的元学习方法，其主要目标是学习一个度量空间，使得在该空间中，内部任务只需要进行非参数学习，即通过简单地将测试数据与训练数据进行比较，然后直接预测匹配的训练数据的标签。

这是一种思想相对简单的元学习方法。如图 8-27 所示，Koch 等人[29] 提出了一种孪生网络结构，其用相同的网络结构分别对两幅图像提取特征，如果两幅图像的特征信息非常接近，那么它们很可能属于同一类物体，否则属于不同类物体。

首先，对孪生网络进行训练，以判断两个输入图像是否在同一类别中，输出两个图像属于同一类别的概率。卷积孪生网络首先通过包含两个卷积层的嵌入函数 f_θ 将两个图像编码为特征向量；然后计算两个嵌入特征向量之间的 L1 距离；最后，该距离通过线性前馈层和激活函数转换为概率 p，即两个图像是否来自同一类的概率。在测试阶段，孪生网络会处理测试图像与支持集中每个图像之间的所有图像对，最终预测输出最高概率的支持图像的类别。

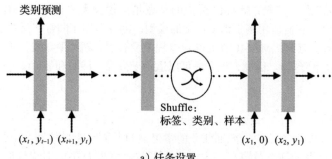

a）任务设置

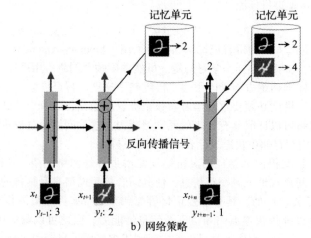

b）网络策略

图 8-26　记忆增强神经网络示意图

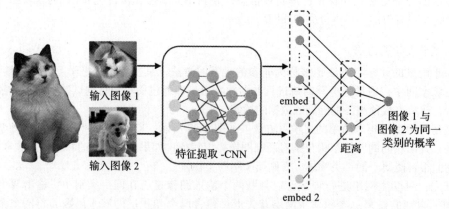

图 8-27　孪生网络方法示意图

　　Vinyals 等人 [30] 提出了一种结合度量学习（Metric Learning）与记忆增强神经网络（Memory Augment Neural Network）的新型神经网络结构：匹配网络（Matching Network）。匹配网络与孪生网络十分相似，不同的是匹配网络利用注意力机制与记忆机制加速学习，实现了在只提供少量样本的条件下无标签样本的标签预测。匹配网络方法如图 8-28 所示。

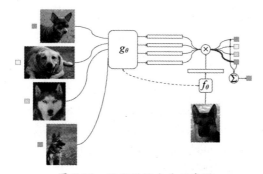

图 8-28　匹配网络方法示意图

8.4　习题

1. 请结合 8.1 节中的一个具体方法，简述物联网群智能体联邦学习的实际用途有哪些？
2. 请结合一个实际的应用问题，简述物联网群体设备横向联邦学习和纵向联邦学习的主要步骤。
3. 请结合 8.2 节中的一个具体方法，简述物联网中群智能体深度强化学习的实际用途，相比传统方法的优势有哪些？
4. 请简述如何通过强化学习算法实现多物联网终端协同决策？
5. 请结合一个实际的物联网应用问题，简述基于知识蒸馏的群智能体迁移学习的主要算法思想和步骤。
6. 请结合一个实际的物联网跨场景应用问题，简述基于域自适应的群智体迁移学习的主要算法思想和步骤。
7. 请简述基于知识蒸馏、域自适应和元学习的群智体迁移学习方法的异同，各自具有什么优势和缺点。
8. 请选择一种物联网联邦学习方法，基于公共数据集或自主数据集，在多个物联网终端设备（如智能摄像头、移动小车、树莓派开发板等）上进行部署实现。
9. 请选择一种物联网迁移学习方法，基于公共数据集或自主数据集中的不同物联网场景（如部署环境、设备资源约束、性能需求、数据分布等）进行实现。

参考文献

[1] KAIROUZ P, MCMAHAN H B, AVENT B, et al. Advances and Open Problems in Federated Learning[J]. arXiv preprint arXiv:1912.04977, 2019.

[2] MCMAHAN H B, MOORE E, RAMAGE D, et al. Communication-Efficient Learning of Deep Networks from Decentralized Data[J].PMLR，2016.

[3] LI T, SAHU A K, ZAHEER M, et al. Federated optimization in heterogeneous networks[J]. arXiv preprint arXiv:1812.06127, 2018.

[4] SHOHAM N, AVIDOR T, KEREN A, et al. Overcoming forgetting in federated learning on non-iid data[J]. arXiv preprint arXiv:1910.07796, 2019.

[5]   HUANG L, YIN Y, FU Z, et al. LoAdaBoost: Loss-based AdaBoost federated machine learning with reduced computational complexity on IID and non-IID intensive care data[J]. Plos one, 2020, 15(4).

[6]   MCMAHAN B, MOORE E, RAMAGE D, et al. Communication-efficient learning of deep networks from decentralized data[C]//Artificial intelligence and statistics (AISTATS'17). PMLR, 2017: 1273-1282.

[7]   YAO X, HUANG C, SUN L. Two-stream federated learning: Reduce the communication costs[C]//2018 IEEE Visual Communications and Image Processing (VCIP). IEEE, 2018: 1-4.

[8]   LIU L, ZHANG J, SONG S H, et al. Edge-Assisted Hierarchical Federated Learning with Non-IID Data[J]. arXiv preprint arXiv: 1905.06641, 2019.

[9]   FENG S, YU H. Multi-participant multi-class vertical federated learning[J]. arXiv preprint arXiv:2001.11154, 2020.

[10]   JIANG Y, KONECNY J, RUSH K, et al. Improving Federated Learning Personalization via Model Agnostic Meta Learning[J]. arXiv preprint arXiv:1909.12488, 2019.

[11]   MANSOUR Y, MOHRI M, RO J, et al. Three Approaches for Personalization with Applications to Federated Learning[J]. arXiv preprint arXiv:2002.10619, 2020.

[12]   ARIVAZHAGAN M G, AGGARWAL V, SINGH A K, et al. Federated Learning with Personalization Layers[J]. arXiv preprint arXiv:1912.00818, 2019.

[13]   HANZELY Y F, RICHTÁRIK P. Federated Learning of a Mixture of Global and Local Models[J]. arXiv preprint arXiv:2002.05516, 2020.

[14]   PETERSON D, KANANI P, MARATHE V J. Private Federated Learning with Domain Adaptation[J]. arXiv preprint arXiv:1912.06733, 2019.

[15]   SUNEHAG P, LEVER G, GRUSLYS A, et al. Value-decomposition networks for cooperative multi-agent learning[J]. arXiv preprint arXiv:1706.05296, 2017.

[16]   RASHID T, SAMVELYAN M, SCHROEDER C, et al. Qmix: Monotonic value function factorisation for deep multi-agent reinforcement learning[C]//International Conference on Machine Learning. PMLR, 2018: 4295-4304.

[17]   LOWE R, WU Y I, TAMAR A, et al. Multi-agent actor-critic for mixed cooperative-competitive environments[C]//Advances in neural information processing systems. 2017: 6379-6390.

[18]   GOU J, YU B, MAYBANK S J, et al. Knowledge distillation: A survey[J]. International Journal of Computer Vision, 2021, 129(6): 1789-1819.

[19]   HINTON G, VINYALS O, DEAN J. Distilling the knowledge in a neural network[J]. arXiv preprint arXiv:1503.02531, 2015, 2(7).

[20]   ZHANG Y, XIANG T, HOSPEDALES T M, et al. Deep mutual learning[C]//Proceedings of the IEEE conference on computer vision and pattern recognition. 2018: 4320-4328.

[21]   MIRZADEH S I, FARAJTABAR M, Li A, et al. Improved knowledge distillation via teacher assistant[C]//Proceedings of the AAAI Conference on Artificial Intelligence. 2020, 34(04): 5191-5198.

[22]   ZHANG L, GAO X. Transfer adaptation learning: A decade survey[J]. arXiv preprint arXiv:1903.04687, 2019.

[23]   CHEN S, ZHOU F, LIAO Q. Visual domain adaptation using weighted subspace alignment[C]//2016

Visual Communications and Image Processing (VCIP). IEEE, 2016: 1-4.

[24]　LIU M Y, TUZEL O. Coupled generative adversarial networks[J]. Advances in neural information processing systems, 2016, 29.

[25]　HE D, XIA Y, QIN T, et al. Dual learning for machine translation[J]. Advances in neural information processing systems, 2016, 29.

[26]　ZHU J Y, PARK T, ISOLA P, et al. Unpaired image-to-image translation using cycle-consistent adversarial networks[C]//Proceedings of the IEEE international conference on computer vision. 2017: 2223-2232.

[27]　FINN C, ABBEEL P, LEVINE S. Model-agnostic meta-learning for fast adaptation of deep networks[C]//International conference on machine learning. PMLR, 2017: 1126-1135.

[28]　SANTORO A, BARTUNOV S, BOTVINICK M, et al. Meta-learning with memory-augmented neural networks [C]. In Proceedings of International conference on machine learning. 2016: 1842-1850.

[29]　KOCH G, ZEMEL R, SALAKHUTDINOV R. Siamese neural networks for one-shot image recognition [C]. In Proceedings of ICML deep learning workshop. 2015, 2: 1-30.

[30]　VINYALS O, BLUNDELL C, LILLICRAP T, et al. Matching networks for one shot learning [C]. In Proceedings of NIPS. 2016: 3630-3638.

[31]　MNIH V, KAVUKCUOGLU K, SILVER D, et al. Playing atari with deep reinforcement learning[J]. arXiv preprint arXiv:1312.5602, 2013.

[32]　SILVER D, LEVER G, HEESS N, et al. Deterministic policy gradient algorithms[C]//International conference on machine learning. PMLR, 2014: 387-395.

第 9 章

智能物联网协同计算

　　物联网协同计算是指利用多台物联网设备的感知数据、算力资源进行协同智能计算，从而提升对海量物联网感知数据的处理效率。然而，一方面随着深度模型的不断发展，模型资源消耗也呈指数趋势增长，从 AlexNet 到 ResNet，模型的计算量有了数十倍的提升；另一方面智能物联网设备（智能手机、智能手表、物联网设备等）受限于硬件架构、能耗限制、设备大小、内存占用等物理方面的约束，无法为深度模型提供足够的硬件资源。因此，协同利用多台资源受限设备部署复杂模型成为待解决的问题。

　　为了解决这类模型部署问题，作为智能物联网的重要实现方式——智能协同计算为此提供了解决方案。智能物联网协同计算将计算任务以模型结构或输入维度进行划分，并分配到多个参与设备上协同计算，以此聚合多个设备的计算资源解决模型部署问题。然而在智能物联网计算场景中，设备之间在计算能力、能耗等方面都存在异构性，传统的协同计算中经典的平均分配方式无法达到最大化性能与效率。因此智能物联网协同计算中亟待解决的问题是：如何在不同能力、不同状态与不同工作环境的参与设备之间进行合理的分配，以实现最小化时间延迟（计算时延、传输时延）、能量消耗（计算能耗、传输能耗）、设备资源（内存消耗、存储消耗）等指标。

　　针对智能物联网协同计算这类异质设备间的协同计算，本章首先介绍协同计算的基本方法，随后根据设备协同方式的不同，分别介绍串行协同计算与并行协同计算，最后介绍综合了前两类方法优势的混合并行计算。

9.1　协同计算基本内涵

　　泛在感知与普适计算是智能物联网的一个基础性研究问题，重点关注物联网设施（如移动便携设备、城市摄像头、移动机器人等）主动建立与环境融为一体的感知计算模式。几年前，得益于云计算的发展，很多物联网应用和服务所需的计算都部署在云端，物联网终端通过数据上传、汇聚和结果请求的方式为用户带来各类便捷体验。然而，随着物联网终端感知数据与计算需求的爆炸式增长，仅依靠云端单一的集中式计算模式存在数据传输成本高、网络连接不稳定等缺点，严重影响智能物联网应用 / 服务的可靠性和响应度。与此同时，近年来在人工智能的赋能下，当前大多数高效的数据分析和理解方法都是基于复杂度高的深度计算模型，其对算力、存储、电量等资源有较高要求。随着移动嵌入式设备感知与计算能力的提升，以及人工智能、边缘计算技术的发展，云计算与边缘网络相结合的协同计算范式得到越来越多的关注。

智能物联网协同计算（见图 9-1）具有以下几个层面的分布式特征。

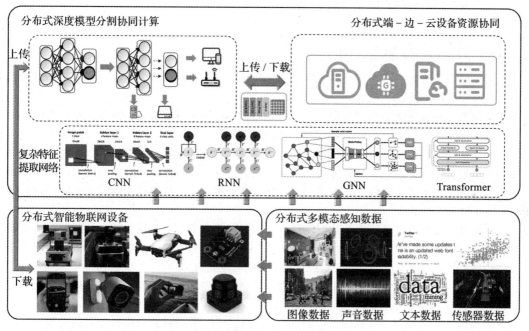

图 9-1　智能物联网协同计算

分布式感知数据融合：智能物联网的分布式感知数据呈现爆炸式增长，实时、智能的分布式数据融合与处理变得至关重要。感知数据作为智能物联网系统的输入，其分布式多点、多模态、异步 / 并发等特性成为分布式计算系统的关键因素。如何基于人工智能技术，挖掘跨模态感知数据的互补性、时空相关性和冗余性，融合对齐时钟异步的流数据是提升智能物联网系统数据处理效率和处理效果的重要研究内容。本章将在 9.2 节介绍分布式数据融合的相关内容。

分布式模型框架设计：分布式数据的处理离不开高效的分布式计算算法模型框架。由于深度计算模型通常具有逐层相连的链式结构，其内部计算具有横向（如输入数据的不同区域、计算通道和卷积核的不同分块等）和纵向（模型的不同层）的层次性依赖。因此，如何根据任务性能需求和目标边端设备资源配置，寻找深度模型的最优分割点和任务分配方式，完成协同计算也是一个重要问题。本章 9.3 节将介绍深度模型分割的分布式算法框架相关内容。

分布式设备资源协同： 基于物联网终端、物理上近邻的边缘设备以及云服务器（简称端 – 边 – 云）设备，协同完成物联网数据分析计算任务，这种模式延伸和扩展了智能物联网的计算架构，提升了可用计算资源以及计算响应速度。因此，从计算资源角度，如何聚合异构的物联网终端、边缘和云端计算资源，尤其是充分利用产生感知数据的终端和邻近边缘设备的弱计算资源，并在协作中考虑优化分布式资源利用率、负载均衡、响应延迟、网络和设备动态变化时的系统稳定性是又一个关键问题。本章 9.4 节将介绍设备分布式资源协同的相关内容。

分布式数据传输优化： 数据传输和通信在智能物联网分布式协同计算过程中，同样不可忽视。如何优化数据传输，降低分布式协同计算的通信开销及延迟，调控协同计算复杂度、计算资源需求和计算负载成为一个重要问题。因此，本章 9.5 节将在分布式协同计算的基础上，介绍分布式数据传输优化的相关内容。

9.2　分布式数据融合计算

智能物联网分布式感知数据具有以下四种特点，其为智能物联网的实时、智能分布式数据融合与处理带来挑战。

异质性： 物联网感知数据通常来自不同的用户、环境、感知设备，涵盖文本、图像、位置、音/视频、环境感知信息等多模态异质内容。

碎片化： 对于所关注的目标或者任务，不同智能物联网参与设备贡献的数据往往碎片化但相互关联。例如，人类参与的感知活动获得的数据往往不是连续的，社交网络中群体贡献的热点事件信息通常也以碎片化方式出现，但这些数据之间存在多样化的语义关联，体现目标/任务的不同侧面。

杂乱性： 物联网设备产生的数据质量和可靠性参差不齐。一方面，部分参与设备由于某种原因采集得到的数据会不准确；另一方面，不同来源的数据之间存在冗余，例如不同类型参与设备在特定维度采集得到的数据产生语义或内容的重叠。

异步性： 不同感知设备，由于感知配置、网络传输等因素产生的分布式数据流通常存在异步性，进而导致分布式协同计算延迟过高。

针对智能物联网分布式感知数据的杂乱性、碎片化、异质性和异步性带来的挑战，本章将详细介绍跨模态数据融合、异步流数据融合和时空数据融合计算的原理及方法。

9.2.1　多模态数据融合计算

智能物联网的多模态感知数据快速增长，当智能物联网任务有多个模态数据时，需要借助不同的智能融合计算方法同时从多源异构数据中提取被研究对象的高层特征，从而得到融合计算结果，如图 9-2 所示。

其中，跨模态的数据表示成为其研究的重点，需要考虑多种模态信息的一致性、互补性以及冗余性，从而以更高效的计算方式得到更好的融合计算结果。本节将重点介绍当前几种主流的跨模态感知数据融合方式，如基于深度模型、概率图模型和序列化模型的原理和方法。

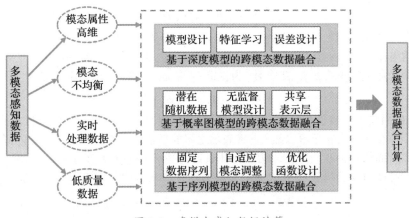

图 9-2　多模态感知数据计算

1. 基于深度模型的跨模态数据融合

基于深度模型的跨模态数据融合通常包含单模态特征提取和跨模态特征融合两个阶段。深度模型具有较强的高层特征抽取能力，有助于提取不同模态的特征表示，然后再通过深度模型建立不同模态特征的语义关联。

Hong 等人 [1] 提出了一种新的基于非线性映射的多级深度神经网络位姿恢复方法，基于多模态融合和反向传播深度学习的特征提取。在多模态融合中，该方法构造了具有低秩表示的超图拉普拉斯算子。具体地，该工作为 HPR（人体姿态恢复）任务设计了一种新的深度学习架构，称为多模态深度自动编码器（Multimodal Deep Autoencoder，MDA）。该方法能够更好地表示 2D/3D 数据并编码它们之间的关系。

MDA 采取三阶段结构，如图 9-3 所示。第一阶段和第三阶段分别使用两个自动编码器学习二维图像和三维姿态的内部表示；第二阶段整合了一个两层神经网络，将二维表示转换为三维表示。

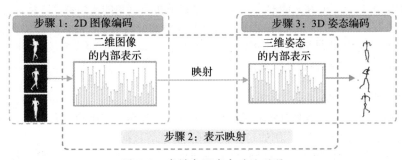

图 9-3　多模态深度自动编码器

根据上述表示法，两个自动编码器生成了隐藏表示 h_i^{2D} 和 h_i^{3D}，分别称为固有 2D/3D 表示。给定二维输入 x_i^{2D} 和对应的三维输入 x_i^{3D}，其内在表征可由：

$$h_i^{2D} = g(W_1^{2D} x_i^{2D} + b_1^{2D}) \tag{9-1}$$

$$h_i^{3D} = g(W_1^{3D} x_i^{3D} + b_1^{3D}) \qquad (9\text{-}2)$$

其中，(W_1^{2D}, b_1^{2D}) 和 (W_1^{3D}, b_1^{3D}) 分别表示 2D 自动编码器和 3D 自动编码器。

神经网络在获得 2D/3D 内部表示后，实现从二维内部表示到三维内部表示的映射，将这一阶段的参数表示为 (W^N, b^N)，其中 W^N 为权重矩阵，b^N 为偏置，映射函数变为

$$h_i^{3D} = g(W^N h_i^{2D} + b^N) \qquad (9\text{-}3)$$

MDA 的构建表明该模型简单、灵活，自动编码器确保内部表示能够很好地描述二维/三维数据，神经网络能够学习二维/三维表示之间的复杂关系值，映射函数和内部表示是联合优化的，从而相互关联。因此，构建的体系架构是一个数据驱动的 HPR 模型。这种方法还可以用堆叠的自动编码器 [2] 或去噪的自动编码器 [3] 来替代自动编码器，以获得更大的性能提升。

2. 基于概率图模型的跨模态数据融合

基于概率图的跨模态数据融合通过使用潜在的随机变量来构造跨模态的数据表示，最常见的方法是叠加受限玻尔兹曼机（Restricted Boltzmann Machines，RBM）得到深度信念网络 [4]。与神经网络类似，DBM 的每个连续层都期望在更高的抽象级别上进行数据表示，是一个生成模型。DBM 的优势在于使用隐变量来描述输入数据的分布，具有能够处理缺失/不规则数据的优点；另外，DBM 也是一个无监督模型，不需要数据的标签信息。

Kim 等人 [5] 将 DBM 应用于多任务学习领域，提出了多种视觉信号与听觉信号混合训练的模型，用于视听系统中的情感分析。该方法对每一种模态的任务都使用了一个深度信念网络，然后将其组合以联合表征进行视听情感识别。该工作使用高斯 RBM（实值可见单元）来训练 DBN 的第一层，然后使用伯努利–RBM（二进制可见和隐藏单元）来训练更深的层；给定可见单元和隐藏单元的后端构成了分类框架中使用的生成特征；最后使用稀疏正则化来惩罚从低固定水平开始的隐藏单元预期激活的偏差。

如图 9-4 所示分别是四种不同的网络构建方案。具体地，首先建立一个无监督的两层 DBN（Deep Belief Network），以加强多模态学习。为 DBN 增加两种输入类型的特征选择（FS-DBN2、DBN2-FS）：好处在于能够进一步学习情感分析数据集的原始特性。将其与三层 DBN 模型的性能进行了比较，结果表明 DBN 可生成用于情感分类的视听特征，即使在无监督的环境下也是如此。对比基线模型（支持向量机）和提出的 DBN 模型的分类性能表明，在情感分类任务中保留复杂的非线性特征关系是十分重要的。

3. 基于序列模型的跨模态数据融合

与上述神经网络和概率图模型不同，前两个方法主要用于表示模态长度固定的数据，而后者用于表示不同长度的序列，例如句子、视频或音频等数据。

CoST-Net[6] 是一种基于时空神经网络的协同预测方法，通过构造深度卷积神经网络，将空间需求分解为隐藏的空间需求基组合。基于此，提出了一种异构长短时记忆（Long-Short-TermMemory，LSTM）模型，该模型集成了多种运输需求的状态，并对它们进行了混合动力学建模，以现实世界的出租车和共享单车需求数据为例进行了实验，所提方法优于经典和最新的交通需求预测方法，框架如图 9-5 所示。

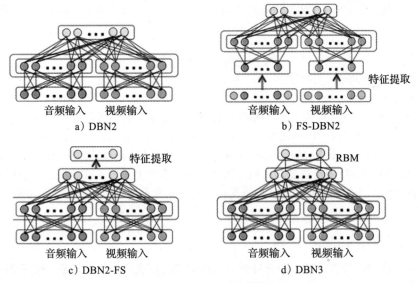

图 9-4 不同的 DBN 模型

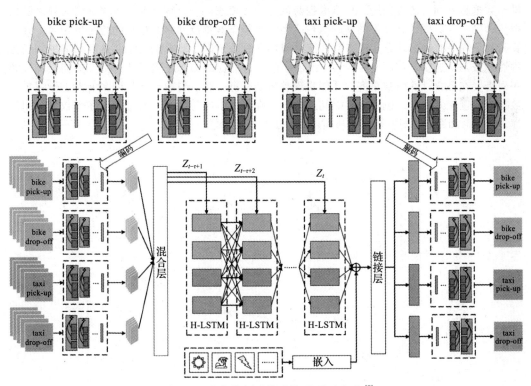

图 9-5 时空神经网络的协同预测方法[6]

具体地，CNN 因其良好的空间相关性捕捉能力而在图像分类中优势明显，因此 CoST-Net 将城市的整个需求视为一个图像，将每个需求图提供给深度卷积自动编码器。解码器采用编

码器的对称结构,将 CNN 层替换为转置 CNN。那么 CNN 层和转置 CNN 层即可定义为

$$Z_t^{L,r} = \delta_{en}(Z_t^{L,r-1} W_{en}^{r-1} + b_{en}^{r-1}) \qquad (9\text{-}4)$$

$$Z_t^{L,r-1} = \delta_{de}(Z_t^{L,r} W_{de}^{r} + b_{de}^{r}) \qquad (9\text{-}5)$$

其中,$Z_t^{L,r}$ 是 CNN 的第 r 层的输出,W_X^r 和 b_X^r 是两个可训练的参数。

在深度卷积自动编码器训练完成后,冻结编码器和解码器的参数。给定一个需求图序列,并对序列进行编码,通过预先训练的编码器获得高级表示。因为特征图可以视为是空间需求基的组合,所以将特征映射序列视为是空间基的系数变化。因此 CoST-Net 将问题转化为给定时间区间的历史系数,预测时间区间的空间需求基系数,该问题根据提出的新异构 LSTM 模型可以进行求解。CoST-Net 在真实出租车和共享单车数据上进行了实验,结果表明在预测精度和鲁棒性方面,该方法是有效的,为微观和宏观交通需求预测研究提供了新的视角。

9.2.2　异步数据流融合计算

基于深度模型的多模态数据融合计算旨在由多模态信息获取丰富特征,赋予深度模型更全面的融合、理解、推理能力。但在智能物联网系统中部署多模态数据融合计算模型常面临异步数据流时间对齐等问题。异步数据流问题指多模态融合计算之前,需要预先对齐多源数据流时钟,以保证计算任务的准确执行。因为多模态数据流通常有单独的传感器记录,并不紧密共享同一时钟,导致多模态数据流之间存在显著延迟(即异步问题),从而影响感知任务的性能或响应速度。如图 9-6 所示,由可穿戴设备捕捉的动作序列以及由摄像头捕捉的视频序列需要在融合计算前被对齐,才能实现鲁棒的任务计算。目前,已有许多前沿工作就异步数据流问题展开探索,包括动态时间规整 [7]、流行规整 [8] 等技术,通过衡量序列数据的相似性,扭曲时间序列以对齐数据,从而解决异步数据流问题。

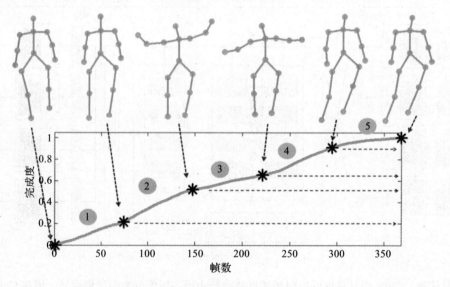

图 9-6　动作序列与视频序列的异步数据流问题

为解决上述多模态数据流融合计算的异步性问题，Li 等人[9]提出了一种智能化的异步多模态数据流推理机制，以适应不同模态数据流之间的不对称性。该方法没有修改用于多模态数据流融合计算的深度模型本身，而是加入了额外的智能化推理机制，如缺失数据重建、计算回滚和异步特征对齐，使得多模态融合计算系统不需要等待所有分布式数据流输入，可以容忍部分数据流丢失或损坏的问题。具体而言，该工作采用了三个**核心模块**以解决异步多模态数据流问题。如图 9-7 所示，该智能化的分布式数据流融合计算系统的输入为来自摄像头和麦克风设备的异步数据流，其中视频数据流具有明显延迟。

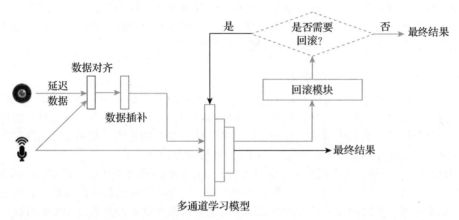

图 9-7　核心模块：异步数据流输入、数据对齐、数据插补和计算回滚

数据输入模块利用条件生成对抗网络（CGAN）来构建任何丢失、损失或部分可用的感知数据流特征。由于数据大小和传感方式不同，不能在系统中直接应用已有的生成模型（如GAN）。例如，原始音频为 2D 向量（包含丰富的时间信息），而原始视频是一个 3D 向量（包含丰富的时间和空间信息）。此外，由于传感器各自噪声源的内在差异，音频和视频数据的噪声分布也不同。因此，训练一种能够从部分接收的多模态传感器数据生成真实原始传感器数据的 GAN 是非常具有挑战性的。因此，作者提出通过生成中间特征图来插补缺失或不完整的数据，而不是试图生成原始的感知数据。

回滚模块提供了一种轻量级的回滚机制，根据数据类别特性以及不同分类类别对多模态数据可用性的敏感程度，决定是否触发回滚操作。如果推理结果不够准确，就需要该模块在高精度和延迟之间做出平衡。该模块设计是以推理延迟为主要优化目标，以精度为约束条件。实验表明，该机制只需要对分类类别中小部分进行融合计算回滚，并且回滚的频率较低，可以在保证推理精度的同时显著提高平均延迟。

数据对齐模块在不适用时间戳或无法注入任何同步脉冲的情况下，对多模态数据流进行校准和对齐。

上述方法展示了在实际的智能物联网系统设计中所面临的异步数据流问题和解决思路。在此基础上，当分布式感知数据流存在缺失、内容冲突、冗余时，还可以有更多的设计与思考。

9.2.3　时空数据融合计算

随着智能物联网设备的广泛普及与应用，在不同时间和空间尺度上进行数据感知与处理，产生海量时空数据,应用于众多的分布式融合计算应用中,如天气预报、犯罪预测、人类活动轨迹挖掘、城市计算等。不同于传统的数据类型,时空数据通常具备两个独特特性:①空间依赖性。数据分布存在空间依赖性,不同空间区域的数据分布呈现不同的特征,如在交通流量预测问题中,不同城市区域的交通流量呈现不同的模式。②时间依赖性。数据分布存在时间依赖性,在不同的时间范围内数据呈现不同的分布特征,如在人类购买行为预测问题中,不同的节日时间段内购买行为呈现不同的模式。挖掘融合时空数据中隐含的时间和空间特性能够对数据进行深入理解,并有效应用于各种智能物联网应用中。然而由于时空数据之间复杂的相关性,如何有效进行时空数据融合计算,实现有效数据挖掘与融合,得到更好的融合计算结果,成为众多研究者探讨的前沿问题。本节将重点介绍当前主流的时空数据融合计算方法,如基于强化学习、元学习和时空图网络的融合计算方法。

1. 基于强化学习的时空数据融合计算方法

由于时空数据在时间和空间维度上存在复杂的依赖关系,不同时空特征维度上的变化将导致目标任务结果产生较大改变,因此对于时空数据融合计算任务,获取海量时空数据组合方式下的任务标签是相当困难的,研究者提出基于强化学习的方法,利用奖励函数对不同时空特征关联关系进行建模,从而实现有效的时空数据融合计算。

STDRL[10] 是一种自适应深度强化学习方法,通过有效融合时空特征实现城市动态出租车线路推荐。该方法形式化定义了两种类型的时空特征以全面表征出租车线路推荐过程中可能存在的影响因素。实时内部特征反映推荐路线上与空出租车载客难易程度相关的特征,例如当前路线上出租车数量、预估等候乘客数量等;实时外部特征反映推荐路线上与空出租车未来在相邻其他路线上载客难易程度相关的特征,例如相邻路线上的出租车数量等。在时空特征定义的基础上,该方法提出深度策略网络,整体结构如图 9-8 所示。

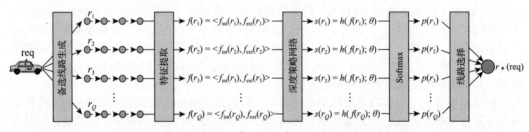

图 9-8　基于深度强化学习的动态出租车线路规划模型图

当路线推荐请求到来时,STDRL 方法首先基于搜索方法生成所有候选路线集合,接着利用特征抽取网络得到每个候选路线的特征表示。通过精心设计的深度策略网络,融合实时内部与外部特征,从而得到每条候选路线的选择概率,实现候选路线推荐。通过将多辆出租车的路线选择建模为基于强化学习的序列决策问题,并以每辆出租车成功接载到乘客的时间间隔作为奖励函数,该方法可以有效融合时空数据特征,实现高效的城市出租车线路规划。

2. 基于元学习的时空数据融合计算方法

由于时空数据分布的不均衡性,不同时间和空间范围内数据的分布通常存在显著差异,导致智能物联网应用通常只能在特定时间和空间范围内才能得到期望的结果,无法针对任意时空维度实现高效建模。为了解决这一问题，研究者提出基于元学习的时空数据融合计算方法，通过学习不同时空区域间的共享元知识，实现知识迁移，从而保证在任意时空范围内得到期望的应用结果。

STMP[11] 提出基于元学习的时空数据融合方法以实现准确的城市区域零售销量预测。该方法将时空区域销量预测任务分为三个部分，1）利用元学习进行时空推理，生成不同时空区域的时空特征表示；2）学习不同时空区域间的共享元知识，同时结合区域特定的时空表示，得到更加可靠的预测销量；3）通过时空交替训练使得模型在时间和空间层面学习到更加鲁棒的特征表示。整体结构如图 9-9 所示。

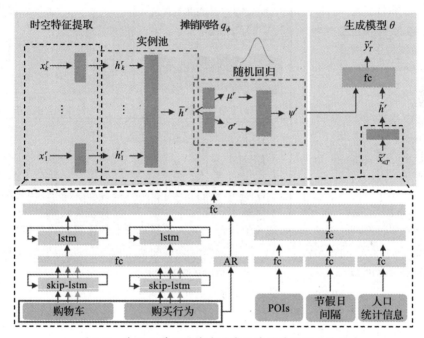

图 9-9　基于元学习的城市时空区域销量预测方法图

为了进行不同时空区域的时空特征融合，STMP 方法分别利用线性回归模型和 Skip-LSTM 模型对时空区域静态空间和动态时间特征进行建模，利用全连接层进行时空特征融合。通过共享参数的生成模型来学习不同时空区域预测任务间的共享元知识，从而提升时空预测的准确性。此外，STMP 方法受多视图学习的启发，分别从空间视图和时间视图层面出发，交替训练，分别学习不同空间区域和时间区域的销量变化模式，实现时空特征的有效融合与互补。

3. 基于时空图网络的时空数据融合计算方法

由于时空数据之间复杂的依赖性，传统的方法将时间和空间数据进行特征提取，再进行融合的方法可能导致较多的信息损失，研究者考虑利用图结构强大的表征能力，将时空数据建模为统一的图结构，在图结构中进行时空特征的融合与推理，从而深入捕捉时空语义关联，实现高效的时空数据融合计算。

STFGNN[12] 提出基于时空融合图神经网络以实现城市交通流量预测。为了解决图构建过程中信息缺失的问题，STFGNN 提出时空融合图模型，在城市路网空间图的基础上动态构建时间图，从而在图中体现节点之间的空间相关信息、节点之间的时间相关信息以及节点自身随时间变化的信息，从而全面建模城市道路时空语义特征。

在时空融合图的基础上，STFGNN 方法提出时空融合图神经网络模块，使用基于矩阵相乘的空间方法分别获取图中的空间相关性和时间相关性，最后利用门控卷积模块提取全局时空相关性进行城市交通流量预测，如图 9-10 所示。

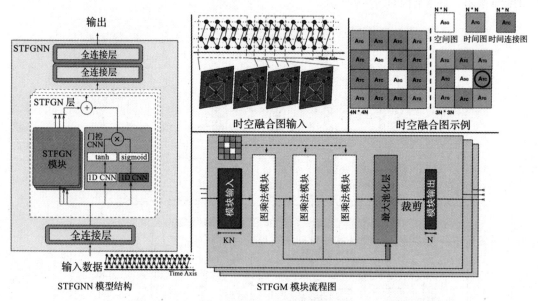

图 9-10   基于时空图网络的城市交通流量预测方法图

9.3   分布式模型分割计算

随着移动 / 嵌入式设备的普及和性能提升，逐渐兴起了将深度计算下沉至边缘的前沿趋势。现有将深度计算任务分割给不同边端设备的方法主要分为三类：基于深度模型层分割的串行协同计算、基于层内细粒度模块分割的并行协同计算模式以及两种技术融合的混合协同计算。

具体地，本节将介绍基于深度模型的分割计算模式，从模型的角度，探讨如何分割与分配深度计算模型以完成协同计算。如图 9-11a 所示，串行协同计算需要先选择合适的深度计算模型分割点，然后将深度模型的不同层分配给不同设备，多个设备按照层之间的序列关系接力完成整个计算过程。并行协同计算模式则通常对深度模型进行更细粒度的层内分割，并将不同计算块分配到不同边端设备进行并行计算，如图 9-11b 所示。混合协同计算则考虑结合层间分割和层内精细设计的分割技术，结合两种技术路线的优势，设计更适应于分布式复杂情境的协同计算范式。三种分割计算模式详细介绍如下。

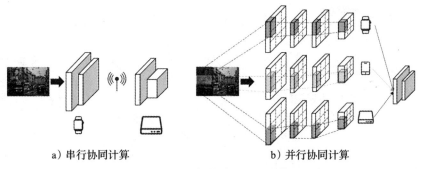

a）串行协同计算　　　　　　　　　　b）并行协同计算

图 9-11　分布式模型分割计算

9.3.1　串行协同计算

在物联网背景下，串行协同计算更多的是将深度模型依照链式结构进行分割，多个终端、边缘参与设备以集群的形式接力进行协同计算。这些参与设备之间存在着计算能力、通信能力等方面的差异，因此探究如何聚合多个参与设备，在不同能力、不同状态与不同工作环境的参与设备之间选择最佳的深度模型分割点，使得串行协同下总推理时延消耗最少或者整体能量消耗最低，更加符合物联网环境下的需求。

串行协同计算通常首先选择合适的模型分割点（例如层），然后将模型划分的多个块分配给不同设备。首先输入感知数据的设备开始计算，然后将计算中间结果（如提取的中间特征图）传输给下一设备完成后续计算，直到拥有最后一部分计算模块的设备完成最终运算，并输出整体计算结果。串行协同计算的技术重点在于最优分割点的确定和寻找，现有研究的技术路线大致可以分为基于分割点的直接搜索、基于转化思想的等价求解以及结合模型退出点的联合优化。

1. 基于分割点的直接搜索

Neurosurgeon[13] 作为串行协同计算的经典工作，是一种轻量级的模型分割调度框架，其可以通过最小化时延或能耗，在移动端和云端以层为粒度自动对深度学习模型进行分割，还能够适用于各种深度学习网络架构、硬件平台及网络环境等。

Neurosurgeon 重点关注协作式的云 – 端架构，即将划分后的深度学习模型一部分部署在云端，一部分部署在终端设备上，其挑战在如何自适应地选择最佳分割点。如图 9-12 所示，确定最佳分割点的过程分为以下三个步骤：①提取各层配置；②预测模型各层的时延或能耗；③根据时延或能耗需求在候选分割点中选择最佳分割点。在步骤②中 Neurosurgeon 提出通过对特定移动设备和服务器训练回归模型，以快速预测模型网络层执行时延及能耗。最后评估在各候选分割点进行划分的性能，选择最佳时延或能耗需求的分割点作为最佳分割点。

2. 基于转化思想的等价求解

动态自适应 DNN 手术刀方法 [14]（DADS）将模型分割问题转化为图结构中的最小割问题，以实现对复杂神经网络的分割。如图 9-13 所示，DADS 首先将深度学习网络模型转化为有向无环图的形式，以节点表示模型中的层结构，顶点 e 和顶点 c 分别表示边缘端和云端。

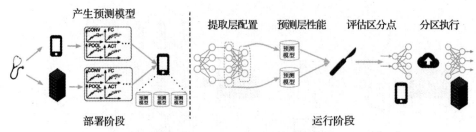

图 9-12　Neurosurgeon 模型框架图

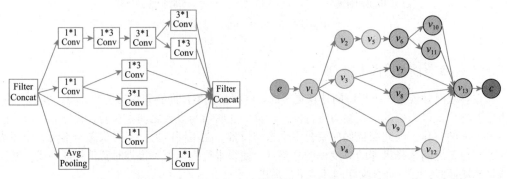

图 9-13　DADS 将网络结构转化为有向无环图

连接云端节点和各顶点间的链接表示该层在云端的计算时延，同理连接边缘节点与各顶点的链接表示该层在边缘端的计算时延，其他顶点间的链路对应于通信时延，即在该层分割并将中间数据传输至下一层所产生的传输时延。那么，该图中的一种"割"即代表模型的一种分割方案，"割"表示去掉几条边使图不连通的方案。如图 9-14 中，割表示 v_1 在边缘端运行，其中间结果经由网络传输至云端，v_2、v_3 及 v_4 在云端进行计算，模型总时延为 $t_1^e + t_1^t + t_2^c + t_3^c + t_4^c$。至此，该问题可转化为图论中 $s-t$ 最小割问题，即求解边权总割和最小割（s、t 分别对应图中的云端顶点和边缘端顶点），从而满足最佳时延或能耗需求。

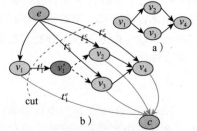

图 9-14　DADS 构建转化分割方案示例

3. 结合模型退出点的联合优化

Boomerang[15] 提出了一种物联网环境下基于边缘智能的按需协作深度模型推理框架（如图 9-15 所示）。该框架通过改变深度模型规模（层数）和选择合适的模型分割点两种方式，来调控深度模型的计算复杂度以及对计算资源的需求，从而实现低延迟和高精度的协同计算任务。

具体地，在动态改变深度模型规模方面，它采用了多退出点分支的深度模型结构，通过在主干网络中加入多个分支结构，以设置多个模型退出点。在执行推理阶段，如果任务对于推理精度的要求较低，则 Boomerang 可以设置较低的推理置信度阈值，选择靠前的模型退出点提前退出推理，从而降低计算量、减少推理延迟。当任务对精度要求较高时，Boomerang

则动态选择靠后的退出点，通过增加计算量的方式提高推理精确。

　　在自适应选择深度模型分割点方面，Boomerang 采用了基于价值函数的深度强化学习模型 DQN 联合优化搜索模型分割点与退出点。深度强化学习的工作原理是基于不同状态选择动作，以期获得最高奖励。因此，在该问题背景下，该方法将输入数据大小、传输延迟、终端推断延迟以及边缘设备推理延迟作为主要的状态输入，然后将延迟与精度作为奖励函数，学习到自动化的选择策略。

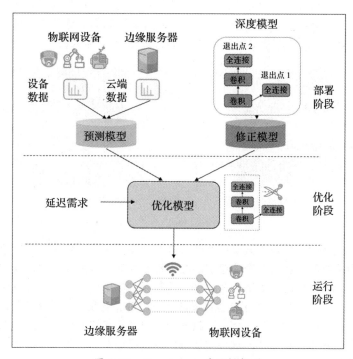

图 9-15　Boomerang 系统框架图

　　在该方法基础上，研究者们还提出了很多改进的思路，例如引入更加灵活机动的模型分割方法、选用快速可靠的分割点搜索方法 [16] 以及提出渐进式推理方法，通过调度程序渐进式地共同优化选择合适的提前退出点和模型分割点，从而适应动态条件并满足多种性能要求 [17]。然而，串行协同计算方法在处理计算任务时，由于不同模块间存在顺序依赖关系，这使得整个计算速度受限于每个设备的计算速度，而且计算性能较差的设备往往会成为整体计算的性能瓶颈。同时，如果通信环境较为恶劣，也可能会产生严重的延迟，从而影响模型分割的过程。

9.3.2　并行协同计算

　　与串行协同计算不同，并行协同计算范式将深度模型划分为多个可独立分配的任务，并分配至多个设备上进行协作运行，降低每个计算模块内存需求的同时使得多个设备可以并行地进行计算，避免了串行协同中的等待问题，进而提升整体的计算效率。然而，并行协同计算则需要对深度模型进行合理的层内分割设计，这对于层内计算紧密耦合的深度模型而言是一件极具挑战的事情。本节将重点介绍当前并行协同计算的经典技术路线，包括模型并行方法与数据并行方法。

1. 模型并行

MoDNN[18]通过对深度模型进行更细粒度的层内划分，融合多层卷积实现并行计算，从而加快协作计算速度。如图 9-16 所示，深度模型的每一层都被划分为多个切片，以提高计算的并行度并减少单个切片的内存需求。该方法将设备分为两种：负责任务分配的主设备节点与进行分割后切片计算的子设备节点。主设备节点包含所有的训练数据并负责运行任务的分配，根据任务分配系统的分配结果将需要执行的具体任务与对应数据分发给各工作子节点。

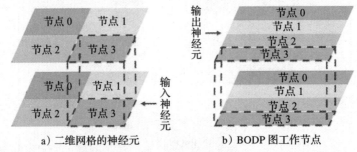

图 9-16　MoDNN 中两种分区方式

在任务分配过程中，针对不同层的特性，该方法设计了两种任务分配算法，分别对应在整体模型中最为重要的卷积层和全连接层。在卷积层的任务分配中，由于卷积层部分的数据传输量较少，在 MoDNN 中其主要的时间开销是设备的唤醒时间（因为设备如果一段时间未被使用会自动进入休眠模式），为了减少设备的唤醒次数，卷积层的计算任务以一维的方式分配给各个工作节点。在技术层面，该方法将整个协同计算模式看作一个无向图，再通过求解图分割的算法来最优化计算效率。这种方法可以通过增加参与设备节点实现进一步的任务细化，但同时设备间交互次数和数据传输也会增多，最终使得模型的加速效果变弱。数据并行的协同计算支持各设备异步执行各自任务，但是需要小心计算分割区域范围保证最终各分割块能够恰好无缝拼接，需要针对具体模型专门设计。

2. 数据并行

数据并行则是考虑将输入数据或中间传输数据进行分割/分片，从而将模型的计算划分为可并行执行的独立任务，实现推理效率的提升和带宽需求的节省。

Clio[19]将模型分割的思想与中间层数据传输结合，当带宽变化时，该方法能够自适应于当前网络条件选择最佳分割策略。首先，深度学习模型将被表示为一个有向无环图，一个分割点即可以表示为一条将模型分割为两部分的边。如图 9-17 所示，IoT 设备执行模型层 1 到模型层 3，其输出数据（即特征图）将被划分为三个分片，并根据网络带宽的变化，将不同数量的分片传输至云端。云端设备将根据接收到的分片，激活后续模型中对应的通道模型，完成协同计算。该方法进一步提出构建性能分析器，实现动态情境下自适应地寻找满足网络带宽的最佳分割点以及分片方式，优化整体模型推理性能。

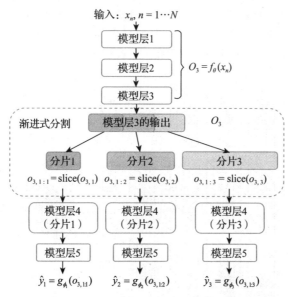

图 9-17 Clio 数据并行协同计算示意图

在上述方法的基础上，我们可以针对复杂的物联网应用情境做更多的改进设计。例如，对于特定的 DNN 结构（例如 CNN），可以应用更精细的网格分区以实现最小化通信、同步和内存开销，也可以对计算和通信的负载做进一步优化等。

并行协同计算虽然可以通过层内聚合的方法实现多个设备上的模型并行协同计算，解决资源受限设备内存过小无法参与计算的问题，但是其通常需要根据特定的设备设计较为精密的解耦合方案，这需要丰富的专家经验。同时，一旦设备数量或资源发生变化，需要重新设计方案，存在灵活性差、泛化性低、训练过程复杂的缺点。并且由于并行协同计算需要在多设备完成子任务后，进行数据融合或后续层的推理，将导致额外计算量和时延的产生。

而串行协同计算则是对模型进行层间分割，从而协同多设备共同完成推理过程，在其确定的协同计算策略下，仅需要传输中间层的输出数据即可完成模型推理。相比并行协同计算，其灵活性和泛化性更高，且不需要数据融合，对参与协同计算的设备无强计算能力的硬性需求。但是，串行协同计算中各设备之间的计算具有顺序性，需要等待前一设备执行完毕，才可以继续完成推断，可能严重降低模型的响应时间。并且串行协同计算难以应对数据输入尺寸较大的情况，因为大量的中间数据需要高昂的内存消耗。

9.3.3 混合协同计算

混合协同计算即融合串行协同计算及并行协同计算的计算模式和方法优势，避免单一协同计算范式下存在的问题和缺点。在此背景下，串行协同计算与并行协同计算间也存在多种组合方式，例如先根据异构智能体资源和模型特征图，设计并行协同计算方案；完成子任务后，再进一步根据设备资源预算、推断时延需求等运行情境对模型进行层间分割，实现串行协同计算，以应对数据融合过程对计算能力的需求，解决弱计算设备间的协作问题，如图 9-18 所示。或者先利用串行协同计算模式完成初步特征提取后，再针对计算量较大的部分模型，精细设计并行协同计算策略，提高计算效率。目前混合协同计算属于一种新兴概念，有部分研究基于这种思路，使用了多种技术混合的策略，下面将进行简要介绍。

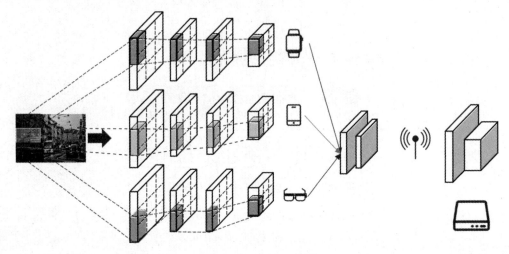

图 9-18   混合协同计算

Hadidi 等人[20] 提出了基于树莓派 3 硬件的分布式机器人协作系统。针对单个机器人内存不足、能耗存在阈值等导致无法单独处理整体任务的情况，从数据并行与模型并行两个角度统筹结合了低成本机器人的计算能力以实现有效的实时识别。如图 9-19 所示，在数据方面，针对视频数据以帧形式传输的数据特征，通过处理原始数据视频流空间信息与时间流信息。该工作进一步将多个最大池化层堆叠为金字塔结构，以生成一个与视频持续时间无关的固定大小的视频流输出，以便在数据层面上进行稳定的划分。在模型方面，输入数据被一分为二，发送到仅执行部分计算任务的两个同构计算设备上，针对消耗资源最多的全连接层与卷积层，设立不同的融合方式以实现自适应于工作量的分割。在全连接层中，层输出的值取决于所有输入的加权和，因此将全连接层进行均分，在子设备上完成计算后合并结果并输出到下一层；在卷积层中，由于卷积核之间的计算是独立的，因此可以在子设备间部署不同的卷积核构成不同分配形式。

近年来在智能物联网环境下，面向深度模型的分布式分割计算这一国际学术前沿问题，学术界和企业界已经从不同角度开展了前期研究[21]。2017 年，Y. Kang 等人[22] 提出 Neurosurgeon 以深度模型层为粒度分割并将其部署在边端和云端，旨在最小化计算延迟 / 能耗。进一步地，Hu 等人[23] 在不同云服务器负载情况下找到最优的深度模型分割点。然而，上述方法只优化特定指标（如延迟、能耗），难以满足任务自定义的多种性能目标及资源约束。为解决该问题，英国剑桥大学 Stefanos 等人[24] 采用渐进式推理的方式在终端和云上协同执行深度模型，并通过提前退出机制应对网络中断情况。然而，预定义的深度模型提前退出分支对实际应用中未知多维度目标 / 约束的适应性能力有限。此外，美国斯坦福大学 Sandeep 等人[25] 提出了将用于编 / 解码数据的深度模型在边缘和云端协同部署，提升数据传输效率。因此，智能物联网真实环境下，分布式模型分割计算可以进行更多深入的思考和研究。

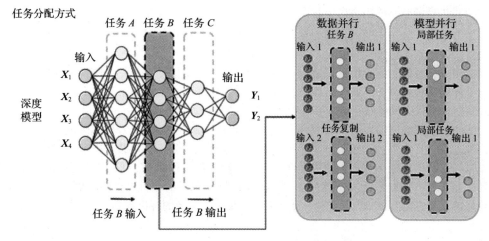

图 9-19　数据分割与模型分割并行方案

9.4　分布式资源协同计算

如 9.1 节所述，分布式资源协同计算的主要动机在于单个物联网终端设备的资源（计算、存储、电量）受限，需要借助更多的临近边缘设备计算资源，将终端产生的感知数据计算任务部分卸载至边缘设备上，从而协同完成复杂的智能计算任务。这种计算模式通常可称作"边端协同计算"，相比于云端卸载的协同计算方式，具有保护数据隐私、降低延迟、节约云端传输开销的优势。

分布式资源协同计算本质上需要实现分布式边端设备可提供计算资源（算力、存储、电量）与计算任务资源需求的最佳匹配。而且在匹配过程中，需要通过优化边缘设备的资源利用率、边缘负载均衡来实现系统成本的最优化，例如最小化平均响应延迟或最大化系统吞吐率的全局目标。9.4.1 节将介绍在多个终端对一个边缘服务器的协同计算模式下，如何优化边缘负载均衡以实现优化边端设备负载均衡的问题及方法。

此外，由于边端协同计算是在网络环境中部署的，因此不得不考虑网络动态传输条件变化对协同计算性能所带来的影响，从而调控边端计算资源的协同模式。9.4.2 节将介绍物联网边端协同计算中的通信优化问题及方法。

9.4.1　边端设备负载均衡优化

分布式计算资源的有效协同，离不开其与计算任务负载的最佳匹配。将合适的计算任务负载卸载至边缘端可有效提升系统的数据处理效率。

以物联网终端的视频分析应用为例，如今大部分视频分析系统忽略了工作负载的动态变化，这会导致无法利用空闲摄像头内的计算资源致使资源浪费，并且无法缓解突发工作负载导致的摄像头高负载工作，从而使系统延迟变高，无法满足实时视频分析的性能需求。如何有效调度不同边端设备间的可用计算资源，确保资源得到有效利用，提升分布式计算效率是研究者关注的前沿问题。本节将重点介绍当前边端设备负载均衡优化方法，如算力资源敏感的自适应负载均衡方法和计算资源协同优化的负载均衡方法。

1. 算力资源敏感的自适应负载均衡方法

算力资源是分布式资源协同计算过程中影响任务性能最关键的因素，合理的算力资源分配可以保证任务执行效率的最大化。Distream 方法[26] 是一个基于智能相机边缘集群架构的分布式视频分析系统，该系统可以适应不同摄像头计算负载的动态变化，实现低延迟、高吞吐量和可伸缩的视频分析。其中，该系统设计的关键就在于自适应地平衡各个智能相机的工作负载并在相机和边缘集群之间进行最佳的工作负载分配。

Distream 系统结构如图 9-20 所示，对于优化多个摄像头间的计算负载分配问题，其设计主要考虑了三点内容：①当某个摄像头附近的其他摄像头处于高负载状态下，那么在未来的一段时间内，该摄像头有很大的可能性也会处于高负载工作状态。②每个智能相机的计算资源具有差异性，即处理计算负载的能力不同，计算资源强的相机可以接收更多的工作负载，而计算资源弱的则需要减少其负载。③平衡工作负载所需要的开销和其产生的性能增益。

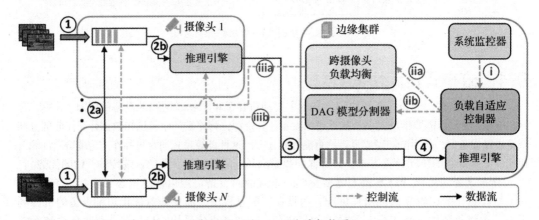

图 9-20　Distream 体系架构图

基于上述观察，研究者将该问题进行建模，并引入一个相机间的负载不平衡指标：

$$v = \frac{u_{\max}}{\bar{u}} - 1 \tag{9-6}$$

其中 $u_{\max}$ 代表相机群中计算负载的最大值，u 是相机的平均计算负载。v 越大代表相机群之间的计算负载越不平衡。整个系统旨在优化协同计算系统的吞吐量并满足计算延迟约束。为了提升优化问题的求解效率，Distream 采用了启发式的方法。

对于优化相机和边缘服务器工作负载分配，Distream 首先提取每个分类器的计算资源需求，然后根据相机负载占总负载的比例以及计算资源需求对计算负载进行划分，最后 Distream 使用计算负载自适应控制器调整计算负载划分，实现负载均衡。控制器调整负载的目标是使系统在满足延迟约束的条件下最大化系统吞吐量。实验证明，经过负载均衡优化，Distream 比基础的边端协同计算模式具有更高的吞吐量和吞吐峰值，并且可以显著减小计算延迟。

2. 计算资源协同优化的负载均衡方法

除了算力资源，其他多种类型的计算资源，如任务数据质量、模型计算共享、网络状态等同样会对分布式负载优化过程带来影响，通过协同优化任务的性能偏好和设备计算资源，才能实现更加合理的分布式设备负载均衡，保证计算任务的高效运行。

　　SMCS 方法 [27] 提出自适应边端设备负载均衡优化方法，系统考虑影响计算和网络资源消耗的所有因素，如模型计算共享、视频质量、模型分割点等，实现海量摄像机协同实时视频分析任务下的分布式协同计算。SMCS 方法整体架构如图 9-21 所示。

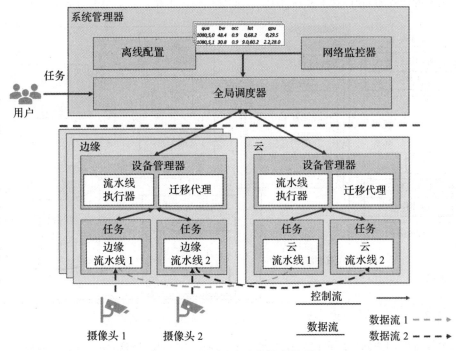

图 9-21　SMCS 方法整体架构图

　　SMCS 方法由集中式系统管理器和分布式设备管理器组成。其中系统管理器负责制定整体资源负载调度决策。离线配置器学习每个边端设备在不同资源配置下的任务性能和资源消耗，网络监控器负责实时监控边缘节点和云之间的网络带宽，全局调度器根据设备配置、网络状态和效用函数做出最优资源负载调度决策，从而最大化视频分析任务的收益。每个分布式设备管理器包含流水线执行器和迁移代理，分别负责强制执行全局调度器做出的资源负载调度决策，以及实现资源调度过程中所需的数据通信过程。

9.4.2　边缘内部资源分配优化

　　上述工作考虑将同类型的计算任务负载均衡到不同的边端设备上，而在边端协同计算过程中，由于复杂深度神经网络模型的部署需要首先进行训练，才能进行推理计算任务的分配。深度模型的训练过程通常需要消耗巨大的存储和计算资源，因此一般在边缘服务器上运行，而边缘服务器同时需要在协同计算过程中提供一定的计算资源进行模型推理任务。如何有效调用边缘服务器设备内部可用资源，平衡深度模型训练和推理任务的计算需求，是需要解决的挑战问题。该研究尚未得到研究者的广泛关注，本节重点介绍最新的启发式资源调度器方法。

边缘服务器内同时存在两种类型的计算任务,即深度模型重训练任务和推理任务,这两种任务对于一个边缘服务器的计算资源存在竞争,将更多的计算资源分配给模型重训练任务,则会降低推理精度。但如果分配较少计算资源给模型重训练任务,则会影响深度模型的重训练速度,从而延迟新模型所带来的推理精度增益。启发式资源调度器方法[28](又称"Thief scheduler")旨在平衡两种任务的 GPU 计算资源分配,从而优化推理精度,体系架构如图 9-22 所示。

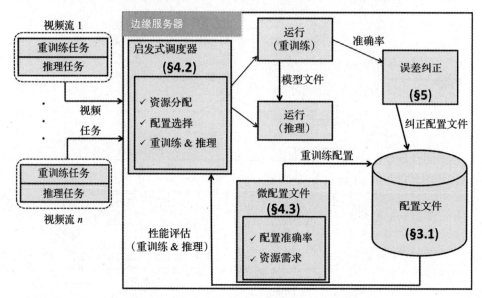

图 9-22　启发式资源调度器方法体系架构图

启发式资源调度器算法可以实现重训练和推理任务之间的最佳 GPU 计算资源分配,并选取重训练和推理的配置。算法详述如下:

- 算法的初始状态是 GPU 资源平均地分配给重训练任务和推理任务。
- 在迭代过程中,推理和重训练任务都会从对方计算资源中"偷取"一小部分资源。
- 在新的资源分配条件下,算法重新选取重训练任务和推理任务的计算资源配置,并得到在一个重训练时间窗口内的平均推理精度。对于推理任务,会选取在当前计算资源分配条件下,可以完成视频推理的精度最高的配置。对于重训练任务,会选取在重训练窗口内推理精度最高情况下对应的重训练配置。
- 在新的计算资源分配方案下,平均推理精度比"偷取"资源前更高,调度器算法会保留新的计算资源分配,最终返回最佳的资源分配方案。

该算法重点关注的是边缘服务器内部关于推理任务和重训练任务的资源分配问题,可以推广到更多边端协同的计算系统中,支持深度计算模型的持续演化。

9.5　分布式数据传输优化

在上述智能物联网分布式协同计算过程中,设备间的数据交换是必不可少的。随着协同设备和数据量的增加,数据交换及其带来的通信开销变得不可忽视。优化数据传输,可以进一步降低分布式计算的通信开销及延迟，调控协同计算复杂度、计算资源需求和计算负载。因此，在上述小节介绍智能物联网分布式资源协同计算方法的基础上，本节将介绍两个典型的分布式数据传输优化系统及方法。

9.5.1　自适应数据过滤

在智能物联网中，分布式协同计算的一种常见模式就是物联网终端（例如摄像头）将感知到的数据传输给边缘 / 云服务器进行智能化处理和分析。在这种模式下，不经处理地上传所有感知数据将带来较大的传输开销和计算负载。因此，根据数据内容有选择性地传输部分数据是一种有效方法。

Glimpse[29] 是一种连续、实时的目标识别系统，该方法阐明网络传输和服务器的处理延迟可能会导致单个帧需要数百毫秒的识别时间，若将每一帧发送至服务器端将会显著降低目标的可跟踪性（即服务器返回的识别结果与真实场景下的物体位置发生偏移）。因此，Glimpse提出触发帧的设计，如图 9-23 所示，移动端接收并存储设备摄像头捕捉到的连续帧，但仅向服务器发送触发帧。服务器端对接收到的各帧进行目标检测、特征提取、目标识别等阶段，为每个识别对象生成带有标签的边界框和特征点。而客户端利用活动缓存跟踪记录对象特征点的移动，并根据触发帧返回的识别结果动态调整其边界框和标签信息到当前帧中物体的位置，从而向用户完好地隐藏由于服务器端处理延迟带来的偏移。该方法利用触发帧的设计显著提高了服务器协同下人脸识别任务的精度（是原来的 1.8～2.5 倍），同时有效节省了带宽消耗（是原来的 43%），降低了 25%～35% 的能耗。

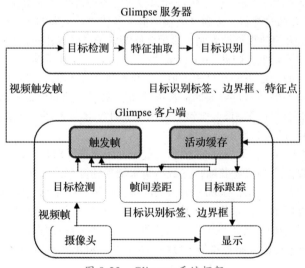

图 9-23　Glimpse 系统框架

Focus[30] 则是针对大型视频数据集的低成本和低延迟查询架构。该方法关注到大量视频数据进行"后续"查询时，存在获取成本高、查询时延高的问题，如从多天的交通摄像头视频中识别特定类别（汽车、自行车）的视频帧。因此，Focus 提出将查询处理分为摄取阶段和查询阶段，通过预先的视频帧摄取，为视频帧中的对象构造近似索引，以便实现后续实时查询阶段的低成本和低时延。如图 9-24 所示，考虑到终端设备的资源受限性，Focus 首先利用低成本的专用 CNN 对实时视频进行摄取分析，为每帧所有可能的对象类构建近似索引，以保持高召回。后续，Focus 将利用该近似索引来提供较低的查询延迟，当用户查询某个类 QT_1 时，将根据近似索引筛选 Top-K 的目标类别子集，进一步使用精心设计的 CNN 来补偿摄取阶段较低的精度，最后将匹配的集群返回。

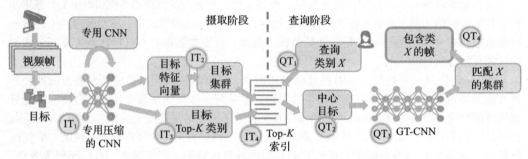

图 9-24   Focus 处理框架

　　Focus 的体系架构支持多个数量级的更快查询，而在获取时只需要很少的资源投资，并允许灵活地权衡摄取成本和查询延迟。该方法还在交通、监控和新闻领域的真实视频上进行评估，实验结果表明其与基线方法相比，平均查询成本降低为原来的 1/48，并且平均提高了 125 倍的查询速度，表明 Focus 是查询大型视频数据集的高度实用且有效的方法。

　　相似地，Reducto[31] 同样基于通信传输开销过大的考虑，提出视频帧过滤方法，通过在摄像头（终端）部署视频帧过滤器，以避免终端向服务器传输不重要的视频帧，从而减少通信开销。然而，由于摄像头的计算资源限制，摄像头终端的帧过滤方法只能使用简单的过滤机制，并且要求实现实时的预处理。因此，Reducto 系统设计了一种基于帧差的过滤方法。具体地，该方法可以根据输入的特征类型、过滤阈值、查询精度需求和输入视频内容，建立时变相关性，动态选择基于帧差的数据过滤策略。帧差法旨在根据视频帧中低层次特征（如像素、边缘差异）或高层次特征（如局部像素强度和形状等属性，具备更多语义信息），对连续视频帧做差分运算，并判断/跟踪目标的运动情况。

　　Reducto 的具体工作流程如图 9-25 所示。首先，预测器针对任务请求找到对应的最佳特征，该特征必须在摄像头端快速获取，并且与请求结果的变化高度相关。由于终端的计算资源约束，系统选择像素、边缘、区域三个低层次特征作为特征候选。根据预测器得到的最佳特征，计算连续帧之间的特征差值，并基于特征差的阈值进行帧过滤（小于阈值的相似帧将被抛弃），只将过滤后的帧上传给服务器进行查询处理。该方法在保证用户查询结果准确性的同时，有效降低摄像头传输至服务器的视频帧数量，从而降低系统的通信开销。

9.5.2　自适应数据传输

　　数据流传输对于智能应用系统的整体性能（如识别精度、计算速度、传输开销等）至关重要。以视频数据流为例，除了传统视频流传输所关注的如何优化视觉质量，基于深度计算模型的移动应用还关注的如何实现推理精度无关的视频流像素压缩或裁剪。然而，视频流像素压缩或裁剪的潜在优势并未完全发挥出来，因为已有视频流传输协议大多是由视频感知终端（如相机终端）驱动的，其计算能力有限。

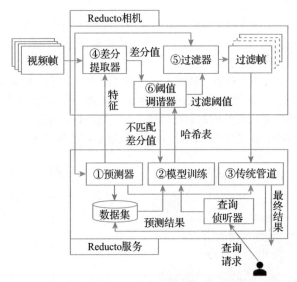

图 9-25　Reducto 工作流程

DDS（DNN-Driven Streaming）[32] 提出深度模型驱动的自适应视频流传输方法，它是一种由服务器端实时反馈驱动的自适应数据流传输方法。服务器端反馈驱动的优势在于：服务器端可以获得更多关于最大化推理精度的上下文信息，且深度模型的输出包含了丰富的有效信息，可指导终端视频流的传输。

DDS 的工作流程如图 9-26 所示。该方法的基本流程为：DDS 持续从终端向服务器端发送低质量视频流，服务器端运行一个专用深度模型执行模型推理，并将模型推理最相关的区域反馈给摄像头（终端）以确定从何处重新发送更高质量数据以提升推理精度。摄像头在接收到反馈后，重新对视频中的相关区域进行高质量编码，并再次发送至服务器端进行更精确的深度推理。在实现层面，如果将每个反馈区域编码为一个独立的高质量图像，这些图像的总尺寸甚至比未裁剪的原视频更大，将严重增加该系统的通信开销。为此，DDS 采用了视频编码器，将高质量图像中反馈区域以外的像素设置为黑色（移除空间维度上的信息冗余），并将图片编码为视频文件（消除时间维度上的信息冗余）。

图 9-26　DDS 工作流程

此外，与其他的视频流协议类似，DDS 也需要动态自适应地调整其数据传输带宽。为了实现这一目的，DDS 还设计了一个带宽自适应的反馈控制系统。首先计算出在默认设置下传输上一个视频片段的带宽占用，然后得到其与下一段视频传输可用带宽的差值。此差值会传送至控制器，控制器得到差值后计算出缩放因子，优化程序再根据缩放因子，在最大化推理精度的同时调整带宽占用。

实验证明，该方法有效节省了摄像头端与服务器端间的数据传输带宽占用。在保证推理精度的同时，DDS 在处理目标检测、语义分割和人脸识别等不同任务时，可以分别节省约 55%、42% 和 36% 的带宽占用。

关注到在增强现实（AR）和混合现实（MR）的系统中，数据传输效果对于良好实时的渲染和用户体验至关重要，Liu 等人[33] 提出高精度的 AR/MR 目标检测系统。该系统支持在 60 帧/秒的 AR/MR 系统中实现高精度的目标检测，并且精心设计低延迟的卸载技术，以显著降低卸载延迟和带宽消耗对 AR 渲染的影响，具体系统框架如图 9-27 所示。

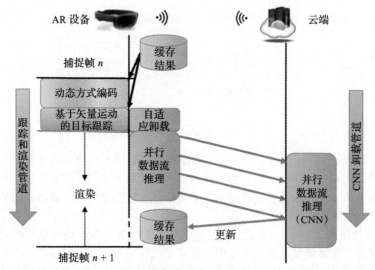

图 9-27　高精度的 AR/MR 目标检测系统

在 AR 设备上，系统将渲染管道与卸载管道解耦，并采用快速目标跟踪方法来保持检测精度。在商用硬件上实现了端到端系统的原型。在数据传输和卸载方面，该系统提出并行流推理技术，将视频帧划分为多个片，并按照流水线化并行执行视频分片的编码、传输、解码、推理，从而加速视频帧的处理时延。结果表明，该系统在物体检测和人体关键点检测任务上的准确率提高了 20.2%～34.8%，误检率降低了 27.0%～38.2%。同时该系统只需要很少的资源在 AR 设备上进行对象跟踪，从而将节省的帧与帧之间的剩余时间用于图像渲染，以支持高质量的 AR/MR 体验。

9.6　习题

1. 简述智能物联网协同计算与云计算、边缘计算的异同点。
2. 简述深度模型串行协同计算方式的难点和挑战。

3. 简述 Neurosurgeon 算法的主要步骤，并提出可改进的思路。

4. 简述深度模型并行协同计算方式的难点和挑战。

5. 简述 MoDNN 算法的主要步骤，并提出可改进的思路。

6. 简述混合协同计算的设计思想，与单一串行、并行协同计算方法的异同。

7. 分布式多源数据为物联网协同计算带来了哪些好处和算法 / 系统设计挑战，对智能物联网分布式协同计算的性能指标有哪些影响。

8. 简述异步数据流融合计算方法的主要思想，并提出可改进的思路。

9. 实践题：基于深度学习代码框架（如 TensorFlow、PyTorch）实现一个串行 / 并行协同计算的算法，并测试不同分割区域的计算量、存储量。

10. 实践题：从 9.2 节、9.3 节和 9.4 节中选择一种协同计算方法，基于多个真实的物联网设备，如移动手机、智能小车或嵌入式开发板（如树莓派），完成协同计算的系统部署。测试并分析不同协同计算配置下的性能差异，例如计算延迟、分布式计算量、通信延迟等。

参考文献

[1]　HONG C, YU J, WAN J, et al. Multimodal deep autoencoder for human pose recovery[J]. IEEE transactions on image processing, 2015, 24(12): 5659-5670.

[2]　BENGIO Y, LAMBLIN P, POPOVICI D, et al. Greedy layer-wise training of deep networks[J]. Advances in neural information processing systems, 2006, 19.

[3]　VINCENT P, LAROCHELLE H, BENGIO Y, et al. Extracting and composing robust features with denoising autoencoders[C]//Proceedings of the 25th international conference on Machine learning. 2008: 1096-1103.

[4]　SALAKHUTDINOV R, LAROCHELLE H. Efficient learning of deep Boltzmann machines[C]//Proceedings of the thirteenth international conference on artificial intelligence and statistics. JMLR Workshop and Conference Proceedings, 2010: 693-700.

[5]　KIM Y, LEE H, Provost E M. Deep learning for robust feature generation in audiovisual emotion recognition[C]//2013 IEEE international conference on acoustics, speech and signal processing. IEEE, 2013: 3687-3691.

[6]　YE J, SUN L, DU B, et al. Co-prediction of multiple transportation demands based on deep spatio-temporal neural network[C]//Proceedings of the 25th ACM SIGKDD International Conference on Knowledge Discovery & Data Mining. 2019: 305-313.

[7]　GONG D, MEDIONI G. Dynamic manifold warping for view invariant action recognition[C]//2011 International Conference on Computer Vision. IEEE, 2011: 571-578.

[8]　AACH J, CHURCH G M. Aligning gene expression time series with time warping algorithms[J]. Bioinformatics, 2001, 17(6): 495-508.

[9]　LI T, HUANG J, RISINGER E, et al. Low-latency speculative inference on distributed multi-modal data streams[C]//Proceedings of the 19th Annual International Conference on Mobile Systems, Applications, and Services. 2021: 67-80.

[10]　JI S, WANG Z, LI T, et al. Spatio-temporal feature fusion for dynamic taxi route recommendation

via deep reinforcement learning[J]. Knowledge-Based Systems, 2020, 205: 106302.

[11] QIN H, KE S, YANG X, et al. Robust spatio-temporal purchase prediction via deep meta learning[C]//Proceedings of the AAAI Conference on Artificial Intelligence. 2021, 35(5): 4312-4319.

[12] LI M, ZHU Z. Spatial-temporal fusion graph neural networks for traffic flow forecasting[C]// Proceedings of the AAAI conference on artificial intelligence. 2021, 35(5): 4189-4196.

[13] KANG Y, HAUSWALD J, GAO C, et al. Neurosurgeon: Collaborative intelligence between the cloud and mobile edge[J]. ACM SIGARCH Computer Architecture News, 2017, 45(1): 615-629.

[14] HU C, BAO W, WANG D, et al. Dynamic adaptive DNN surgery for inference acceleration on the edge[C]//IEEE INFOCOM 2019-IEEE Conference on Computer Communications. IEEE, 2019: 1423-1431.

[15] ZENG L, LI E, ZHOU Z, et al. Boomerang: On-demand cooperative deep neural network inference for edge intelligence on the industrial Internet of Things[J]. IEEE Network, 2019, 33(5): 96-103.

[16] HONGLI W, BIN G, JIAQI L, et al. Context-aware Adaptive Surgery: A fast and effective framework for adaptative model partition[C]//The 2021 ACM International Joint Conference on Pervasive and Ubiquitous Computing (ACM UbiComp' 21), 2021.

[17] LASKARIDIS S, VENIERIS S I, ALMEIDA M, et al. SPINN: synergistic progressive inference of neural networks over device and cloud[C]//Proceedings of the 26th Annual International Conference on Mobile Computing and Networking (MobiCom' 20). 2020: 1-15.

[18] MAO J, CHEN X, NIXON K W et al., MoDNN: Local distributed mobile computing system for Deep Neural Network[C]//in Design,Automation & Test in Europe Conference & Exhibition (DATE 2017). 2017: 1396–1401.

[19] HUANG J, SAMPLAWSKI C, GANESAN D, et al. Clio: Enabling automatic compilation of deep learning pipelines across iot and cloud[C]//Proceedings of the 26th Annual International Conference on Mobile Computing and Networking. 2020: 1-12.

[20] HADIDI R, CAO J, WOODWARD M, et al. Distributed perception by collaborative robots[J]. IEEE Robotics and Automation Letters, 2018, 3(4): 3709-3716.

[21] SHAO J, ZHANG J. Communication-computation trade-off in resource-constrained edge inference[J]. IEEE Communications Magazine, 2020, 58(12): 20-26.

[22] KANG Y, HAUSWALD J, GAO C, et al. Neurosurgeon: Collaborative intelligence between the cloud and mobile edge[J]. ACM SIGARCH Computer Architecture News, 2017, 45(1): 615-629.

[23] HU C, BAO W, WANG D, et al. Dynamic adaptive DNN surgery for inference acceleration on the edge[C]//IEEE INFOCOM 2019-IEEE Conference on Computer Communications. IEEE, 2019: 1423-1431.

[24] LASKARIDIS S, VENIERIS S I, ALMEIDA M, et al. SPINN: synergistic progressive inference of neural networks over device and cloud[C]//Proceedings of the 26th Annual International Conference on Mobile Computing and Networking. 2020: 1-15.

[25] CHINCHALI S P, CIDON E, PERGAMENT E, et al. Neural networks meet physical networks: Distributed inference between edge devices and the cloud[C]//Proceedings of the 17th ACM Workshop on Hot Topics in Networks. 2018: 50-56.

[26]　ZENG X, FANG B, SHEN H, et al. Distream: scaling live video analytics with workload-adaptive distributed edge intelligence[C]//Proceedings of the 18th Conference on Embedded Networked Sensor Systems. 2020: 409-421.

[27]　RONG C, WANG J H, LIU J, et al. Scheduling Massive Camera Streams to Optimize Large-Scale Live Video Analytics[J]. IEEE/ACM Transactions on Networking, 2021.

[28]　BHARDWAJ R, XIA Z, ANANTHANARAYANAN G, et al. Ekya: Continuous learning of video analytics models on edge compute servers[C]//19th USENIX Symposium on Networked Systems Design and Implementation (NSDI 22). 2022: 119-135.

[29]　CHEN T Y H, RAVINDRANATH L, DENG S, et al. Glimpse: Continuous, real-time object recognition on mobile devices[C]//Proceedings of the 13th ACM Conference on Embedded Networked Sensor Systems. 2015: 155-168.

[30]　HSIEH K, ANANTHANARAYANAN G, BODIK P, et al. Focus: Querying large video datasets with low latency and low cost[C]//13th USENIX Symposium on Operating Systems Design and Implementation (OSDI 18). 2018: 269-286.

[31]　LI Y, PADMANABHAN A, ZHAO P, et al. Reducto: On-camera filtering for resource-efficient real-time video analytics[C]//Proceedings of the Annual conference of the ACM Special Interest Group on Data Communication on the applications, technologies, architectures, and protocols for computer communication. 2020: 359-376.

[32]　DU K, PERVAIZ A, YUAN X, et al. Server-driven video streaming for deep learning inference[C]//Proceedings of the Annual conference of the ACM Special Interest Group on Data Communication on the applications, technologies, architectures, and protocols for computer communication. 2020: 557-570.

[33]　LIU L, LI H, GRUTESER M. Edge assisted real-time object detection for mobile augmented reality[C]//The 25th Annual International Conference on Mobile Computing and Networking. 2019: 1-16.

第 10 章

AIoT 平台与应用

随着人工智能产业的快速发展和物联网技术的不断普及，越来越多兼具人工智能属性的物联网平台与应用应运而生，其在提供智能物联服务的基础上，也覆盖了医疗、交通、工业、家居等多个领域。国内外知名 IT 企业也推出了各具特色的智能物联网平台与应用。本章首先介绍几种典型的智能物联网平台，进而围绕智慧商业、智能工业和智慧健康介绍智能物联网的典型领域应用。

10.1 智能物联网平台

当前主流的智能物联网平台通常依托于现有的工业级云平台，一方面利用其平台上自带的智能属性完成，如基于神经网络的深度学习模型、云边端算力分配的任务机制、自动化机器学习流水线等来实现智能服务；另一方面借助云平台服务帮助开发者和用户完成大规模的应用推广。本节将介绍一些国内外典型的智能物联网平台。

10.1.1 AWS IoT

作为目前全球用户量最大的云服务平台，亚马逊云（Amazon Web Services，AWS）[1] 从计算、存储和数据库等基础设施技术到机器学习、人工智能、大数据分析以及物联网等新兴技术，提供了丰富完整的服务及功能。在物联网领域，AWS IoT 提供了一系列服务来支持与真实世界交互的设备以及在这些设备与 AWS IoT 之间传递的数据。如图 10-1 所示，AWS IoT 由支持物联网解决方案的服务组成，自底向上可分为设备软件、控制服务、数据服务三个层次。

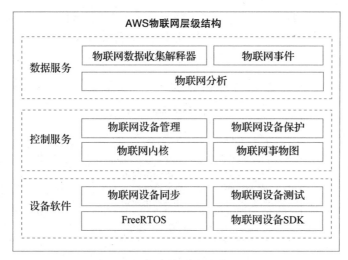

图 10-1　AWS IoT 层级结构图

在 AWS IoT 平台的底层，AWS 研发了 FreeRTOS (Free Real-Time Operating System)。如图 10-2 所示，FreeRTOS 是一个用于微控制器的开源实时操作系统，是一个面向微控制器和小型微处理器的实时操作系统，可广泛应用于各个行业领域。FreeRTOS 的构建重点在于可靠性和易用性，它使物联网解决方案中可以包含小型低功耗边缘设备。FreeRTOS 包括一个内核和越来越多的、支持许多应用程序的软件库，这个软件库用于连接和保证安全性。值得注意的是，FreeRTOS 系统可以安全地将小型低功耗设备连接到 AWS IoT，并支持运行更强大的边缘设备。

图 10-2　FreeRTOS 参考架构

与此同时，作为支撑异构物联网设备的平台基础，AWS 需要一种运行时服务，将 AWS 从云端设备拓展到边缘设备。AWS 物联网设备同步（IoT Greengrass）是一种开源物联网（IoT）边缘服务组件，其工作原理如图 10-3 所示，AWS 物联网设备同步可将 AWS IoT 无缝扩展至边缘设备，帮助用户在设备上构建、部署和管理 IoT 应用，这样设备就可以在本地处理自己生成的数据，并使用云进行管理、分析和持久存储。具体来说，AWS 物联网设备同步可使设备在更靠近数据生成的位置来收集和分析数据，并自主响应本地事件。借助 AWS 物联网设备同步，互联设备可以运行 AWS Lambda 函数（一项计算服务，用户不需要预置或管理服务器即可运行代码)、Docker 容器(以容器的形式将应用程序及其所有依赖项打包在一起的平台),或同时运行两者。它基于机器学习模型执行预测任务,使设备数据保持同步并与其他设备安全通信。此外,AWS IoT 还配备了用于测试和开发的设备软件。

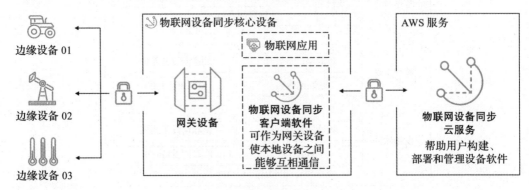

图 10-3   AWS 物联网设备同步

在设备软件的基础上,AWS IoT 提供对物联网服务组件支撑的控制服务。其中,AWS 物联网内核(IoT Core)是一项托管云服务,它使互联设备能够安全地与云应用程序和其他设备进行交互,并将交互消息路由到 AWS IoT 端点和其他设备。AWS IoT 物联网设备管理(Device Management)服务帮助用户跟踪、监控和管理组成设备群的大量连接设备,并且能确保物联网设备在部署后正常、安全地工作。它们还提供安全隧道来访问设备,监控其运行状况,检测并远程排除问题。AWS 物联网设备保护(IoT Device Defender)帮助用户保护物联网设备集群,它不断审计用户的物联网配置,以确保它们始终遵循安全规则。如果 AWS 物联网设备保护可以在物联网配置中检测到可能会产生安全风险的漏洞(如在多个设备之间共享身份证书等),该服务会发送警报。此外,AWS IoT 提供了一个可视化的拖放界面,用于连接和协调设备与 Web 服务之间的交互,使用户可以高效地构建 IoT 应用程序。

在控制服务之上,AWS IoT 提供了数据处理和分析的智能服务。其主要包含物联网分析(IoT Analytics)、物联网数据收集解释器(IoT SiteWise)和物联网事件(IoT Events)三个组件。

传统分析方法和商业智能工具用于处理结构化数据,然而物联网传感器中可能具有大量空白、损坏的消息和错误的非结构化数据,并且数据中存在隐含的上下文信息。如图 10-4 所示,AWS 物联网分析可以帮助用户收集大量设备数据,并处理非结构化信息,处理消息并完成存储,从而使用户可以查询数据并对其进行分析。

AWS 物联网数据收集解释器是一项托管服务,可以轻松地从工业设备中大规模收集、存储、组织和监控数据,以帮助用户做出更好的数据驱动型决策。用户可以使用 AWS 物联网数据收集解释器监控设施之间的操作,快速计算常用的工业性能指标,防止成本高昂的设备问题,并缩小生产方面的缺口。

此外,AWS 物联网事件可以检测来自物联网传感器和应用程序的事件。这里的事件是一种数据模式,可以识别比预期更复杂的情况,比如运动探测器利用运动信号激活灯光和安全摄像机。AWS 物联网事件持续监控来自多个物联网传感器和应用程序的数据,并与其他服务协作,实现早期检测。

目前，AWS 正朝向更为广阔的领域进行探索与拓展，包括自动化机器学习组建的构建，从而支撑物联网全生命周期的开发和运行。

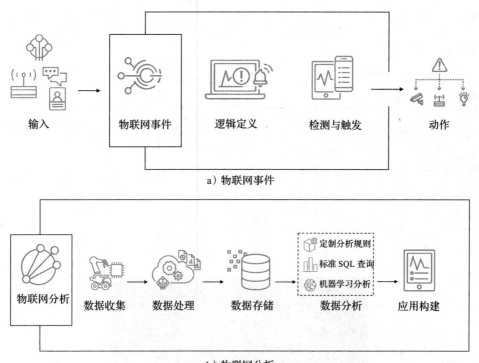

a）物联网事件

b）物联网分析

图 10-4　物联网事件与物联网分析参考架构

10.1.2　微软 Azure IoT

类似于亚马逊云的物联网平台，微软公司也推出了基于自身 Azure 云平台的智能物联网服务 Azure IoT[2]，一方面 Azure IoT 是微软托管的基础云服务集合，该类服务用于连接、监视和控制数十亿项物联网资产。另一方面，在这些基础云服务的基础上，Azure IoT 构建了更为自动和高效的机器学习流水线，帮助开发人员和用户实现机器学习和深度学习应用服务。其主要服务与架构如图 10-5 所示。

在 Azure IoT 的底层部分，配备有实时的操作系统 Azure RTOS（Azure Real-Time Operating System）。Azure RTOS 是一个易于使用的嵌入式操作系统，可为资源受限的设备提供可靠、超高速的性能。Azure RTOS 支持最常用的 32 位微控制器和嵌入式开发工具，从而充分支持 Windows 平台上的应用开发。考虑到对多个边缘设备的支撑，Azure IoT Edge 可将云分析和自定义业务逻辑移植到边缘设备上，这样平台的用户和开发人员就可以关注业务逻辑而并非底层的数据管理。此外，Azure 配备了物联网托管中心（IoT Hub），用于完成 IoT 应用程序到设备之间的通信。

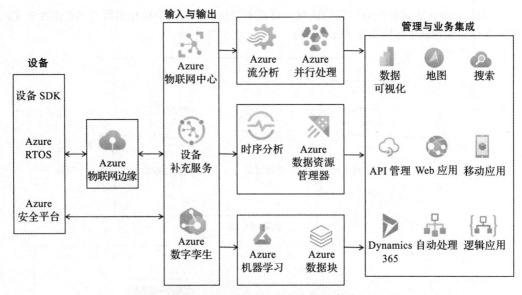

图 10-5　Azure IoT 平台结构示意图

a）Azure IoT 数字孪生场景

b）Azure IoT 机器学习服务

图 10-6　Azure IoT 平台示例

如图 10-6a 所示，Azure IoT 配备了数字孪生功能，"Azure 数字孪生"是一项平台即服务（Platform as a Service，PaaS）产品 / 服务，它能够创建基于整个服务环境的数字模型孪生图，这些图可能是建筑物、工厂、农场、能源网络、铁路、体育场馆，甚至整个城市。这些数字模型可用于获取洞察力，以推动产品改进、运营优化、成本降低和客户体验突破。Azure 数字孪生可用于设计数字孪生体系架构，该体系架构在更广泛的云解决方案中代表实际 IoT 设备，并连接到 IoT 中心设备孪生以发送和接收实时数据。

如图 10-6b 所示，在前面提到的系统服务基础之上，Azure 的机器学习组件是可用于加速和管理机器学习项目生命周期的云端服务。该服务可以帮助机器学习专业人员、数据科学家、机器学习算法工程师在日常工作中使用机器学习服务，包括训练和部署模型，以及管理机器学习的整套云上流水线。开发人员可以在 Azure 机器学习的界面中创建模型，通过拖动一些简单的页面控件，来实现对机器学习工具的选取，如分类器、预测器和如 CNN、RNN 等常见的深度学习模型，并完成对超参数的配置。Azure 的用户也可以使用从开源平台构建的模型，例如 PyTorch、TensorFlow 或 Scikit-learn 等。由于其友善和易于操作的界面，Azure 机器学习工具有助于监视、重新训练和重新部署模型。以上模型可以支持常见的不同种类 IoT 设备，并通过经典的 MQTT 协议实现从云端到边端设备的部署。

此外，Azure 机器学习适用于对机器学习和深度学习模块规范化开发要求严格的团队。数据科学家和机器学习工程师在平台中很容易找到用于加速和自动执行其日常工作流的工具。负责业务实现的程序员和软件工程师会找到用于将模型集成到应用程序或服务的工具，而对应的平台开发人员将找到由持久 Azure 资源管理器 API 提供支持的一组可靠工具，用于构建高级机器学习工具。

10.1.3　华为云 IoT

目前，我国的大型 IT 科技公司也将目光聚焦到了智能物联网的开发之中，如华为、阿里、百度等都推出了对应的智能物联网平台。与亚马逊和微软的方式比较类似，目前国产的智能物联网方案也主要依托于云平台，并在云平台之上构建各具特色的物联网和人工智能服务。如图 10-7 所示，本节选取华为的智能物联网平台进行详细介绍 [3]。

如图 10-8 所示，同大多数的物联网云平台一样，华为云平台在底层推出了自己的 LiteOS 操作系统，该系统是华为针对物联网领域推出的面向万物感知、互联、智能的轻量级操作系统，可广泛应用于智能家居、个人穿戴、车联网、城市公共服务、制造业等领域。该操作系统以 Linux 和安卓系统为依托，具有高实时性、高稳定性、低功耗和小内核的特点，与此同时，其基础内核体积可以裁剪至不到 10 K。目前 LiteOS 已经支持 ARM64、ARM Cortex-A、ARM Cortex-M 等不同架构的芯片。

在数据层面，华为云 IoT 数据分析基于物联网资产模型，整合物联网数据集成、清洗、存储、分析、可视化流程，为物联网开发人员提供了一站式服务。其可分为 IoT 数据离线分析和 IoT 数据在线分析。在离线分析部分，华为云可以帮助客户快速构建物联网数据湖，物联网开发者可通过标准 SQL 开发数据分析任务，并轻松处理海量数据，可在报表统计、设备行为分析等不需要实时处理数据的场景使用。而在实时分析部分，华为云基于大数据流计算引擎，提供物联网实时分析能力。为了降低开发者开发流分析作业门槛，IoT 数据分析服务提供图形化流编排能力，开发者可以通过拖拽的智能方式完成快速开发与上线。

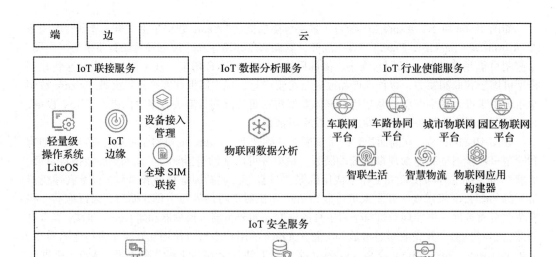

图 10-7　华为云 IoT 结构

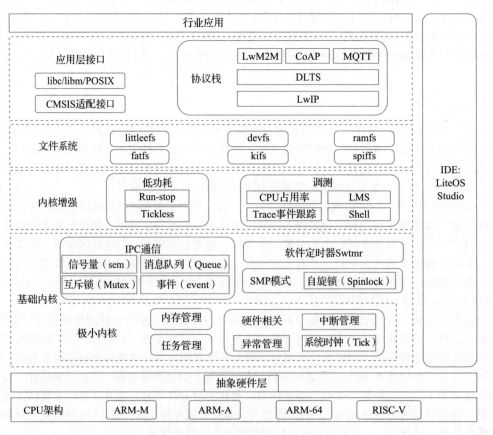

图 10-8　华为 LiteOS 结构

　　针对不同的物联网边缘设备，华为云设计并实现了自身的 IoT 边缘产品，其中包括 IoT 云服务、边缘运行时软件、边缘模块应用，作为数据源切入点，解决客户对设备上云、本地计算、数据预处理等诉求。如图 10-9 所示，KubeEdge 作为典型的华为云原生边缘计算平台项目，将 Kubernetes 原生的容器编排和调度能力拓展到边缘，并为边缘应用部署、云与边缘间的元数据同步、边缘设备管理等提供基础架构支持。其名字来源于 Kube + Edge，是一个开源的云原生边缘计算平台，它基于 Kubernetes 原生的容器编排和调度能力之上，扩展实现了云边协同、计算下沉、海量边缘设备管理、边缘自治等能力，完整地打通了边缘计算中云、边、设备协同的场景。KubeEdge 对 Kubernetes 模块化解耦、精简，使边缘节点最低运行内存仅需 70 MB，并且实现了云边协同通信、边缘离线自治等功能，可将本机容器化应用编排和管理扩展到边缘端设备。KubeEdge 构建在 Kubernetes 之上，为网络和应用程序提供核心基础架构支持，并在云端和边缘端部署应用，同步元数据。KubeEdge 能够 100% 兼容 Kubernetes 原生 API，可以使用原生 Kubernetes API 管理边缘节点和设备。此外，KubeEdge 还支持 MQTT 协议，允许开发人员编写客户逻辑，并在边缘端启用设备通信的资源约束。目前已广泛应用于智能交通、智慧城市、智慧园区、智慧能源、智慧工厂、智慧银行、智慧工地、CDN 等行业，为用户提供一体化的边端云协同解决方案。

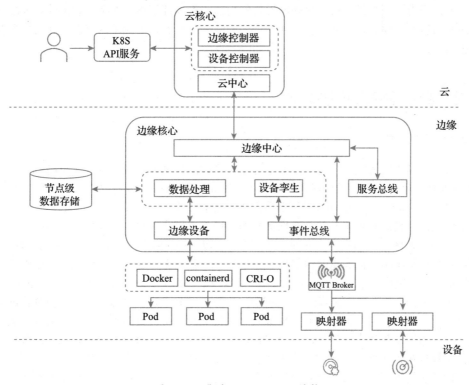

图 10-9　华为云 KubeEdge 结构

　　考虑到具体的边缘智能，华为云提供了独具特色的智能视频分析服务。如图 10-10 所示，视频分析服务（Video Analysis Service，VAS）依靠 AI 技术对视频进行智能分析，提供了视频预处理、视频审核、视频内容分析、视频搜索等功能。视频分析服务包含了对视频中目标的检测、追寻、属性识别、行为识别、内容审核、摘要、标签等能力，在多种场景下为用户提供快捷高效的视频分析能力。该服务可以和云端与边缘设备深度融合，为不同的物联网设备赋予智能视觉能力。

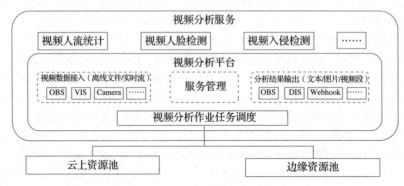

图 10-10　华为云视频分析服务

此外，华为云也提供了可供物联网设备使用的语音处理组件、文字处理组件以及配套的物联网通信协议和模式。建立了自主和国产的云端智能生态，为我国的智能物联网发展探索了前进的道路。

10.2　典型领域应用案例

10.2.1　智能商业——无人超市

超市、商场等实体线下环境，为人工智能与物联网技术的结合提供了大量的机会。2015年 12 月 5 日，亚马逊宣布推出革命性的线下实体商店 Amazon Go[4]。2018 年 1 月 22 日，全球第一间 Amazon Go 无人超市在美国西雅图市向公众开放。

在传统的商场或超市里，往往布满拥挤的人群，人们在购物，孩子们四处奔跑，婴儿车上的婴儿还在熟睡，人们并不总是拿上商品然后离开——他们往往挑选一个商品，看看它，然后把它放回货架上；或者有时他们把它放回另一个货架上。这意味着庞大的数据处理与计算的需求，为解决该问题，Amazon Go 无人超市提出了"Just Walk Out"（拿了就走）解决方案。

如图 10-11 所示，图的顶部代表了店铺中部署的设备：这些设备包括了专门制作的摄像头以及用于商品销售的传感器。流媒体服务负责将从商店中运行的摄像头采集的视频数据传输到云中。为了使算法发挥作用，需要在客户挑选或放回商品时可靠地捕捉视频图像以实现实时识别和决策，而处理视频的算法则在亚马逊云中运行。一旦将视频传入云端，系统需要提供一种使它们可用于算法进行处理的方法。为此，Amazon Go 准备了一套服务负责存储和索引这些视频，其提供了视频检索的接口，这些接口由视频处理应用所使用。此外，在现实世界中，系统还需要处理各种突发的意外状况。因此，Amazon Go 也设计了检测摄像头故障、网络延迟和服务器故障的系统，来有效地处理这些故障。

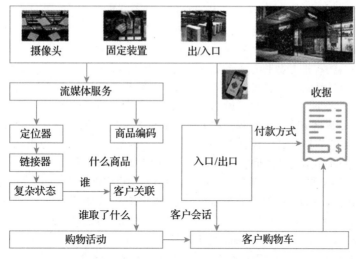

图 10-11 Amazon Go 无人超市解决方案图

接着来分析一下 Amazon Go 的出入口管理服务。与传统商店不同，Amazon Go 没有收银柜台，在客户离开商店后，但仍然需要使用支付工具。为此 Amazon Go 建立了一种体验，让买家使用 Amazon Go 的手机应用进入商店，并将他们与其 Amazon 账户和存储的付款方式相关联。我们统称其为"入口和出口"服务，该服务负责管理客户的会话和付款方式。在这个过程中，Amazon Go 面临的挑战之一是需要打造自然且无缝的"流畅感"。因此他们为入口和出口设计了硬件和软件设备，使客户可以自然地朝下扫描二维码，系统则快速地验证客户身份并打开门。以上操作通常可在不到一秒内完成，如图 10-12 所示。

Amazon Go 的一个挑战是如何能够适应现实世界的情况，因为现实中的场景往往比预期模型复杂得多。例如，在理想的世界中每一位客户在进入商店时只扫描一次，然而，有时人们扫描手机，但后来他们分心，并开始与朋友交谈，所以他们会扫描两次后进入商店。超市系统必须足够聪明才能处理所有这些案例。此外，超市需要精准地管理家庭购物的场景，如一组打算共同付款的客户。在这种情况下，其中一个成员会扮演类似客户组长的角色，组中的每个成员进入商店时扫描他的手机。但显然他们中的任何人都可以随时离开商店，所以必须保证会话管理逻辑在这些情况下可以正常工作。

图 10-12 Amazon Go 入口

Just Walk Out 是 Amazon Go 的核心技术功能，下面分析其是如何实现的。Amazon Go 通过从店铺入口到出口的客户全程定位来解决识别"谁"的问题。该方案包含三个主要模块：定位器、链接器和复杂状态解析器。在 Amazon Go 店铺里布置的每个摄像头都会产生一个 3D 点云，基于摄像头的校准参数将这些参数聚合为一个全局表示并提取移动对象。当然并非所有的移动物体对应的都是人，还可能是篮子、推车、婴儿车等。人员定位器查看分段的数据，并决定它是某人或者是另一个对象。然后，Amazon Go 将人员在一个帧中的位置链接到下一个帧，为每个人的数据分配一个标签，链接器将标签从一个帧保留到下一个帧。当人们彼此接近时，识别工作会变得困难，称之为"纠结状态"。因此，无人超市需要对人员位置的不确定性进行建模，并通过运动和图像特征来解决人员位置的不确定性问题。

在解决用户和客户的个人识别基础上，Amazon Go 对用户从超市购买的商品进行了分析。这一部分面临的主要挑战是 Amazon Go 有许多商品，包括即食食品、饮料等。而这些商品在视觉上看起来往往会非常相似。系统结合产品分类（通过索引方案）和基于残差网络的细粒度识别来解决这个问题。这种方法可识别成千上万种产品，并且能够适应店铺里照明变化、阴影和反射的影响。

基于以上的方法，Amazon Go 通过流媒体服务、出入口管理服务和 Just Walk Out 技术，打造了一个具备流畅体验的无人店铺。当前，除了亚马逊以外，沃尔玛、京东、阿里巴巴也都打造了各具特色的线下无人超市体验店，利用智能物联网技术为商业领域实现业务创新。其中阿里巴巴的天猫无人超市在 2017 年于上海发布（见图 10-13），天猫无人超市用技术来优化消费者的购物体验：首先，通过图像识别技术，天猫无人超市将对消费者进行快速面部特征识别、身份审核，完成"刷脸进店"；其次，通过物品识别和追踪技术，再结合消费者行为识别，天猫无人超市能判断消费者的结算意图；最后通过智能闸门，从而完成"无感支付"。天猫无人超市打通了线上和线下，让线上的数据系统和线下的购物系统深度融合。譬如，数字化自动运营的"电子价签"，天猫无人超市可以自动关联商品价格，实现线下价签、线上价格的同步更新，同款同价。

图 10-13　阿里巴巴天猫超市

10.2.2　智能工业——工业 4.0 下的数字工业

随着人工智能技术的涌现，传统的工业生产领域也产生了悄无声息的变化。工业 4.0 时代，制造商可以将智能传感器、分析技术和人工智能结合起来，帮助工厂实时监控运营和分析潜在中断，使生产保持在最优级别运行。本节以 IBM 的智能工厂解决方案为例进行介绍，

IBM 智能工厂为全球的大型企业（如西门子、三星、大众等）提供统一的智能工业数字化服务 [5]。IBM 智能工厂的解决方案主要包含以下部分。

1. 数据智能实现复杂控制

大数据分析和人工智能技术可透彻地洞悉资产运行状况，这样客户便可以了解最适合采取哪些措施以及何时采取措施，进而优化资产绩效、降低成本并避免停机。具体包含两个方面：①简化并统一各部门的运营，即统一集成的大数据平台为各个生成团队提供全面的企业资产视图，从而统一运营并保持业务连续性，即便工厂环境出现突发变化或颠覆性影响也可正常工作；②提高运营灾备能力和可靠性，也就是通过机器学习和深度学习模型监控发掘漏洞，让企业用户能够采取预防性、预测性和规范性措施，做到防患于未然。

2. 边缘智能拓展智能制造

随着 IoT 设备大规模使用、数据源日益分散以及远程运营业务的逐步增多，有关边缘计算的需求不断增长。边缘设备使应用数据的存储更接近于操作节点。边缘计算通过结合 5G 通信和机器学习模型，可有效促进行业转型。IBM 的边缘服务采用了云计算和边缘计算的混合模式，配备了大规模的运行工作负载均衡装备，设计和创造了由边缘支持的深度学习模型的后端平台，并在边缘端设计了人工智能支撑方案，可以将深度学习的能力从传统的云端拓展到边缘设备上，完成了算力的可伸缩部署，从而使得制造装备获得了预测性的维护能力。在通信模式上，IBM 智能工厂采用 5G 通信实现超低延迟，以快速处理来自边缘设备的实时感知数据。

3. 云端数据提升生产能力

IBM 云端数据湖有助于提高工厂生产力并降低生产的复杂性。IBM 的数据湖可以构建一个数据架构，从而连接分布在混合云环境中的孤立数据。该数据湖提供了丰富的 IBM 应用服务和第三方服务，这些服务涵盖了整个数据生命周期。数据湖的部署选项包括基于 Red Hat OpenShift 容器平台构建的本地软件版本或基于 IBM 云平台的受管版本。

如图 10-14 所示为 IBM 智能工厂在具体厂房中的应用实景，其中包括了可视化的智能分析软件和实体的边缘机器人流水线。

a）IBM 智能工厂软件　　　　　　　　b）智能工厂边缘机器人

图 10-14　IBM 智能工厂

此外，美国的电动智能车生产商特斯拉公司也在其北加州弗里蒙特市的厂区中（见图 10-15），搭建了高度自动化的"超级工厂"，通过超过 160 台机器人为特斯拉流水线自动完成汽车的拼装与烤漆工作。

图 10-15   特斯拉弗里蒙特超级工厂

我国也颁布了《中国制造 2025》国家规划，力争用十年时间，通过突破一批重点领域的智能制造技术，实现制造业信息化的大幅度升级，形成一批具有较强国际竞争力的企业与产业集群。智能工业和工业互联网是其中的发展重点。海尔的卡奥斯平台 COSMOPlat 是具有中国自主知识产权、引入用户全流程参与体验的工业互联网平台[6]。平台以共同进化、增值分享为宗旨，通过大规模定制的模式创新、信息技术与制造技术相融合的技术创新，以及跨行业、跨领域的小微创业机制创新，成为一个多边交互、增值分享的赋能平台，新物种不断涌现的孵化平台，以及各类创客创业创新的双创平台。如图 10-16 所示，在产品的生成和供应环节中，从计划与任务的调度、工业设计的研发、营销的管理和售后，都通过统一的云端生态来实现。并在云端平台上进行模式与模型的创新，对大量的、不同企业之间的数据进行分析与挖掘，从而掌握产业链的特征，构建全生态的智能产业链模式。

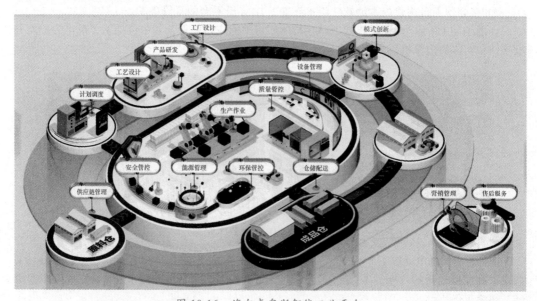

图 10-16   海尔卡奥斯智能工业平台

10.2.3　智慧健康——老年人辅助机器人

随着《"健康中国 2030"规划纲要》的发布，"全民健康"成为当今社会共同关注的重要议题，民众的自我健康管理意识不断提高，智慧健康产品逐渐融入人们生活的方方面面，出现了许多健康监测、医疗辅助的智能应用，为民众的健康管理发挥重要作用。

伴随老龄化社会的到来，越来越多的老年人独居在家，因其运动能力、听说能力出现一定程度的衰退，其健康与日常生活方面得到更多的关注与呵护（见图 10-17）。在智能家庭的环境中，出现了辅助老年人生活的机器人，如为老年人提供就餐、医疗等服务的智能机器人等。此类机器人装备了感知设备（如摄像头、麦克风等）、边缘智能设备与分布式中间件，从而帮助老年人在家庭场景中更加安全便利地生活。

机器人利用麦克风收集语音，利用摄像头收集老年人的视觉运动数据，感知数据的收集过程不需要老年人进行额外的工作。基于已收集的数据，机器人会通过自身的边缘计算装置，通过预训练的深度学习模型分析与老年人行为相关的数据，如老年人何时起床、早上喜欢在哪个屋子进餐、对不同菜单或食物的评价等。待感知与分析过程结束后，机器人将根据老年人的生活习惯为老年人提供个性化服务。当老年人起床后，机器人将通过室内感知和导航技术定点移动至老年人习惯活动的房间，并向老年人问好和提供早餐。当老年人开始吃机器人托盘上的食物时，机器人会根据老年人的习惯和过往评价为老年人播放当天的新闻或喜欢的音乐。对于有医疗健康问题的老年人，智能机器人会对老年人的生理指数进行检测，如血压、脉搏等，并通过特定的协议格式，发送给医疗健康服务机构，并可以通过视频咨询和远程医生进行实时交流。待老年人用餐完毕后，机器人会按照感知数据获得的最优化路径，将餐具送回厨房进行清洗，完成智能家庭中的早餐服务。目前，已有多家初创公司在 TurtleBot 等开源机器人平台上研发和生产符合老年人特定习惯需求的辅助机器人。

图 10-17　老年人机器人与健康手环

此外，当前市场中还出现了大量的接触式和可穿戴的健康医疗设备，如智能血压计、健康手环等。我们以较为常见的健康手环为例，新加坡南洋理工大学的研究团队 [7] 进行了一项有趣的研究，共有 290 名成年人（平均年龄 33 岁）被要求连续 14 天佩戴健康手环进行活动追踪。他们被告知除了洗澡或充电时，其他时间都要佩戴。在为期 2 周的测试开始前和结束后，参与者都需要完成一份问卷，该问卷被广泛用于识别正在变得抑郁的人。然后，这些问卷调查的结果与 Fitbits 收集的数据相结合，并用于训练一个名为 Ycogni 的机器学习算法。该算法被证明在预测哪些人最有可能患上抑郁症方面具有约 80% 的准确性。此项研究表明，通过智能模型算法与物联网设备结合，不仅可以提供对应的医疗数据和交互服务，同时能够分析用户日常行为，识别潜在的疾病，起到及早发现和治疗的作用。

10.3　习题

1. 什么是智能物联网平台？请结合自己的理解，谈谈智能物联网的"智能"属性体现在哪些方面，智能物联网平台如何体现这些优势？
2. 请阐述 KubeEdge 和 Kubernetes 的相同点与不同点？结合一个具体的案例，说明如何运用 KubeEdge。
3. 请学习华为、微软或亚马逊的云端 IoT SDK 开发手册，结合安卓或鸿蒙移动端设备，开发一个物联网数据处理和预测的应用程序。
4. 请试着设计一套智能教室的语音对话系统，并给出架构和交互流程图并进行实现。
5. 请试着设计一套穿戴式或机器人智能健康监控系统，给出架构图和用户的交互流程图，并进行实现。
6. 请分析一下阿里无人超市使用了哪些物联网和人工智能的技术与算法，并在此基础上设计和实现一个自己的无人超市人工智能应用。

参考文献

[1]　https://aws.amazon.com/
[2]　https://azure.microsoft.com/en-us/overview/iot/
[3]　https://www.huaweicloud.com/
[4]　https://www.amazon.com/
[5]　https://www.ibm.com/cloud/internet-of-things
[6]　https://www.cosmoplat.com/
[7]　RYKOV Y，THACH T Q，BOJIC I，et al. Digital biomarkers for depression screening: a cross-sectional study with machine learning modelling[J]. JMIR mhealth and uhealth, 2021, 9(10).

CHAPTER 11

第 11 章

未 来 展 望

本书前面介绍了智能物联网的概念、特质、体系架构与关键技术。在对智能物联网体系架构进行系统性阐述的基础上,分别从泛在智能感知、智能物联网络、智能实时计算三个层面展开关键技术和方法的介绍。本章将在此基础上对智能物联网的未来发展趋势进行展望。

11.1 现状与挑战

作为物联网技术的最新演进方向,人工智能与物联网的融合已经在感知、网络、计算和推理等方面取得了许多进展。云边端协同的 AIoT 体系架构成为学术界和产业界的共识。多模态智能感知、群智感知等技术在自动驾驶、智能家居、智能工厂等领域得到有效应用。人工智能技术在 6G 等未来物联网通信技术发展中也成为主要驱动要素。物联网终端智能、边端协同计算、物联网联邦学习等成为当前研究热点并在 AIoT 应用中落地使用。然而,作为一个新兴领域,智能物联网发展还面临很多挑战,下面简要进行阐述。

- **资源受限下终端能力优化**:终端能力异构是智能物联网系统的一个重要特征,虽然轻量化深度模型架构设计、模型压缩和量化等技术在资源受限物联网设备上已经被证明有效,但在实际落地过程中还面临很多挑战。此外,智能物联网还存在资源极端受限的终端环境,仅从算法模型方面进行性能优化具有局限性。
- **多模态泛在智能感知**:视频、音频、无线等感知模式基于不同的感知机理,感知能力差异互补,智能物联网感知具有实时性、完整性与精准性等需求,如何在复杂的场景下融合多模态感知技术实现对目标的及时全面感知是未来面临的一大挑战。
- **网络通信的情境自适应**:边缘物联网络环境具有连接多样性、节点移动性、拓扑动态性、带宽多变性等特征,如何根据动态变化的情景自适应调整通信策略是未来需要解决的关键难题。

- **动态复杂环境下的 AI 部署**：与云端智能不同，智能物联网场景多样，环境多变，资源配置差异性大，难以用通用的 AI 算法来满足动态复杂的部署环境，如何能提升 AIoT 的场景自适应部署和算法演化能力需要开展深入的研究和探索。

11.2 未来发展趋势

当前，智能物联网相关技术和应用的发展正如火如荼，针对前面提到的挑战性问题，下面进一步阐述未来的发展趋势及潜在解决方案。

11.2.1 软硬协同终端智能

尽管终端智能计算具有众多优势，但目前仍存在一些不足。首先，终端本地的智能计算具有隐私性高和稳定性强的优势，然而移动终端的计算、存储、电量资源十分受限，只能执行轻量级的智能计算模型。实现轻量化智能计算的方式包括深度模型压缩、量化和知识蒸馏等技术。然而，量化技术当前仍难以支持混合位宽，深度模型压缩技术仍依赖于模型重训练以修正模型精度。其次，移动终端设备的计算、存储等资源存在异构性和动态性。因此，需要考虑终端设备的多级资源约束以及资源演化，并实现运行时自适应智能计算。

软硬协同的终端智能技术有助于打破硬件性能瓶颈，提升智能计算的综合性能。近年来软硬协同的终端智能技术迅速发展，涌现出兼容多种移动嵌入式设备的深度计算框架、加速器，以及 FPGA 专用定制化芯片等 [1]。然而，终端智能计算的研究起步较晚，仍然需要更多的探索和研究。首先，缺少成熟精准的硬件相关性能（如时延、能耗）评估方法，在自动化深度模型架构搜索、自适应智能计算演化等框架中都需要评估智能计算方法的性能从而做出最优的搜索决策。然而，由于硬件相关性能受硬件资源影响难以推算、评估难度大，目前往往是基于回归、建表的方式构建时延、能耗预测模型，当更换终端平台或模型拓扑之后，便无法准确预估模型的硬件性能。其次，软硬协同的工程实现难度较高，普通研究人员往往需要较长时间才能胜任，缺少成熟的软件框架和硬件架构。

除此之外，基于物联网具体场景，设计定制化的智能芯片，能在大幅提升性能的同时，降低功耗和成本，满足异构物联网终端的需求。传统的 CPU 和 GPU 芯片采用基于指令流的冯诺依曼式计算架构运行，未来的 AIoT 芯片将更多从脑科学或认知科学中汲取智慧，设计类脑 AI 芯片，实现成本、功耗、算力、推理能力等多样化需求之间的完美平衡 [2]。

11.2.2 跨模态融合泛在感知

针对智能物联网感知的实时性、完整性等需求，如何在复杂的场景下融合多模态感知技术实现对目标的及时全面感知是一大挑战。一方面，要探索不同感知资源能力的差异性，并针对感知任务进行能力选择和聚合。另一方面，还要考虑感知对象行为的复杂性和个性化特征，以适应多样化的应用场景。

多模态融合感知技术综合利用不同传感器获取的信息，避免了单个传感器的感知局限性和不确定性，形成了对环境或目标更全面的感知和识别，提高了系统的外部感知能力，是未来智能交互必不可少的研究课题。多模态融合感知技术在故障检测、生命健康监护、机器人系统、人机交互、目标识别和跟踪、定位与导航、高级辅助驾驶、自动驾驶和智能家居等领域发挥着巨大的作用。目前多模态融合技术的研究成果还主要集中在视觉与音频之间的多模态学习，在毫米波雷达、激光雷达和摄像头之间仍面临着很多挑战性问题[3]，有待进一步的探索与突破。

目前来说，对单个对象规范化的行为一般可以取得较好的识别效果。然而在很多场景下，需要感知的对象行为会比较复杂，如可能在同一空间有多个需要感知的对象、感知对象行为的并发性（如同时走路和看手机）和随意性（行为不规范或者经常变换）、感知环境的多样性（不同空间具有不同的光照条件、物品布置等）等，这为智能物联网感知模型的准确性带来了很大挑战[4]。未来需要研究具有鲁棒性和泛化能力的感知模型，一方面需要深度挖掘不同感知技术的作用机理以实现细粒度感知，另一方面需要借助个性化联邦学习、域自适应等方法来提高模型的场景适应性。

11.2.3　面向 AIoT 的智能演进

2017 年，国家发布《新一代人工智能规划》，对人工智能 2.0 时代进行规划和展望。AIoT 作为人工智能与物联网融合的产物，对前沿人工智能理论和技术的应用具有重要意义和价值。

在 AIoT 应用场景下，集中式智能（如云计算）和分布式智能（如边端协同、多终端协同的智能计算）模式都发挥了重要的作用。集中式智能架构简单、云计算资源充足，边界清晰易于控制，然而存在网络链接丢失和泄露数据隐私性等缺点。分布式智能则充分利用物联网中的各级可用资源，为靠近物联网终端及其边缘的智能计算提供多种选择性，但存在终端资源受限、分布式协同计算架构基础薄弱、设备资源异构性以及设备动态加入退出的不确定性等问题。因此，综合二者优势的"分布与集中"混合式智能将成为未来有潜力的发展方向。

目前在 AIoT 中得到广泛应用的深度学习方法是基于大规模训练数据进行学习和获取知识的过程。除此之外，人类还具有根据已有知识进行推理的能力，而赋予 AIoT 推理能力对于做出准确和可解释的决策非常重要[5, 6]。知识推理是指在已有知识的基础上推断出新知识的过程。基于知识图谱的推理方法近年来成为该领域研究热点。知识图谱是一种在图中表示知识的结构化方法，可刻画实体之间的复杂语义关系。著名的知识图谱包括 WordNet、Freebase、YAGO 等，已通过知识推理在许多应用程序中构建和使用。因果关系是一种特殊的知识，它描述的是系统中一个事件和第二个事件之间的作用关系，在许多 AIoT 应用中都很有用，如智慧城市交通管理、自动驾驶安全策略等。最近基于深度神经网络的因果推理方法取得了很大进展，将在未来 AIoT 系统中发挥重要作用[7]。

通用人工智能算法的研究将为解决 AIoT 环境动态、情境复杂、场景多样等挑战问题提供解决途径[8, 9]。深度学习模型的性能在很大程度上取决于大规模训练数据。然而，人类学习新概念不仅基于数据，还基于先验知识[10, 11]。例如，人类具有基于相关知识举一反三的联想学习能力，具有基于历史经验知识的自我纠错和提升能力，以及基于长期知识积累的思维演化能力。这些在现有的通用人工智能中都尚未提供支持。同样，先验知识对于以数据有效的方式训练深度学习模型非常有用。例如，基于数据在特征空间的条件分布知识引导训练过程，可以有助于解决不同训练阶段中数据异构性所带来的模型偏移和性能退化问题。因此，数据和知识的融合对于提高 AIoT 的感知、学习、推理和行为非常重要。

11.2.4　新一代智能物联网络

海量的物联网设备量和巨大的系统规模，决定了未来智能物联网系统的终极形态是完全自主化的。传统物联网应用大多都是状态监测、远程控制等具有单一功能的形式，应用范围受限，智能程度低；而未来智能物联网的应用形式应是多功能集成，智能程度高。智能物联网可对整个系统进行实时监测，能够在开放的环境中持续学习、演化，从而不断满足用户个性化的需求，提升服务质量。

软件定义网络（SDN）和网络功能虚拟化（NFV）将现代通信网络转变为基于软件的虚拟网络。随着智能物联网的出现，网络变得越来越复杂，设备越来越异构，需要超越软件化的网络，实现智能化的体系架构。SDN 将控制平面与数据平面分离，逻辑集中的网络控制器能够从网络协议栈的不同层获取数据。应用 AI 技术，网络控制器可容易地做出最佳决策，使网络更易于控制和管理。此外，为了支持智能物联网应用，网络实体不仅需要支持传统通信、内容缓存、无线传输等功能，还需要支持更先进的物联网功能，包括传感、数据收集、分析和存储。基于 AI 的方法可以实现快速学习和自适应，使网络变得智能、灵活，并能够根据不断变化的网络动态进行学习和调整。

在通信方面，物联网作为由大量无线设备组成的系统，基于 AI 技术可以解决无线通信随机接入、频谱接入和频谱感知等相关挑战，为从发射机到接收机的整个物理层链路端到端优化提供了可能。通过结合先进的传感和数据采集、人工智能技术和特定领域的信号处理方法，端到端系统能够自我学习和自我优化。智能网络协议的设计，需要运行复杂的机器学习模型，而物联网节点的资源约束给协议设计和实现带来了挑战。如何降低机器学习模型的复杂性或以分布方式实现，从而在资源受限的设备上实现；如何实现大规模数据收集和传输，通过边缘分析和云计算增强整个系统的智能性，都是未来值得研究的方向。

11.2.5　动态场景模型持续演化

与传统云端智能不同，智能物联网环境下学习模型的部署存在场景多变、领域差异、训练困难等问题，需要进一步探索动态场景的模型持续演化方法，包括动态场景下的云边协同模型演化和仿真 – 真实结合的模型训练与迁移。

随着智能物联网时代的到来，智能计算也逐渐从云端下放至边端，在可穿戴设备、移动设备、嵌入式设备上为人类带来更安全、便捷的智能服务。由于现实世界是动态且复杂的，传统的"云端训练，边端推理"的静态部署方式无法适应变化，可能会导致性能损失。一方面，由于数据标注困难和不可预见性，云端不可能涵盖众多边端的数据分布，不同边端处于**动态复杂域**之下——光强、遮挡、目标大小、拍摄清晰度等多因素随时间发生变化，静态的边端模型将导致性能低于云端训练的预期；另一方面，边端的设备资源情境（如电量、内存）和应用需求情境（如能耗、时延、精度）同样处于动态变化的状态，静态部署也会导致边端资源浪费或资源过耗的现象。因此，**云 – 边协同的深度模型自演化方案**亟待提出，这与一些著名的机器学习研究课题有关，包括少样本学习 [12]、元学习 [13]、持续学习 [14]、领域自适应 [15] 等。

智能物联网需要在物理环境中进行部署，而在真实环境中训练模型是困难或昂贵的，例如自动驾驶、机器人导航等。由于真实环境样本采样的复杂性和安全性，在仿真环境中训练模型再应用到真实场景成为有效的替代方案。但是在仿真环境中学习到的策略在现实世界中往往表现不佳，这种现实差距是由于仿真的物理系统与真实的物理系统之间的模型差异造成的。为了缩小现实差距，可以从以下两方面进行改进：一方面，优化仿真环境中的机器人感知模型和机器人动力学模型是缩小现实差距的直接途径，可以通过专家知识和采集真实环境数据构建高精度仿真环境；另一方面，即使仿真环境具有较强的系统辨识性，现实世界也有难以建模的物理效应，可以利用域随机化、教师学生网络、课程学习等方法训练鲁棒的控制器策略[16-17]。

11.2.6　人机物融合群智计算

在泛在计算、智能物联网、群体智能、移动群智感知等发展背景下，人机物融合群智计算（Crowd Intelligence with the Deep Fusion of Human，Machine，and Things，CrowdHMT）[18-19]正成长为一种新的智能感知计算模式。它通过人、机、物异构群智能体的有机融合，利用其感知能力的差异性、计算资源的互补性、节点间的协作性和竞争性，构建具有自组织、自学习、自适应、持续演化等能力的智能感知计算空间，实现智能体个体技能和群体认知能力的提升。

在人机物融合群智计算背景下，人机物群智协同机理、人机混合智能、人在回路智能计算、异构群智能体协作增强、情境敏感的自适应协同、群智能体分布式学习、群智能体知识迁移与持续演进等将成为新的研究问题[19]，"以人为中心""人机协同"的计算理念也对智能物联网的发展带来新的机遇和挑战。

11.2.7　通用 AIoT 系统平台

本书前面介绍了云边端协同的智能物联网体系架构，然而，要构建具有不同领域适用性的通用 AIoT 系统平台，还需要进一步考虑以下方面的内容。

智能物联网不仅具有大规模异构感知节点、多种类通信网络并存、AI 算法分布式部署以及领域关联多样化应用等特点，而且要面对多模态感知、泛在互联、场景动态、资源受限、实时处理、普适服务等技术挑战。为更好地应对以上挑战，未来的通用 AIoT 系统平台应该具备"自组织、可配置、抽象化"等特征。一方面提供软 / 硬件系统协同运行和优化调度的支持环境，提供相关接口以屏蔽底层细节；另一方面则支持应用系统的开发、部署与管理等功能。

在此背景下，"万物皆可互联、一切均可编程、软件定义一切"将成为智能物联网时代平台发展的主趋势，其涵盖的内容包含通用的物联网操作系统、物联网通信协议、智能物联网中间件、领域物联网应用开发支持软件等[20, 21]。软件定义的本质是"资源虚拟化，功能可编程"[22]。就前者而言，物联网操作系统构成 AIoT 平台接触末端资源的触角，实现大规模异质异构泛在物联网终端的资源管理是其重要任务。就后者而言，智能物联网中间件需要屏蔽异构物联网系统的技术细节，支撑 AI 算法和 AIoT 应用的快速开发和灵活部署。

此外，智能物联网由于异构设备泛在连接与互操作、多模态数据融合汇聚、边端协同计算、群智能体分布式智能等特征还面临很多新的安全和隐私问题，成为通用 AIoT 系统平台需要解决的关键挑战。区块链技术的出现为克服上述挑战带来了机遇。区块链本质上是一个分布在整个分布式系统上的分布式账本。通过去中心化共识，区块链可以使交易在互不信任的分布式系统中发生并得到验证，而不需要受信任的第三方的干预。此外，保存在区块链中的每笔交易本质上是不可变的，因为网络中的每个节点都将所有已提交的交易保存在区块链中。区块链本质上是对物联网的完美补充，具有改进的互操作性、隐私性、安全性、可靠性和可扩展性。

11.3　习题

1. 结合具体领域（如无人驾驶），简述未来智能物联网可能面临的挑战。
2. 通过软硬协同方式实现终端智能有哪些可能的途径？
3. 结合 6G 等下一代网络通信技术阐述人工智能在其中的潜在应用。
4. 什么是人机物融合群智计算，有哪些科学挑战问题？
5. AIoT 智能演进的问题内涵和可能的解决途径有哪些？
6. 结合自身认识和理解，探讨未来通用 AIoT 系统平台应该具备的能力。

参考文献

[1]　DENG L, LI G, HAN S, et al. Model compression and hardware acceleration for neural networks: A comprehensive survey[J]. Proceedings of the IEEE, 2020, 108(4): 485-532.

[2]　PEI J, DENG L, SONG S, et al. Towards artificial general intelligence with hybrid Tianjic chip architecture[J]. Nature, 2019, 572(7767): 106-111.

[3]　WANG Z, YU G, ZHOU B, et al. A train positioning method based-on vision and millimeter-wave radar data fusion[J]. IEEE Transactions on Intelligent Transportation Systems, 2021.

[4]　MANCINI M, PORZI L, BULO S R, et al. Inferring latent domains for unsupervised deep domain adaptation[J]. IEEE Transactions on Pattern Analysis and Machine Intelligence, 2019, 43(2): 485-498.

[5]　TRAN T, LE V, LE H, et al. From deep learning to deep reasoning[C]//Proceedings of the 27th ACM SIGKDD Conference on Knowledge Discovery & Data Mining (KDD). 2021: 4076-4077.

[6]　LI O, LIU H, CHEN C, et al. Deep learning for case-based reasoning through prototypes: A neural network that explains its predictions[C]//Proceedings of the AAAI Conference on Artificial Intelligence(AAAI). 2018, 32(1).

[7]　LUO Y, PENG J, MA J. When causal inference meets deep learning[J]. Nature Machine Intelligence, 2020, 2(8): 426-427.

[8]　ADAMS S, AREL I, BACH J, et al. Mapping the landscape of human-level artificial general intelligence[J]. AI magazine, 2012, 33(1): 25-42.

[9]　HU B, GUAN Z H, CHEN G, et al. Neuroscience and network dynamics toward brain-inspired intelligence[J]. IEEE Transactions on Cybernetics, 2021.

[10]　TOBIAS S. Interest, prior knowledge, and learning[J]. Review of educational Research, 1994, 64(1): 37-54.

[11]   NIYOGI P, GIROSI F, POGGIO T. Incorporating prior information in machine learning by creating virtual examples[J]. Proceedings of the IEEE, 1998, 86(11): 2196-2209.

[12]   WANG Y, YAO Q, KWOK J T, et al. Generalizing from a few examples: A survey on few-shot learning[J]. ACM Computing Surveys, 2020, 53(3): 1-34.

[13]   HOSPEDALES T, ANTONIOU A, MICAELLI P, et al. Meta-learning in neural networks: A survey[J]. arXiv preprint arXiv:2004.05439, 2020.

[14]   MITCHELL T, COHEN W, HRUSCHKA E, et al. Never-ending learning[J]. Communications of the ACM, 2018, 61(5): 103-115.

[15]   TZENG E, HOFFMAN J, SAENKO K, et al. Adversarial discriminative domain adaptation[C]// Proceedings of the IEEE conference on Computer Vision and Pattern Recognition (CVPR). 2017: 7167-7176.

[16]   LEE J, HWANGBO J, WELLHAUSEN L, et al. Learning quadrupedal locomotion over challenging terrain[J]. Science Robotics, 2020, 5(47): eabc5986.

[17]   MIKI T, LEE J, HWANGBO J, et al. Learning robust perceptive locomotion for quadrupedal robots in the wild[J]. Science Robotics, 2022, 7(62): eabk2822.

[18]   GUO B, LIU Y, LIU S, et al. CrowdHMT: Crowd Intelligence with the Deep Fusion of Human, Machine, and IoT[J]. IEEE Internet of Things, 2022.

[19]   郭斌, 刘思聪, 於志文. 人机物融合群智计算[M]. 北京: 机械工业出版社, 2022.

[20]   梅宏, 曹东刚, 谢涛. 泛在操作系统: 面向人机物融合泛在计算的新蓝海[J]. 中国科学院院刊, 2022 (1): 30-37.

[21]   LIU Y, YU Z, GUO B, et al. CrowdOS: A ubiquitous operating system for crowdsourcing and mobile crowd sensing[J]. IEEE Transactions on Mobile Computing, 2020.

[22]   MEI H, GUO Y. Toward ubiquitous operating systems: A software-defined perspective[J]. Computer, 2018, 51(1): 50-56.